住房城乡建设部土建类学科专业"十三五"规划教材
全国住房和城乡建设职业教育教学指导委员会规划推荐教材

混凝土与砌体结构

（第三版）

（土建类专业适用）

本教材编审委员会　组织编写

吴承霞　主　编

刘立新　胡伦坚　主　审

U0284701

中国建筑工业出版社

图书在版编目（CIP）数据

混凝土与砌体结构/吴承霞主编. —3 版. —北京：
中国建筑工业出版社，2018.4（2022.5重印）
住房城乡建设部土建类学科专业"十三五"规划教
材　全国住房和城乡建设职业教育教学指导委员会规
划推荐教材（土建类专业适用）
ISBN 978-7-112-22060-1

Ⅰ．①混…　Ⅱ．①吴…　Ⅲ．①混凝土结构-高等
学校-教材②砌块结构-高等学校-教材　Ⅳ．①TU37

中国版本图书馆 CIP 数据核字（2018）第 069284 号

本书根据最新的《建筑结构可靠性设计统一标准》GB 50068—2018 进行编写，
其内容包括：基础知识，混凝土和砌体材料，钢筋混凝土梁板结构，钢筋混凝土柱
及框架结构，剪力墙结构与框架-剪力墙结构，钢筋混凝土受拉构件及受扭构件，预
应力混凝土结构简介，砌体结构构造要求，装配式混凝土结构简介等。

本书内含大量图片、PDF、视频、习题等数字资源，读者可通过扫描二维码免
费查看相关内容。

本书为高等职业教育建筑工程技术、基础工程技术、工程监理、工程造价、建
筑工程管理等土建类专业教材，也可作为岗位培训教材。

为便于本课程教学，作者自制免费课件及习题资源，索取方式为：1. 邮箱 jckj@
cabp. com. cn；2. 电话 010-58337285；3. 建工书院 http://edu. cabplink. com；4. 加入
交流 QQ 群 162472981。

建筑结构
交流 QQ 群

责任编辑：朱首明　李　明　司　汉
责任校对：王雪竹

住房城乡建设部土建类学科专业"十三五"规划教材
全国住房和城乡建设职业教育教学指导委员会规划推荐教材

混凝土与砌体结构（第三版）

（土建类专业适用）
本教材编审委员会　组织编写
吴承霞　主　编
刘立新　胡伦坚　主　审
＊
中国建筑工业出版社出版、发行（北京海淀三里河路9号）
各地新华书店、建筑书店经销
霸州市顺浩图文科技发展有限公司制版
北京建筑工业印刷厂印刷
＊
开本：787×1092毫米　1/16　印张：19¼　插页：6　字数：442千字
2018年8月第三版　　2022年5月第十一次印刷
定价：**48.00**元（赠教师课件）
ISBN 978-7-112-22060-1
（31898）

版权所有　翻印必究
如有印装质量问题，可寄本社退换
（邮政编码　100037）

教材编审委员会名单

主　任：赵　研

副主任：危道军　胡兴福　王　强

委　员（按姓氏笔画为序）：

丁天庭　于　英　卫顺学　王付全　王武齐

王春宁　王爱勋　邓宗国　左　涛　石立安

占启芳　卢经杨　白　俊　白　峰　冯光灿

朱勇年　刘　静　刘立新　池　斌　孙玉红

孙现申　李　光　李　辉　李社生　杨太生

吴承霞　何　辉　宋新龙　张　弘　张　伟

张若美　张学宏　张鲁风　张瑞生　陈东佐

陈年和　武佩牛　林　密　季　翔　周建郑

赵琼梅　赵慧琳　胡伦坚　侯洪涛　姚谨英

夏玲涛　黄春蕾　梁建民　鲁　军　廖　涛

熊　峰　颜晓荣　潘立本　薛国威　魏鸿汉

修订版序言

　　本套教材第一版于 2003 年由建设部土建学科高职高专教学指导委员会本着"研究、指导、咨询、服务"的工作宗旨，从为院校教育提供优质教学资源出发，在对建筑工程技术专业人才的培养目标、定位、知识与技能内涵进行认真研究论证，整合国内优秀编者团队，并对教材体系进行整体设计的基础上组织编写的，于 2004 年首批出版了 11 门主干课程的教材。教材面世以来，应用面广、发行量大，为高职建筑工程技术专业和其他相关专业的教学与培训提供了有效的支撑和服务，得到了广大应用院校师生的普遍欢迎和好评。结合专业建设、课程建设的需求及有关标准规范的出台与修订，本着"动态修订、及时填充、持续养护、常用常新"的宗旨，本套教材于 2006 年（第二版）、2012 年（第三版）又进行了两次系统的修订。由于教材的整体性强、质量高、影响大，本套教材全部被评为住房和城乡建设部"十一五"、"十二五"、"十三五"规划教材，大多数教材被评为"十一五"、"十二五"国家规划教材，数部教材被评为国家精品教材。

　　目前，本套教材的总量已达 25 部，内容涵盖高职建筑工程技术专业的基础课程、专业课程、岗位课程、实训教学等全领域，并引入了现代木结构建筑施工等新的选题。结合我国建筑业转型升级的要求，当前正在组织装配式建筑技术相关教材的编写。

　　本次修订是本套教材的第三次系统修订，目的是为了适应我国建筑业转型发展对高职建筑工程技术专业人才培养的新形势、建筑技术进步对高职建筑工程技术专业人才知识和技能内涵的新要求、管理创新对高职建筑工程技术专业人才管理能力充实的新内涵、教育技术进步对教学手段及教学资源改革的新挑战、标准规范更新对教材内容的新规定。

　　应当着重指出的是，从 2015 年起，经过认真的论证，主编团队在有关技术企业的支持下，对本套教材中的《建筑识图与构造》、《建筑力学》、《建筑结构》、《建筑施工技术》、《建筑施工组织》进行了系统的信息化建设，开发出了与教材紧密配合的 MOOC 教学系统，其目的是为了适应当前信息化技术广泛参与院校教学的大形势，探索与创新适应职业教育特色的新型教学资源建设途径，积极构建"人人皆学、时时能学、处处可学"的学习氛围，进一步发挥教学辅助资源对人才培养的积极作用。我们将密切关注上述 5 部教材及配套 MOOC 教学资源的应用情况，并不断地进行优化。同时还要继续大力加强与教材配套的信息化资源建设，在总结经验的基础上，选择合适的教材进行信息化资源的立体开发，最终实现"以纸质教材为载体，以信息化技术为支撑，二者相辅相成，为师生提供一流服务，为人才培养提供一流教学资源"的目的。

今后，还要继续坚持"保持先进、动态发展、强调服务、不断完善"的教材建设思路，不简单追求本套教材版次上的整齐划一，而是要根据专业定位、课程建设、标准规范、建筑技术、管理模式的发展实际，及时对具备修订条件的教材进行优化和完善，不断补充适应建筑业对高职建筑工程技术专业人才培养需求的新选题，保证本套教材的活力、生命力和服务能力的延续，为院校提供"更好、更新、更适用"的优质教学资源。

住房和城乡建设职业教育教学指导委员会
土建施工类专业教学指导委员会
2017 年 6 月

修订版前言

随着建筑工程技术专业教学标准以及新一批国家工程建设标准规范的相继修订与实施，并随着信息技术的发展应用，本教材的修订工作也随后展开，经编者一年多时间的努力，终于完成了本次修订任务。本次修订在保持教材的"原版特色、组织结构和内容体系"不变的前提下，努力在教学内容、表现形式等方面有所更新和充实。修订的主要内容有：

教材所有内容依据现行规范进行修订。依据是：《建筑结构可靠性设计统一标准》GB 50068—2018；《混凝土结构设计规范》（2015 年版）GB 50010—2010；《建筑抗震设计规范》及 2016 年局部修订 GB 50011—2010；《砌体结构设计规范》GB 50003—2011；《混凝土结构施工图平面整体表示方法制图规则和构造详图》16G101；《装配式混凝土结构技术规程》JGJ 1—2014。

此次教材在修订过程中弱化了砌体结构的承载力计算和框架结构计算，增加了装配式混凝土结构简介。为适应建筑信息化，增加了大量的包括图片、视频、PDF等形式的数字资源，以图文并茂的方式讲解混凝土及砌体结构等知识点。建议学时：96 学时。

模块	模块1	模块2	模块3	模块4	模块5
学时数	10	6	26	20	16
模块	模块6	模块7	模块8	模块9	
学时数	4	4	6	4	

全书由广州城建职业学院吴承霞主编，河南建筑职业技术学院宋贵彩、殷凡勤副主编。参与本书编写的有：吴承霞（模块1），殷凡勤（模块2），宋乔（模块3第1、2、4节），孔惠、王小静（模块4），李亚敏（模块6、7），魏玉琴（模块8），宋贵彩（模块3第3节、模块5，模块6、模块9，附录B、C、D）。

附录A的案例图纸由河南东方建筑设计有限公司设计，王聚厚为工程负责人，建筑设计许洪奎，结构设计王岩，图纸审定为河南建筑职业技术学院许洪奎和王岩。部分资源由柴伟杰教师提供，郑州大学刘立新教授和河南省第一建筑工程有限责任公司胡伦坚教授级高工对全书进行了审定。

由于编写水平有限，加之时间仓促，对新规范的学习理解有限，书中尚有不足之处，恳切希望读者批评指正。

前 ● 言

建筑类高等职业教育是把培养面向建筑施工一线的技术技能型人才作为培养目标。建筑类职业院校的学生不仅需要具备一定的理论知识结构，更应具有一定的职业技能水平。要落实"国家中长期教育改革和发展规划纲要"的精神，就要求职业院校在人才培养目标、知识技能结构、课程体系和教学内容改革等方面下功夫，逐步落实"教、学、做"一体的教学模式改革，课程内容对接岗位标准，把提高学生职业技能的培养放在教与学的突出位置上，强化能力的培养。

《混凝土与砌体结构》课程是高等职业教育建筑工程技术、基础工程技术、工程监理等专业的一门重要的专业课程，它以《高等数学》、《土木工程制图基础》、《建筑识图与构造》、《建筑力学》、《建筑材料》等课程为基础，并为其他后续专业课程的学习奠定基础。其教学任务是使学生掌握建筑结构的基本概念、简单构件的设计以及结构施工图的识读方法，能运用所学知识分析和解决建筑工程实践中简单的结构问题；同时培养学生严谨、科学的思想方式和认真、细致的工作方式。

为完成以上教学目标和任务，并基于多年教学实践，我们在编写本教材上有以下创新：

• 以两套实际工程施工图——砌体结构、钢筋混凝土框架结构施工图作任务引领，从调整教学内容入手，打破传统的学科体系，逐渐引入案例，进而讲述混凝土与砌体结构知识，并把结构和识图融合在一起。

• 教材以工程"实用"、"够用"为度，同时适应建筑业相应工种职业资格的岗位要求。由建筑设计单位和施工企业参与教材编写的全过程，以工程实例为主线，通过实训、实习和现场教学，将学生实践能力的培养贯穿于每个教学过程的始终；并按照建筑企业实际的工作任务、工作过程和工作情境组织教学，从而形成围绕建筑图纸为工作过程的新型模式。

• 《混凝土与砌体结构》教材中所涉及基本构件内容均按照"先介绍构造，后阐述计算"的顺序进行编写，按模块组织教学，突出了建筑工程实际中构造要求的重要性，并且更符合高等职业教育建筑工程技术专业的培养目标。

• 打破传统教学中《混凝土结构》、《砌体结构》、《建筑抗震》及《结构识图》四门课程分学期、分教材介绍的局限性，本书能够很好的把这四部分内容进行整合，能够使学生更好更快地掌握相关内容和知识点，并且使知识体系化。

• 每一模块前有"教学目标和教学要求",以"引例"开始,在正文中设"特别提示"、"知识链接"、"应用案例"、"案例解读"、"课堂讨论"、"施工相关知识"等模块。课后习题与注册建造师考题对接,以"选择"、"填空"、"问答"、"计算"等形式给出。

全书按 2010 版《建筑抗震设计规范》、2010 版《混凝土结构设计规范》、2011 版《砌体结构设计规范》编写。建议学时:108 学时。

模块	模块 1	模块 2	模块 3	模块 4	模块 5	模块 6
学时数	10	6	26	10	8	12
模块	模块 7	模块 8	模块 9	模块 10	模块 11	
学时数	4	4	6	12	10	

全书由河南建筑职业技术学院吴承霞主编,魏玉琴、殷凡勤副主编。参与本书编写的有:吴承霞(模块 1),殷凡勤(模块 2),宋乔(模块 3 第 1、2、4 节,附录 C),孔惠(模块 4),王小静(模块 5、模块 11 第 2 节),张渭波(模块 6),李亚敏(模块 7、8),魏玉琴(模块 9、10),宋贵彩(模块 3 第 3 节,模块 11 第 1、3 节,附录 D、E、F)。

附录 A 和 B 的案例图纸由河南东方建筑设计有限公司设计,王聚厚为工程负责人,建筑设计李晓珺、许洪奎,结构设计孔德帝、王岩,图纸审定为河南建筑职业技术学院许洪奎和王岩。郑州大学刘立新教授和河南省第一建筑工程有限责任公司胡伦坚教授级高工对全书进行了审定。

由于编写水平有限,加之时间仓促,对新规范的学习理解有限,书中尚有不足之处,恳切希望读者批评指正。

2014 年 3 月

目 ● 录

模块 1

基础知识

教学目标

掌握建筑结构的组成，能够对建筑结构进行分类，知道建筑结构抗震的基本术语。知道结构上荷载的分类及其代表值的确定，能够进行一般结构上荷载的计算，理解建筑结构的功能要求，知道极限状态的概念，掌握两种极限状态的分类。

教学要求

能 力 目 标	相 关 知 识
掌握建筑结构的组成及分类	建筑结构按所用材料可分为混凝土结构、砌体结构、钢结构和木结构。建筑结构按受力和构造特点可分为混合结构、框架结构、框架-剪力墙结构、剪力墙结构、简体结构、大跨结构等
掌握建筑结构抗震的基本术语	地震的震级、烈度，抗震设防目标，建筑场地土
掌握结构上荷载的分类；会确定荷载代表值；能够进行一般结构荷载的计算	结构上荷载的概念，材料的重度，集中力、线荷载、均布面荷载等荷载形式以及荷载的代表值
理解建筑结构的功能要求	结构的功能要求是指结构的安全性、适用性和耐久性
掌握极限状态的概念和分类	极限状态共分两类：承载能力极限状态和正常使用极限状态

引例

附录案例为两层教学楼，如图 1-1 所示，如何保证房屋在正常使用时是安全的？结构形式是什么？梁和板中钢筋有何不同？钢筋如何放置？梁、板又如何设计？墙体用什么样的材料建造？房屋如何考虑抗震？

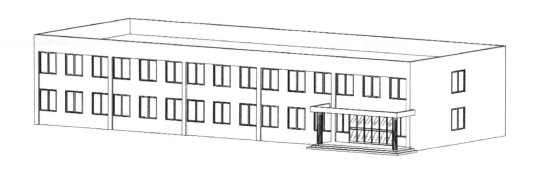

图 1-1　案例的建筑效果图：教学楼（钢筋混凝土框架结构）

本书主要介绍混凝土与砌体结构的受力及构造特点，依靠结构知识去解决板、梁、柱的设计和墙体计算等。

1.1　概　　述

建筑物在施工和使用过程中受到各种作用——结构自重、人及设备重、风、雪、地震等。这些作用对建筑物会产生什么样的效应？建筑结构能否承担这些作用？这些问题都要靠建筑结构知识来解决。

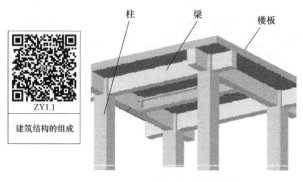

ZY1.1
建筑结构的组成

图 1-2　建筑结构

1.1.1　建筑结构的概念和分类

建筑中，由若干构件（如板、梁、柱、墙、基础等）连接而构成的能承受荷载和其他间接作用（如温差伸缩、地基不均匀沉降等）的体系，叫做建筑结构（图 1-2）。建筑结构在建筑中起骨架作用，是建筑的重要组成部分。

特别提示

图 1-2 中的钢筋混凝土结构由很多混凝土受力构件组合而成，主要受力构件有：

•楼面板和屋面板——受弯构件、承担楼面（或屋面）上的竖向荷载，支座为梁，其内力为弯矩 M；

•梁——受弯构件，承担楼面板和屋面板传来的竖向荷载、支座为柱，主要内力为弯矩 M 和剪力 V；

•柱——受压构件，承担楼面梁和屋面梁传来的竖向荷载及水平风载，支座为基础，内力为轴力 N、弯矩 M 和剪力 V。

除以上构件外，结构构件还有：

•楼梯——受弯构件，受力同梁、板；

•雨篷——弯、剪、扭构件；

1. 混凝土结构

普通混凝土（简称混凝土）是由水泥、砂、石和水所组成。

钢筋混凝土（简称 RC），是在混凝土中配上一些钢筋，经过一段时间的养护，达到建筑设计所需的强度。

ZY1.2

混凝土结构

钢筋和混凝土是两种全然不同的建筑材料，钢筋的密度大，不仅可以承受压力，也可以承受拉力；混凝土的比重较小，它能承受压力，但抗拉强度低。

1861 年钢筋混凝土得到了第一次应用，首先建造的是水坝、管道和楼板。1875 年，法国的一位园艺师蒙耶建成了世界上第一座钢筋混凝土桥。

混凝土结构可分为：素混凝土结构（不配任何钢材的混凝土结构）、钢筋混凝土结构（配有钢筋的混凝土结构）和预应力混凝土结构（在施工制作时，预先对混凝土的受拉区施加压应力的混凝土结构）。

其中应用最广泛的是钢筋混凝土结构（图 1-3），其优点是：

可塑性强——可根据需要浇筑成各种形状和尺寸；

耐久性好——混凝土保护钢筋，防止钢筋生锈；

耐火性好——遇火灾时，钢筋不会因升温过快软化而破坏；

强度高——其承载力比砌体结构高；

就地取材——混凝土用量较多的砂石等可就地取材；

抗震性能好——现浇钢筋混凝土结构整体性好、刚度大、抗震性能好。

ZY1.3

框架、剪力墙、
框架 剪力墙、
筒体结构

钢筋混凝土结构也有自重大、抗裂能力差、现浇时耗费模板多、工期长等缺点。

混凝土结构在建筑中应用极为普遍，如多层与高层住宅、写字楼、教学楼、医院、商场及公共设施等。混凝土结构按受力又分为框架结构、框架-剪力墙结构、剪力墙结构、筒体结构等形式。

图 1-3　钢筋混凝土结构施工现场

1）框架结构，是由梁和柱组成的结构，这种结构是梁和柱刚性连接而成骨架的结构（图 1-4）。框架结构的优点是强度高、自重轻、建筑平面布置灵活、整体性和抗震性能好。一般适用于 10 层及 10 层以下的房屋结构。

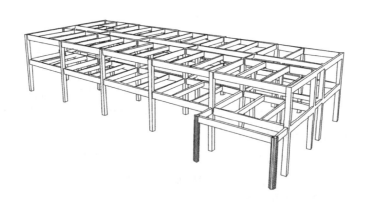

图 1-4　框架结构

2）剪力墙结构，是由纵向、横向的钢筋混凝土墙所组成的结构体系（图 1-5）。墙体除抵抗水平荷载和竖向荷载外，还为整个房屋提供很大的抗剪强度和刚度，对房屋起围护和分割作用。这种结构的侧向刚度大，适宜于较高的高层建筑，但由于剪力墙位置的约束，使得建筑内部空间的划分比较狭小，较适宜用于宾馆与住宅。剪力墙结构常用于 25～30 层房屋。

3）框架-剪力墙结构，又称框剪结构，它是在框架纵、横方向的适当位置，在柱与柱之间设置几道钢筋混凝土墙体（剪力墙）（图 1-6）。在这种结构中，框架与剪力墙协同受力，剪力墙承担绝大部分水平荷载，框架则以承担竖向荷载为主。这种体系一般用于办公楼、旅馆、住宅以及某些工艺用房，常用于 25 层以下房屋结构。

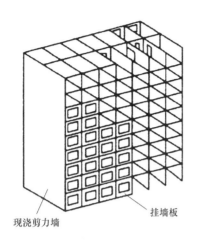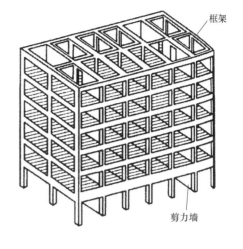

图 1-5　剪力墙结构　　　　　　　　图 1-6　框架-剪力墙结构

　　如果把剪力墙布置成筒体，又可称为框架-筒体结构体系。筒体的承载能力，侧向刚度和抗扭能力都较单片剪力墙大大提高。建筑中往往利用筒体作电梯间、楼梯间和竖向管道的通道。

　　4）筒体结构，是用钢筋混凝土墙围成侧向刚度很大的筒体的结构形式。筒体在侧向风荷载的作用下，它的受力特点就类似于一个固定在基础上的筒形的悬臂构件。迎风面将受拉，而背风面将受压。筒体可以为剪力墙，可以采用密柱框架，也可以根据实际需要采用数量不同的筒。筒体结构用于 30 层以上的超高层房屋结构，经济高度以不超过 80 层为限（图 1-7）。

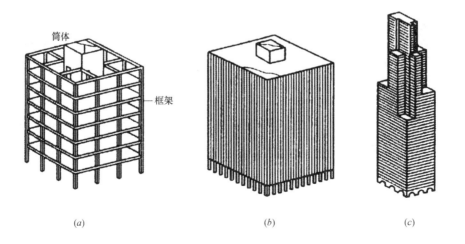

图 1-7　筒体结构

(*a*) 框筒结构；(*b*) 筒中筒；(*c*) 成束筒

知识链接

在工业厂房中，常用到排架结构，排架结构通常由柱子和屋架（或屋面梁）组成，其特点是柱子和屋架铰接（图1-8），可单跨和多跨，排架结构常用预制构件，现场安装。

006

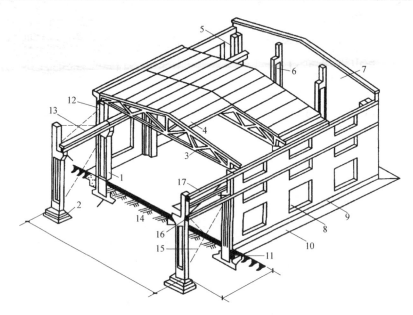

图 1-8　单层工业厂房——排架结构

1—柱子；2—基础；3—屋架；4—屋面板；5—角柱；6—抗风柱；7—山墙；
8—门窗洞口；9—勒脚；10—散水；11—基础梁；12—外纵墙；13—吊车梁；
14—地面；15—柱间支撑；16—连系梁；17—圈梁

2. 砌体结构

ZY1.4-1、2

砌体结构

砌体结构是指各种块材（包括砖、石材、砌块等）通过砂浆砌筑而成的结构（图1-9）。砌体结构根据所用块材的不同，又可分为砖砌体、石材砌体和砌块砌体。砌体结构的主要优点是能就地取材、造价低廉、耐火性强、工艺简单、施工方便，所以在建筑中应用广泛，主要用作七层以下的住宅楼、旅馆，五层以下的办公楼、教学楼等民用建筑的承重结构；在中、小型工业厂房及框架结构中常用砌体作围护结构。其缺点是自重大、强度较低、抗震性能差、施工速度缓慢、不能适应建筑工业化的要求，有待进一步改进和完善。

特别提示

传统的砌体结构房屋大多采用黏土砖建造，黏土砖的用量十分巨大，而生产黏土砖要毁坏农田，且污染环境。现在正大力发展新型墙体材料，如：蒸压粉煤灰砖、蒸压灰砂砖、混凝土砌块、混凝土多孔砖和实心砖等。

图 1-9　砌体结构

　　我国古代就用砌体结构建造城墙、佛塔、宫殿和拱桥。如闻名中外的"万里长城"、"西安大雁塔"等均为砌体结构；隋代李春所造的河北赵州桥迄今 1400 多年，桥净跨 37.37m，为世界上最早的单孔空腹式石拱桥（图 1-10）。

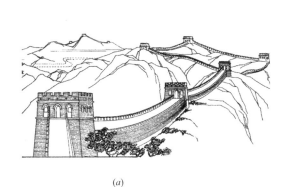
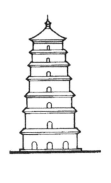

(a)　　　　　　　　　　　　　　　　　(b)

图 1-10　古代砌体结构（一）
(a) 万里长城；(b) 大雁塔

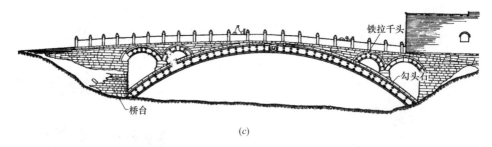

（c）

图 1-10　古代砌体结构（二）

（c）赵州桥

特别提示

图 1-11 是砌体结构，其主要受力构件有：

• 楼面板和屋面板——受弯构件，承担楼面（或屋面）上的竖向荷载，支座为墙或梁，主要内力为弯矩 M；

• 梁——受弯构件，承担楼面板和屋面板传来的竖向荷载，其支座为墙，主要内力为弯矩 M 和剪力 V；

• 墙体——受压构件，承担楼面梁和屋面梁传来的竖向荷载，其支座为基础。

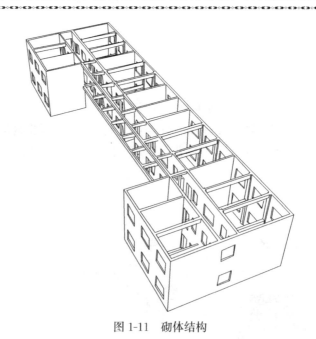

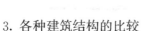

ZY1.5

木结构与钢结构

图 1-11　砌体结构

3. 各种建筑结构的比较

1）从发展的角度来看：钢结构前景广阔，砌体结构越来越少；

2）从抗震的角度来讲：砌体结构最差，混凝土结构次之，钢结构最好；

3）实际工程中，建造房屋的用途、层数及当地经济发展状况等决定了应采用何种结构形式。我国以混凝土结构建筑物最多；

4）国家大力发展装配式建筑，在未来 10 年，装配式混凝土结构、钢结构和现代木结构占新建建筑面积比例要达到 30%。

读一读：这些是哪些著名建筑物，你对它们了解多少？

胡夫金字塔（图 1-12）是埃及最大的金字塔，塔高 146.6m，底边长 230.60m，相当于一座 40 层摩天大楼，塔底面呈正方形，占地 5.29 万 m²。胡夫金字塔的塔身由大小不一的 230 万块巨石组成，每块重量在 1.5t 至 160t，石块间合缝严密，不用任何粘合物。胡夫金字塔工程浩大，结构精细，其建造涉及测量学、天文学、力学、物理学和数学等各个领域，被称为人类历史上最伟大的石头建筑，至今还有许多未被揭开的谜。

马赛公寓（图 1-13），1952 年在法国马赛市郊建成了一座举世瞩目的超级公寓住宅——马赛公寓大楼，是著名建筑大师勒·柯布西耶著名的代表作之一。马赛公寓长 165m，宽 24m，高 56m。地面层是敞开的柱墩，上面有 17 层，它像一座方便的"小城"。大楼用钢筋混凝土建造，通过支柱层支撑在 3.5×2.47 英亩面积的花园上。地面层的架空支柱上粗下细，并把每组双柱叉开成梯形，混凝土表面不做粉刷，留有木模板的木纹和接缝，显得粗犷有力。

图 1-12　胡夫金字塔

图 1-13　马赛公寓

1.1.2　建筑结构发展趋势概况

ZY1.6-1～4

建筑视频

1. 墙体材料改革

墙体材料总的发展趋势是走节能、节土、低污染、轻质、高强度、配套化、易于施工、劳动强度低的发展道路。国外墙体材料的发展遵循保护环境、节约能源、合理利用资源、发展绿色产品的原则，主要产品有灰砂砖、灰砂型加气混凝土砌块和板材、混凝土砌块、石膏砌块、复合轻质板材、烧结制品等。我国墙体材料的发展趋势：1）以黏土为原料的产品大幅度减少，向空心化和装饰化方向发展；石膏制品以纸面石膏板为主，增长迅速；建筑砌块持续增长，并向系统化方向发展，产品以混凝土砌块为主且向空心化发展，装饰砌块和多功能、易施工的砌块也将得到发展；质量轻、强度高、保温性能好的功能性复合墙板将迅速发展。2）发展满足建筑功能要求、保温隔热性能优良、轻质高强、便于机械化施工的各类内、外墙板；要发展承重混凝土小型空心砌块和承重利废空心砖，非承重墙体材料则应以利废的各类非承重砌块和轻板为主。3）充分利用废弃物生产建筑材料，使粉煤灰、煤矸石等工业废渣、建筑垃圾和生活垃圾等废弃物有效利用。实现产品的规范化、标准化、模数化，使多功能复合型的新型墙体材料产品得到快速发展。4）开发各种新的制砖技术：如垃圾砖生产技术，蒸压粉煤灰砖生产技术，烧结粉煤灰砖生产技术，泡沫砖生产技术等。建筑砌块向多品种、大规模、自动化方向发展。5）新型墙材的革新着重于建筑节能的推广。

2. 混凝土结构发展趋势

随着时代的变迁，技术的进步，积极发展应用高强混凝土和高强钢筋。

- 预应力技术的完善与普及，使建筑结构（梁板）、桥梁的跨度普遍增大。
- 钢管混凝土在建筑上，特别是高层、超高层建筑上应用越来越多。钢管内浇筑高强混凝土，可以使柱的承载力大幅度提高，从而降低柱的截面尺寸。
- 混凝土-型钢复合结构（即型钢外包裹混凝土）越来越多地在建筑结构上使用，大幅度提高结构强度和建筑的耐火安全性。
- 高强混凝土（C80～C120）在超高层建筑、摩天大楼的抗压结构上使用。
- 超高性能混凝土（UHPC，C120～C200）和超高性能钢筋混凝土出现，并开始在一些防爆结构、薄壳结构、大跨度结构和高耐久性结构上应用。
- 发展轻集料混凝土：如浮石混凝土、陶粒混凝土，纤维混凝土。
- 积极推进应用高强钢筋：加速淘汰335MPa螺纹钢筋，优先使用400MPa螺纹钢筋，积极推广500MPa螺纹钢筋。

1.1.3 课程教学任务、目标和学习方法

1. 教学任务

本课程的教学任务是使学生掌握混凝土结构、砌体结构的基本概念以及结构施工图的识读方法，能运用所学知识分析和解决建筑工程实践中较为简单的结构问题，为学习其他课程提供必要的基础；同时培养学生严谨、科学的思想方式和认真、细致的工作方式。

建筑结构，其内容在实际工程中是较为复杂的。它是在建筑施工图的基础上，通过结构方案布置、材料选择、荷载计算、构件和结构受力分析、内力计算、截面设计、构造措施等步骤，完成结构施工图和结构计算书。因此，学好这门重要的专业基础课程是正确理解和贯彻设计意图，确定施工方案和组织施工，处理建筑施工中的结构问题，防止发生工程事故，保证工程质量所必备的知识。

课程讲授时，建议多结合当地实际，采用播放录像、多媒体教学、参观建筑工地等教学手段。

2. 教学目标

本课程教学时数96学时，达到以下目标：

1）知识目标

领会必要的结构概念；了解混凝土、钢筋、砌体材料的主要力学性能；掌握梁、板、柱、墙等基本构件的受力特点；掌握简单混凝土结构构件的设计方法；了解建筑结

构抗震基本知识；掌握结构施工图的识读方法。

2）能力目标

具有对简单混凝土结构和砌体结构进行结构分析的能力；具有正确选用各种常用材料的能力；具有熟练识读结构施工图和绘制简单结构施工图的能力；理解钢筋混凝土基本构件承载力的计算思路；熟悉钢筋混凝土结构、砌体结构的主要构造，能理解建筑工程中出现的一般结构问题。

3）思想素质目标

培养学生从事职业活动所需要的工作方法和学习方法，养成科学的思维习惯；培养勤奋向上、严谨求实的工作态度；具有自学和拓展知识、接受终生教育的基本能力。

3. 课程特点

混凝土与砌体结构是建筑工程技术专业一门重要的专业课，也是建筑工程常用的两大结构形式。该课程的特点是：

• 内容较多——包括混凝土结构、砌体结构、建筑抗震和结构识图等内容；

• 公式多、符号多——很多计算公式是建立在科学实验和工程经验的基础上，不能死记硬背，要理解建立公式的基本假定、计算简图，注意适用范围和限制条件；

• 重视构造措施——构造设计是长期工程实践经验的总结，钢筋的位置、锚固等在建筑工程中必须按构造要求设置，构造和计算同等重要；

• 重视实践和规范的应用——结合图纸、结合实际，到施工现场参观，增加感性认识，积累工程经验。注意学习我国现行规范：《建筑结构荷载规范》（GB 50009—2012）、《建筑结构可靠性设计统一标准》（GB 50068—2018）、《混凝土结构设计规范》（GB 50010—2010）、《砌体结构设计规范》（GB 50003—2011）、《建筑抗震设计规范》（GB 50011—2010）、《建筑工程抗震设防分类标准》（GB 50223—2008）及国家建筑标准设计图集《混凝土结构施工图平面整体表示方法制图规则和构造详图》（16G101）。国家规范和标准是建筑工程设计、施工的依据，我们必须熟悉并正确应用。

• 本教材的内容围绕图纸展开，因此，必须先看懂图纸。同时，结合当地的实际工程，学有所用。

• 本课程与"建筑材料"、"建筑识图与房屋构造"、"建筑力学"、"建筑施工技术"等课程有密切关系，要学好这门课必须要努力学好上述几门关系密切的课程。

1.2　结构抗震知识

引例

北京时间 2008 年 5 月 12 日，在我国四川省发生了里氏 8.0 级的特大地震。震中位于四川省汶川县的映秀镇（东经103.4°，北纬31.0°），震源深度33km，震中烈度达11度。地震造成特别重大灾害。

青海省玉树藏族自治州2010年4月14日发生了里氏7.1级特大浅表地震，震中在北纬31.3°，东经96.7°，震源深度14km。

汶川地震和玉树地震的对比   表 1-1

	汶川地震	玉树地震
时间	2008年5月12日,14时28分	2010年04月14日,07时49分
地点	四川省汶川县映秀镇（北纬31°,东经103.4°）	青海省玉树藏族自治州玉树县（北纬31.3°,东经96.7°）
震源深度	33km	14km
强度对比	震级8.0级,破裂长度300km	7.1级左右,破裂长度30km左右
震区建筑	汶川灾区建筑多为砖石结构。灾区有大量学校垮塌	玉树灾区建筑多为土木结构,玉树县城强震后土木结构房屋几乎全部倒塌

ZY1.7

地震介绍

2011年3月11日，日本当地时间14时46分，日本东北部海域发生里氏9.0级地震并引发海啸，造成重大人员伤亡和财产损失。地震震中位于宫城县以东太平洋海域，震源深度20km。地震引发的海啸影响到太平洋沿岸的大部分地区。地震造成日本福岛第一核电站1～4号机组发生核泄漏事故。

想一想：上述地震名词"地震震级、地震烈度、震源深度"等各是什么含义？房屋如何抗震？

1.2.1 地震的基本概念

地震是一种突发性的自然灾害，其作用结果是引起地面的颠簸和摇晃。由于我国地处两大地震带（环太平洋地震带及欧亚地震带）的交汇区，且东部台湾及西部青藏高原直接位于两大地震带上，因此，地震区分布广，发震频繁，是一个多地震国家。

地震发生的地方叫震源；震源正上方的位置叫震中；震中附近地面振动最厉害，也是破坏最严重的地区，叫做震中区或极震区；地面某处至震中的距离叫做震中距；地震时地面上破坏程度相近的点连成的线称为等震线；震源至地面的垂直距离叫做震源深度（图1-14）。

依其成因，地震可分为三种主要类型：火山地震、塌陷地震和构造地震。根据震源深度不同，又可将构造地震分为三种：浅源地震——震源深度不大于60km；中源地震——震源深度60～300km；深源地震——震源深度大于300km。

地震引起的振动以波（纵波、横波）的形式从震源向各个方向传播（图1-14），它使地面发生剧烈的运动，从而使房屋产生上下跳动及水平晃动。当结构经受不住这种剧烈的颠晃时，就会产生破坏甚至倒塌。

1. 地震的震级

衡量地震大小的等级称为震级，它表示一次地震释放能量的多少，一次地震只有一

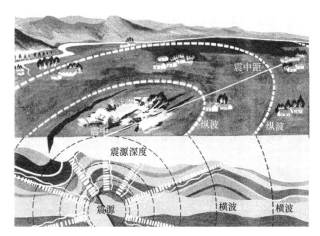

图 1-14　地震基本术语

个震级。地震的震级用 M 表示，通常称为里氏震级。

　　一般来说，震级小于里氏 2 级的地震，人们感觉不到，称为微震；里氏 2 级到 4 级的地震称为有感地震；5 级以上的地震称为破坏地震，会对建筑物造成不同程度的破坏；7～8 级地震称为强烈地震或大地震；超过 8 级的地震称为特大地震。1976 年我国河北唐山市发生的地震为 7.8 级，2008 年 5 月 12 日发生的四川汶川地震为 8.0 级。两次强烈地震都造成了巨大的人员伤亡和财产损失。

　　2. 地震烈度

　　地震烈度是指某一地区地面和建筑物遭受一次地震影响的强烈程度。地震烈度不仅与震级大小有关，而且与震源深度、震中距、地质条件等因素有关。一次地震只有一个震级，然而同一次地震却有好多个烈度区。一般来说，离震中越近，烈度越高。我国地震烈度采用十二度划分法（表 1-2）。

中国地震烈度表（GB/T 17742—2008）　　表 1-2

地震烈度	人的感觉	房屋震害			其他震害现象
		类型	震害程度	平均震害指数	
Ⅰ	无感	—	—	—	—
Ⅱ	室内个别静止中人有感觉	—	—	—	—
Ⅲ	室内少数静止中人有感觉	—	门、窗轻微作响	—	悬挂物微动
Ⅳ	室内多数人、室外少数人有感觉，少数人梦中惊醒	—	门、窗作响	—	悬挂物明显摆动，器皿作响
Ⅴ	室内绝大多数、室外多数人有感觉，多数人梦中惊醒		门窗、屋顶、屋架颤动作响，灰土掉落，个别房屋抹灰出现细微细裂缝，个别有檐瓦掉落，个别屋顶烟囱掉砖	—	悬挂物大幅度晃动，不稳定器物摇动或翻倒

续表

地震烈度	人的感觉	房屋震害			平均震害指数	其他震害现象
		类型	震害程度			
Ⅵ	多数人站立不稳，少数人惊逃户外	A	少数中等破坏，多数轻微破坏/或基本完好		0.00～0.11	家具和物品移动；河岸和松软土出现裂缝，饱和砂层出现喷砂冒水；个别独立砖烟囱轻度裂缝
		B	个别中等破坏，少数轻微破坏，多数基本完好			
		C	个别轻微破坏，大多数基本完好		0.00～0.08	
Ⅶ	大多数人惊逃户外，骑自行车的人有感觉，行驶中的汽车驾乘人员有感觉	A	少数毁坏和/或严重破坏，多数中等和/或轻微破坏		0.09～0.31	物体从架子上掉落；河岸出现塌方，饱和砂层常见喷水冒砂，松软土地上地裂缝较多；大多数独立砖烟囱中等破坏
		B	少数毁坏，多数严重和/或中等破坏			
		C	个别毁坏，少数严重和/或多数中等和/或轻微破坏		0.07～0.22	
Ⅷ	多数人摇晃颠簸，行走困难	A	少数毁坏，多数严重和/或中等破坏		0.29～0.51	干硬土上出现裂缝，饱和砂层绝大多数喷砂冒水；大多数独立砖烟囱严重破坏
		B	个别毁坏，少数严重破坏，多数中等和/或轻微破坏			
		C	少数严重和/或中等破坏，多数轻微破坏		0.20～0.40	
Ⅸ	行动的人摔倒	A	多数严重破坏或/和毁坏		0.49～0.71	干硬土上多处出现裂缝，可见基岩裂缝、错动，滑坡、塌方常见；独立砖烟囱多数倒塌
		B	少数毁坏，多数严重和/或中等破坏			
		C	少数毁坏和/或严重破坏，多数中等和/或轻微破坏		0.38～0.60	
Ⅹ	骑自行车的人会摔倒，处不稳状态的人会摔离原地，有抛起感	A	绝大多数毁坏		0.69～0.91	山崩和地震断裂出现；基岩上拱桥破坏；大多数独立砖烟囱从根部破坏或倒毁
		B	大多数毁坏			
		C	多数毁坏和/或严重破坏		0.58～0.80	
Ⅺ		A	绝大多数毁坏		0.89～1.00	地震断裂延续很大，大量山崩滑坡
		B				
		C			0.78～1.00	

续表

地震烈度	人的感觉	房屋震害			其他震害现象
		类型	震害程度	平均震害指数	
XII	—	A	—	1.00	地面剧烈变化,山河改观
		B			
		C			

注：表中的数量词："个别"为 10% 以下；"少数"为 10%～45%；"多数"为 40%～70%；"大多数"为 60%～90%；"绝大多数"为 80% 以上。

3. 抗震设防烈度

抗震设防烈度是按国家批准权限审定，作为一个地区抗震设防依据的地震烈度。《建筑抗震设计规范》附录 A 给出了全国主要城镇抗震设防烈度。

ZY1.9
全国抗震设防烈度

抗震设防烈度为 6 度及以上地区的建筑，必须进行抗震设计。抗震设防烈度大于 9 度地区的建筑和行业有特殊要求的工业建筑，其抗震设计应按有关专门规定执行。即我国抗震设防的范围为地震烈度为 6 度、7 度、8 度和 9 度地震区。

特别提示

1. 我国抗震设防烈度为 6～9 度，6～9 度必须进行抗震计算和构造设计。

2. 震级和烈度是两个概念，新闻报道的都是震级，烈度仅对地面和房屋的破坏而言。对同一个地震，不同的地区，烈度大小是不一样的。距离震源近，破坏大，烈度高；距离震源远，破坏小，烈度低。震级和烈度的大致对应关系（对震中地区而言）为：

震级	2	3	4	5	6	7	8	>8
震中烈度	1～2	3	4～5	6～7	7～8	9～10	11	12

---

4. 抗震设防的一般目标

抗震设防是指对建筑物进行抗震设计并采取抗震构造措施，以达到抗震的效果。抗震设防的依据是抗震设防烈度。《建筑抗震设计规范》提出了"三水准两阶段"的抗震设防目标：

（1）第一水准——小震不坏　当遭受低于本地区抗震设防烈度的多遇地震影响时，一般不受损坏或不需修理可继续使用。

（2）第二水准——中震可修　当遭受相当于本地区抗震设防烈度的地震影响时，可能损坏，经一般修理或不需修理仍可继续使用。

（3）第三水准——大震不倒　当遭受高于本地区抗震设防烈度预估的罕遇地震影响时，不致倒塌或发生危及生命的严重破坏。

为实现上述水准的抗震设防目标，实际采用的是"两阶段设计"，即弹性阶段的承载能力计算和弹塑性阶段的变形验算。

1.2.2 地震的破坏作用

1. 地表的破坏现象

在强烈地震作用下，地表的破坏现象为：地裂缝（图 1-15）、喷砂冒水、地面下沉及河岸、陡坡滑坡等。

2. 建筑物的破坏现象

1）结构丧失整体性　房屋建筑或构筑物是由许多构件组成的，在强烈地震作用下，构件连接不牢、支承长度不够和支承失稳等都会使结构丧失整体性而破坏（图 1-16）。

图 1-15　地震产生的地裂缝

图 1-16　地震引起的房屋破坏

2）强度破坏　对于未考虑抗震设防或设防不足的结构，在具有多向性的地震力作用下，会使构件因强度不足而破坏。如：地震时砖墙产生交叉斜裂缝、钢筋混凝土柱被剪断、压酥等（图 1-17）。

图 1-17　地震产生的砖墙交叉斜裂缝、钢筋混凝土柱压酥

3）地基失效　在强烈地震作用下，地基承载力可能下降甚至丧失，也可能由于地基饱和砂层液化而造成建筑物沉陷、倾斜或倒塌。

3. 次生灾害

次生灾害是指地震时给水排水管网、煤气管道、供电线路的破坏，以及易燃、易爆、有毒物质、核物质容器的破裂，堰塞湖等造成的水灾、火灾、污染、瘟疫等严重灾害。这些次生灾害有时比地震造成的直接损失还大。

查一查：2011 年 3 月 11 日发生的日本大地震有哪些次生灾害？

1.2.3 建筑抗震设防分类和设防标准

在进行建筑设计时，应根据建筑的重要性不同，采取不同的抗震设防标准。《建筑工程抗震设防分类标准》将建筑按其使用功能的重要程度不同，分为 4 类（表 1-3）。

ZY1.10
建筑工程抗震
设防分类标准

建筑抗震设计分类和设防标准 表 1-3

分类	定 义	抗震设防标准
1. 甲类（特殊设防类）	指使用上有特殊设施，涉及国家公共安全的重大建筑工程和地震时可能发生严重次生灾害等特别重大灾害后果，需要进行特殊设防的建筑	应按高于本地区抗震设防烈度提高一度的要求加强其抗震措施；但抗震设防烈度为 9 度时应按比 9 度更高的要求采取抗震措施
2. 乙类（重点设防类）	指地震时使用功能不能中断或需尽快恢复的生命线相关建筑，以及地震时可能导致大量人员伤亡等重大灾害后果，需要提高设防标准的建筑	应按高于本地区抗震设防烈度一度的要求加强其抗震措施；但抗震设防烈度为 9 度时应按比 9 度更高的要求采取抗震措施
3. 丙类（标准设防类）	指大量的除 1、2、4 条以外按标准要求进行设防的建筑。如：居住建筑的抗震设防类别不应低于标准设防类	应按本地区抗震设防烈度确定其抗震措施和地震作用，达到在遭遇高于当地抗震设防烈度的预估罕遇地震影响时不致倒塌或发生危及生命安全的严重破坏的抗震设防目标
4. 丁类（适度设防类）	指使用上人员稀少且震损不致产生次生灾害，允许在一定条件下适度降低要求的建筑	允许比本地区抗震设防烈度的要求适当降低其抗震措施，但抗震设防烈度为 6 度时不应降低。一般情况下，仍应按本地区抗震设防烈度确定其地震作用

1.2.4 建筑场地和地基

1. 建筑场地的类别

以土层等效剪切波速和场地覆盖层厚度来划分建筑场地的类别。

1）土层等效剪切波速 v_s 按表 1-4 确定。

土的类型划分和剪切波速范围 表 1-4

土 的 类 型	岩土名称和性状	土层剪切波速范围（m/s）
岩石	坚硬、较硬且完整的岩石	$v_s > 800$

土 的 类 型	岩土名称和性状	土层剪切波速范围（m/s）
坚硬土或软质岩石	破碎和较破碎的岩石或软和较软的岩石，密实的碎石土	$800 \geqslant v_s > 500$
中硬土	中密、稍密的碎石土，密实、中密的砾、粗、中砂，$f_{ak} > 150$ 的黏性土和粉土，坚硬黄土	$500 \geqslant v_s > 250$
中软土	稍密的砾、粗、中砂，除松散外的细、粉砂，$f_{ak} \leqslant 150$ 的黏性土和粉土，$f_{ak} > 130$ 的填土，可塑新黄土	$250 \geqslant v_s > 150$
软弱土	淤泥和淤泥质土，松散的砂，新近沉积的黏性土和粉土，$f_{ak} \leqslant 130$ 的填土，流塑黄土	$v_s \leqslant 150$

注：f_{ak} 为由载荷试验等方法得到的地基承载力特征值（kPa）；v_s 为岩土剪切波速。

2）建筑场地覆盖层厚度按下列要求确定：

a. 一般情况下，应按地面至剪切波速大于 500m/s 且其下卧各层岩土的剪切波速均不小于 500m/s 的土层顶面的距离确定。

b. 当地面 5m 以下存在剪切波速大于其上部各土层剪切波速 2.5 倍的土层，且该层及其下卧各层岩土的剪切波速均不小于 400m/s 时，可按地面至该土层顶面的距离确定。

c. 剪切波速大于 500m/s 的孤石、透镜体，应视同周围土层。

d. 土层中的火山岩硬夹层，应视为刚体，其厚度应从覆盖土层中扣除。

3）建筑的场地类别，根据土层等效剪切波速和场地覆盖层厚度按表 1-5 划分为四类，其中 I 类分为 I_0、I_1 两个亚类。

各类建筑场地的覆盖层厚度（m）　　　　　　　　　　表 1-5

岩石的剪切波速或土的等效剪切波速(m/s)	场 地 类 别				
	I_0	I_1	II	III	IV
$v_s > 800$	0				
$800 \geqslant v_s > 500$		0			
$500 \geqslant v_s > 250$		<5	$\geqslant 5$		
$250 \geqslant v_s > 150$		<3	3～50	>50	
$v_s \leqslant 150$		<3	3～15	15～80	>80

2. 地基土的液化

地下水位以下的饱和砂土和饱和粉土在地震作用下，土颗粒之间有变密的趋势，但因孔隙水来不及排出，使土颗粒处于悬浮状态，如液体一样，这种现象就叫土的液化。

1）地基土的液化等级

在同一地震烈度下，液化层的厚度愈厚，埋深愈浅，地下水位愈高，液化就越严重，其危害就越大。

用液化指数 I_{lE} 来表明液化的危害程度，按 I_{lE} 大小对地基土的液化等级分了三级（表 1-6）。

液化等级与液化指数 I_{lE} 的对应关系   表 1-6

液化等级	轻 微	中 等	严 重
液化指数 I_{lE}	$0<I_{lE}\leqslant6$	$6<I_{lE}\leqslant18$	$I_{lE}>18$

2）地基土的抗液化措施

存在液化土层的地基，应根据建筑的抗震设防类别、地基的液化等级，结合表 1-7 采取相应的措施。不宜将未经处理的液化土层作为天然地基持力层。

抗液化措施   表 1-7

建筑抗震设防类别	地基的液化等级		
	轻微	中等	严重
乙类	部分消除液化沉陷，或对基础和上部结构处理	全部消除液化沉陷，或部分消除液化沉陷且对基础和上部结构处理	全部消除液化沉陷
丙类	基础和上部结构处理，亦可不采取措施	基础和上部结构处理，或更高要求的措施	全部消除液化沉陷，或部分消除液化沉陷且对基础和上部结构处理
丁类	可不采取措施	可不采取措施	基础和上部结构处理，或其他经济的措施

注：甲类建筑的地基抗液化措施应进行专门研究，但不宜低于乙类的相应要求。

1.2.5 抗震设计的基本要求

为了减轻建筑物的地震破坏，避免人员伤亡，减少经济损失，对地震区的房屋必须进行抗震设计。建筑结构的抗震设计分为两大部分：一是计算设计——对地震作用效应进行定量分析计算；一是概念设计——正确地解决总体方案、材料使用和细部构造，以达到合理抗震设计的目的。根据概念设计的原理，在进行抗震设计、施工及材料选择时，应遵守下列一些要求：

1. 选择对抗震有利的场地和地基

确定建筑场地时，应选择有利地段，避开不利地段（图 1-18）。对危险地段，严禁建造甲、乙类建筑，不应建造丙类建筑。有利、一般、不利和危险的地段划分见表 1-8。

图 1-18 因山体崩塌产生的巨大滚石，造成了建筑的破坏

019

地段的划分 表 1-8

地段类别	地质、地形、地貌
有利地段	稳定基岩，坚硬土，开阔、平坦、密实、均匀的中硬土等
一般地段	不属于有利、不利和危险的地段
不利地段	软弱土，液化土，条状突出的山嘴，高耸孤立的山丘，陡坡，陡坎，河岸和边坡的边缘，平面分布上成因、岩性、状态明显不均匀的土层，高含水量的可塑黄土，地表存在结构性裂缝等
危险地段	地震时可能发生滑坡、崩塌、地陷、地裂、泥石流等

地基和基础设计应符合下列要求：同一结构单元的基础不宜设置在性质截然不同的地基上；同一结构单元不宜部分采用天然地基，部分采用桩基。

2. 选择对抗震有利的建筑体型

建筑设计应符合抗震概念设计的要求，不规则的建筑方案应按规定采取加强措施。不应采用严重不规则的设计方案。建筑平面和立面布置宜规则、对称，其刚度和质量分布宜均匀。体型复杂的建筑宜设防震缝。

3. 选择合理的抗震结构体系

结构体系应根据建筑的抗震设防类别、抗震设防烈度、建筑高度、场地条件、地基、结构材料和施工等因素，经综合分析比较确定。结构体系应具有多道抗震防线，对可能出现的薄弱部位，应采取措施提高抗震能力。

4. 结构构件应有利于抗震

结构构件应符合下列要求：砌体结构应按规范要求设置钢筋混凝土圈梁和构造柱、芯柱，或采用约束砌体、配筋砌体等；混凝土结构构件应控制截面尺寸和受力钢筋与箍筋的设置；多高层的混凝土楼、屋盖宜优先采用现浇混凝土板。

5. 处理好非结构构件

非结构构件，包括建筑非结构构件（如：女儿墙、围护墙、隔墙、幕墙、装饰贴面等）和建筑附属机电设备。附着于楼、屋面结构上的非结构构件，以及楼梯间的非承重墙体，应与主体结构有可靠的连接或锚固，避免地震时倒塌伤人或砸坏重要设备；围护墙和隔墙应考虑对结构抗震的不利影响，避免不合理设置而导致主体结构的破坏；幕墙、装饰贴面与主体结构应有可靠的连接，避免地震时脱落伤人；安装在建筑物上的附属机械、电气设备系统的支座和连接，应符合地震时使用功能的要求，且不应导致相关部件的损坏。

6. 采用隔震和消能减震设计

隔震和消能减震是建筑结构减轻地震灾害的新技术。

ZY1.11

隔震

隔震的基本原理是：通过隔震层（图 1-19）的大变形来减少其上部结构的地震作用，从而减少地震破坏。消能减震的基本原理是：通过消能器的设置来控制预期的结构变形，从而使主体结构在罕遇地震下不发生严重破坏。

7. 合理选用材料，确保施工质量

合理地使用材料，确保施工质量是保证抗震质量的关键。在结构

隔震装置

图 1-19　隔震装置

施工图中均标有对材料和施工质量的特别要求。混凝土、钢材和砌体材料的选用见各模块的要求。

1.3　荷　　载

1.3.1　荷载的分类

建筑结构在施工与使用期间要承受各种作用，如人群、风、雪及结构构件自重等，这些外力直接作用在结构物上；还有温度变化、地基不均匀沉降等间接作用在结构上；我们称直接作用在结构上的外力为荷载。

1. 荷载按作用时间的长短和性质，可分为三类：永久荷载、可变荷载和偶然荷载；

1）永久荷载是指在结构设计使用期间，其值不随时间而变化，或其变化与平均值相比可以忽略不计，或其变化是单调的并能趋于限值的荷载。例如，结构的自重、土压力、预应力等荷载，永久荷载又称恒荷载。

2）可变荷载是指在结构设计使用期内其值随时间而变化，其变化与平均值相比不可忽略的荷载。例如，楼面活荷载、吊车荷载、风荷载、雪荷载等，可变荷载又称活荷载。

3）偶然荷载是指在结构设计使用期内不一定出现，一旦出现，其值很大且持续时间很短的荷载。例如，爆炸力、撞击力等。

2. 荷载按结构的反应特点分为两类：静态荷载和动态荷载；

1）静态荷载，使结构产生的加速度可以忽略不计的作用，如结构自重、住宅和办公楼的楼面活荷载等。

2）动态荷载，使结构产生的加速度不可忽略不计的作用，如地震、吊车荷载、设备振动等。

3. 荷载按作用位置可分为两类：固定荷载和移动荷载。

1）固定荷载——是指作用位置不变的荷载，如结构的自重等。

2）移动荷载——是指可以在结构上自由移动的荷载，如车轮压力等。

特别提示

结构设计使用期分四类：一类（临时性建筑）：设计使用年限 5 年；

二类（易于替换的结构构件）：设计使用年限 25 年；

三类（普通房屋和构筑物）：设计使用年限 50 年；

四类（纪念性和特别重要的建筑）：设计使用年限 100 年。

ZY1.12
材料自重表

1.3.2 荷载分布形式

1. 材料的自重：常用材料的自重见表1-9。其余材料自重可查 ZY1.12。

2. 均布面荷载：在均匀分布的荷载作用面上，单位面积上的荷载值，称为均布面荷载，其单位为 kN/m² 或 N/m²。一般来说，楼板上的荷载为均布面荷载（图1-20）。

常用材料构件自重表　　　　　　　　　　　表 1-9

名　称	自重(kN/m³)	备　注
钢	78.5	
耐火砖	19～22	230mm×110mm×65mm(609 块/m³)
灰砂砖	18	砂：白灰＝92：8
煤渣砖	17～18.5	
蒸压粉煤灰砖	14.0～16.0	干重度
蒸压粉煤灰加气混凝土砌块	5.5	
混凝土空心小砌块	11.8	390mm×190mm×190mm
石灰砂浆、混合砂浆	17	
水泥砂浆	20	
素混凝土	22～24	振捣或不振捣
钢筋混凝土	24～25	
浆砌机砖	19	
水磨石地面	0.65kN/m²	10mm 面层,20mm 水泥砂浆打底

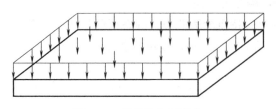

图 1-20　板的均布面荷载

> **特别提示**
>
> 　一般板上的自重荷载为均布面荷载，其值为重力密度乘以板厚。
>
> 　如一矩形截面板，板长为 l（m），板宽度为 B（m），截面厚度为 h（m），重力密度为 γ（kN/m³），则此板的总重量 $G=\gamma Blh$；板的自重在平面上是均匀分布的，所以单位面积的自重 $g_k=\dfrac{G}{Bl}=\dfrac{\gamma Blh}{Bl}=\gamma h$（kN/m²），$g_k$ 值就是板自重简化为单位面积上的均布荷载标准值。

　3. 均布线荷载：沿跨度方向单位长度上均匀分布的荷载，称为均布线荷载，其单位为 kN/m 或 N/m。梁上的荷载一般为均布线荷载（图 1-21）。

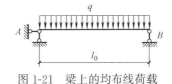

图 1-21　梁上的均布线荷载

> **特别提示**
>
> 　一般梁上的自重荷载为均布线荷载，其值为重力密度乘以横截面面积。
>
> 　如一矩形截面梁，梁长为 l（m），其截面宽度为 b（m），截面高度为 h（m），重力密度为 γ（kN/m³），则此梁的总重量 $G=\gamma bhl$；梁的自重沿跨度方向是均匀分布的，所以沿梁轴每米长度的自重 $g_k=\dfrac{G}{l}=\dfrac{\gamma bhl}{l}=\gamma bh$（kN/m）。$g_k$ 值就是梁自重简化为沿梁轴方向的均布荷载标准值。

　4. 非均布线荷载：沿跨度方向单位长度上非均匀分布的荷载，称为非均布线荷载，其单位为 kN/m 或 N/m。如图 1-22 所示的挡土墙的土压力为非均布线荷载。

　5. 集中荷载（集中力）：集中作用于一点的荷载称为集中荷载（集中力），其单位为 kN 或 N，通常用 G 或 P 表示。如图 1-23 所示的柱子自重即为集中荷载。

> **特别提示**
>
> 　一般柱子的自重荷载为集中力，其值为重力密度乘以柱子的体积，即 $G=\gamma bhl$。

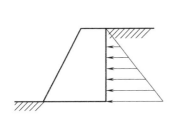

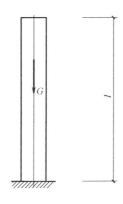

图 1-22　挡土墙的土压力　　　　　　图 1-23　柱子的自重

> **课堂讨论**
>
> 　在工程计算中，板面上受到均布面荷载 q'（kN/m^2）时，它传给其支撑的梁为线荷载，均布面荷载化为均布线荷载是如何计算的？

例 1-1　图 1-24 为楼面结构局部布置图，设楼面板上受到均匀的面荷载 q'（kN/m^2）作用，板跨度为 3.3（m）（受荷宽度）、L2 梁跨度为 5.1（m），那么，梁 L2 上受到的均布线荷载 $p=q'\times3.3+$ 梁 L2 自重（kN/m）。荷载 p 是沿梁的跨度均匀分布的线荷载。

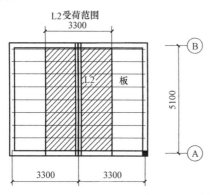
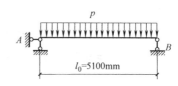

图 1-24　板上的荷载传给梁示意图

1.3.3　荷载代表值

在后续进行结构设计时，对荷载应赋予一个规定的量值，该量值即所谓荷载代表值。永久荷载采用标准值为代表值，可变荷载采用标准值、组合值、频遇值或准永久值为代表值。

1. 荷载的标准值

荷载标准值是荷载的基本代表值，是设计基准期内（50 年）最大荷载统计分布的特征值，是指其在结构使用期间可能出现的最大荷载值。

1）永久荷载标准值（G_k 或 g_k），是永久荷载的唯一代表值。对于结构自重可以根据结构的设计尺寸和材料的重力密度确定。

例 1-2　某矩形截面钢筋混凝土梁 L2，计算跨度为 5.1m，截面尺寸为 $b=250mm$，$h=500mm$，求该梁自重（即永久荷载）标准值 g_k。

解： 梁自重为均布线荷载的形式，梁自重标准值应按照 $g_k=\gamma bh$ 计算，由表 1-9 知，钢筋混凝土的重力密度 $\gamma=25kN/m^3$，$b=250mm$，$h=500mm$，故：

梁自重标准值 $g_k=\gamma bh=25\times0.25\times0.5=3.125kN/m$

> **特别提示**
>
> 　计算过程中应注意物理量量纲的换算。梁的自重标准值用 g_k 表示。

例1-3 某教学楼楼面做法为：30mm 水磨石地面，120mm 钢筋混凝土空心板（折算为80mm 厚的实心板），板底石灰砂浆粉刷厚20mm，求楼板自重标准值。

解： 板自重为均布面荷载的形式，其楼面做法中每一层标准值均应按照 $g_k = \gamma h$ 计算，然后把三个值加在一起就是楼板的自重标准值。

查表 1-9 得：30mm 水磨石地面：$0.65kN/m^2$，钢筋混凝土的重力密度 $\gamma_2 = 25kN/m^3$，石灰砂浆的重力密度 $\gamma_3 = 17kN/m^3$，故：

楼面做法：30mm 水磨石地面：　　　　　　　　　　$0.65kN/m^2$

120mm 钢筋混凝土空心板自重（折算为80mm 厚的实心板）：

$$25kN/m^3 \times 0.08m = 2kN/m^2$$

板底粉刷（石灰砂浆）：　　　$17 kN/m^3 \times 0.02m = 0.34kN/m^2$

板每平方米总重力（面荷载）标准值：$g_k = 2.99kN/m^2$

2）可变荷载标准值，由设计使用年限内最大荷载概率分布的某个分位值确定，是可变荷载的最大荷载代表值，由统计所得。我国《建筑结构荷载规范》对于楼（屋）面活荷载、雪荷载、风荷载、吊车荷载等可变荷载标准值，规定了具体的数值，设计时可直接查用。

（1）楼（屋）面可变荷载标准值（Q_k 或 q_k），见表 1-10（或表 1-11）。

民用建筑楼面均布活荷载标准值及其组合值、频遇值和准永久值系数　　　表 1-10

项次	类 别	标准值 (kN/m²)	组合值系数 ψ_c	频遇值系数 ψ_f	准永久值系数 ψ_q
1	(1)住宅、宿舍、旅馆、办公楼、医院病房、托儿所、幼儿园	2.0	0.7	0.5	0.4
	(2)试验室、阅览室、会议室、医院门诊室	2.0	0.7	0.6	0.5
2	教室、食堂、餐厅、一般资料档案室	2.5	0.7	0.6	0.5
3	(1)礼堂、剧场、影院、有固定座位的看台	3.0	0.7	0.5	0.3
	(2)公共洗衣房	3.0	0.7	0.6	0.5
4	(1)商店、展览厅、车站、港口、机场大厅及旅客等候室	3.5	0.7	0.6	0.5
	(2)无固定座位的看台	3.5	0.7	0.5	0.3
5	(1)健身房、演出舞台	4.0	0.7	0.6	0.5
	(2)舞厅	4.0	0.7	0.6	0.3
6	(1)书库、档案库、贮藏室	5.0	0.9	0.9	0.8
	(2)密集柜书库	12.0	0.9	0.9	0.8
7	通风机房、电梯机房	7.0	0.9	0.9	0.8
8	汽车通道及客车停车库： (1)单向板楼盖(板跨不小于 2m)和双向板楼盖(板跨不小于 3m×3m) 　客车 　消防车	4.0 35.0	0.7 0.7	0.7 0.5	0.6 0.0
	(2)双向板楼盖(板跨不小于 6m×6m)和无梁楼盖(柱网不小于 6m×6m) 　客车 　消防车	2.5 20.0	0.7 0.7	0.7 0.5	0.6 0.0

项次	类　别	标准值 （kN/m²）	组合值 系数 ψ_c	频遇值 系数 ψ_f	准永久值 系数 ψ_q
9	厨房 (1)餐厅 (2)其他	4.0 2.0	0.7 0.7	0.7 0.6	0.7 0.5
10	浴室、卫生间、盥洗室	2.5	0.7	0.6	0.5
11	走廊、门厅 (1)宿舍、旅馆、医院病房、托儿所、幼儿园、住宅 (2)办公楼、餐厅、医院门诊部 (3)教学楼及其他可能出现人员密集的情况	2.0 2.5 3.5	0.7 0.7 0.7	0.5 0.6 0.5	0.4 0.5 0.3
12	楼梯 (1)多层住宅 (2)其他	2.0 3.5	0.7 0.7	0.5 0.5	0.4 0.3
13	阳台 (1)一般情况 (2)当人群有可能密集时	2.5 3.5	0.7 0.7	0.6 0.6	0.5 0.5

注：1. 本表所给各项活荷载适用于一般使用条件，当使用荷载较大或情况特殊时，应按实际情况采用；

2. 第6项书库活荷载当书架高度大于2m时，书库活荷载尚应按每米书架高度不小于2.5kN/m²确定；

3. 第8项中的客车活荷载只适用于停放载人少于9人的客车；消防车活荷载是适用于满载总重为300kN时的大型车辆；当不符合本表的要求时，应将车轮的局部荷载按结构效应的等效原则，换算为等效均布荷载；

4. 第12项楼梯活荷载，对预制楼梯踏步平板，尚应按1.5kN集中荷载验算；

5. 第8项消防车荷载，当双向板楼盖板跨介于3m×3m～6m×6m时，应按跨度线性插值确定；

6. 本表各项荷载不包括隔墙自重和二次装修荷载。对固定隔墙的自重应按恒荷载考虑，当隔墙位置可灵活自由布置时，非固定隔墙的自重应取每延米长墙重（kN/m）的1/3作为楼面活荷载的附加值（kN/m²）计入，附加值不小于1.0kN/m²。

屋面均布活荷载标准值及组合值系数、频遇值系数和准永久系数　　　　　表1-11

项次	类　别	标准值 （kN/m²）	组合值 系数 ψ_c	频遇值 系数 ψ_f	准永久值 系数 ψ_q
1	不上人的屋面	0.5	0.7	0.5	0
2	上人的屋面	2.0	0.7	0.5	0.4
3	屋顶花园	3.0	0.7	0.6	0.5
4	屋顶运动场地	3.0	0.7	0.6	0.4

注：1. 不上人的屋面，当施工或维修荷载较大时，应按实际情况采用；对不同结构应按有关设计规范的规定，但不得低于0.3kN/m²；

2. 上人的屋面，当兼作其他用途时，应按相应楼面活荷载采用；

3. 对于因屋面排水不畅、堵塞等引起的积水荷载，应采取构造措施加以防止；必要时，应按积水的可能深度确定屋面活荷载；

4. 屋顶花园活荷载不包括花圃土石等材料自重。

> **特别提示**
>
> 　　根据表 1-10，查得教室的楼面活荷载标准值为 2.5kN/m²；楼梯上的楼面活荷载标准值为 3.5kN/m²。

　　(2) 风荷载标准值（w_k），风受到建筑物的阻碍和影响时，速度会改变，并在建筑物表面上形成压力和吸力，即为建筑物所受的风荷载。根据《建筑结构荷载规范》相关规定，主要受力结构风荷载标准值（w_k）按下式计算：

$$w_k = \beta_z \mu_s \mu_z w_0 \tag{1-1}$$

式中　　w_k——风荷载标准值（kN/m²）；

　　　　β_z——高度 z 处的风振系数，它是考虑风压脉动对结构产生的影响，对高度低于 30m 且高宽比不大于 1.5 的房屋建筑，$\beta_z = 1$，其他结构按《建筑结构荷载规范》规定的方法计算；

　　　　μ_s——风荷载体型系数，对于矩形平面的房屋建筑，迎风面 $\mu_s = +0.8$，背风面 $\mu_s = -0.5$，其他体型的房屋结构见《建筑结构荷载规范》；

　　　　μ_z——风压高度变化系数，见《建筑结构荷载规范》；

　　　　w_0——基本风压（kN/m²）是以当地平坦空旷地带，10m 高处统计得到的 50 年一遇 10min 平均最大风速为标准确定的，从《建筑结构荷载规范》"全国基本风压分布图"查用。

　　(3) 雪荷载标准值（S_k）

　　在降雪地区，屋面水平面上的雪荷载标准值按下式计算：

$$S_k = \mu_r S_o \tag{1-2}$$

式中　　S_k——雪荷载标准值（kN/m²）；

　　　　μ_r——屋面积雪分布系数，平屋顶：$\mu_r = 1$，其他屋面查《建筑结构荷载规范》；

　　　　S_o——基本雪压（kN/m²），按《建筑结构荷载规范》查得。

　　2. 可变荷载组合值（Q_c）

　　当结构上同时作用有两种或两种以上可变荷载时，由于各种可变荷载同时达到其最大值（标准值）的可能性极小，因此计算时采用可变荷载组合值，所谓荷载组合值是将多种可变荷载中的第一个可变荷载（或称主导荷载，即产生最大荷载效应的荷载），仍以其标准值作为代表值外，其他均采用可变荷载的组合值进行计算，即将它们的标准值乘以小于 1 的荷载组合值系数作为代表值，称为可变荷载的组合值，用 Q_c 表示：

$$Q_c = \psi_c Q_k \tag{1-3}$$

式中　　Q_c——可变荷载组合值；

　　　　Q_k——可变荷载标准值；

　　　　ψ_c——可变荷载组合值系数，一般楼面活荷载、雪荷载取 0.7，风荷载取 0.6，其他可变荷载取值见表 1-10 和表 1-11。

　　3. 可变荷载频遇值（Q_f）

　　可变荷载频遇值是指结构上时而出现的较大荷载。对可变荷载，在设计基准期内，其超越的总时间为规定的较小比率或超越频率为规定频率的荷载值。可变荷载频遇值总是小于荷载标准值，其值取可变荷载标准值乘以小于1的荷载频遇值系数，用Q_f表示：

$$Q_f = \psi_f Q_k \tag{1-4}$$

式中　Q_f——可变荷载频遇值；

　　　ψ_f——可变荷载频遇值系数，见表1-10和表1-11。

4. 可变荷载准永久值（Q_q）

可变荷载准永久值是指可变荷载中在设计基准期内经常作用（其超越的时间约为设计基准期一半）的可变荷载。在规定的期限内有较长的总持续时间，也就是经常作用于结构上的可变荷载。其值取可变荷载标准值乘以小于1的荷载准永久值系数，用Q_q表示：

$$Q_q = \psi_q Q_k \tag{1-5}$$

式中　Q_q——可变荷载准永久值；

　　　ψ_q——可变荷载准永久值系数，见表1-10和表1-11。

1.3.4 荷载分项系数

1. 荷载分项系数

荷载分项系数用于结构承载力极限状态设计中，目的是保证在各种可能的荷载组合出现时，结构均能维持在相同的可靠度水平上。荷载分项系数又分为永久荷载分项系数γ_G、预应力作用分项系数γ_P和可变荷载分项系数γ_Q，其值见表1-12。

荷载分项系数　　　　　　　　　　　　　　　　　表1-12

适用情况 作用分项系数	当作用效应对承载力不利时	当作用效应对承载力有利时
γ_G	1.3	≤1.0
γ_P	1.3	≤1.0
γ_Q	1.5	0

2. 荷载的设计值

一般情况下，荷载标准值与荷载分项系数的乘积为荷载设计值，也称设计荷载，其数值大体上相当于结构在非正常使用情况下荷载的最大值，它比荷载的标准值具有更大的可靠度。永久荷载设计值为$\gamma_G G_k$；可变荷载设计值为$\gamma_Q Q_k$。

例1-4　计算例1-3中楼面板永久荷载设计值和可变荷载设计值。已知永久荷载分项系数$\gamma_G = 1.3$，可变荷载分项系数$\gamma_Q = 1.5$。

解：（1）由例1-3知：楼面板永久荷载标准值：$g_k = 2.99kN/m^2$

则永久荷载设计值：$g = \gamma_G g_k = 1.3 \times 2.99 = 3.887kN/m^2$

（2）查表1-10知：教室可变荷载标准值为：$q_k = 2.5kN/m^2$（面荷载）

则可变荷载设计值：$q = \gamma_q q_k = 1.5 \times 2.5 = 3.75kN/m^2$

1.4　建筑结构基本设计原则

1.4.1　荷载效应及结构抗力

1. 荷载效应 S

荷载效应是指由于施加在结构或结构构件上的荷载产生的内力（拉力、压力、弯矩、剪力、扭矩）和变形（伸长、压缩、挠度、侧移、转角、裂缝），用 S 表示。因为结构上的荷载大小、位置是随机变化的，即为随机变量，所以荷载效应一般也是随机变量。表 1-13 为常见静定单跨梁的荷载效应值。

常见静定单跨梁在荷载作用下的内力（荷载效应 S）　　　　　　　表 1-13

序号	计 算 简 图	剪 力 图	弯 矩 图
1		$ql/2$ … $ql/2$	$\frac{1}{8}ql^2$
2		$P/2$ … $P/2$	$\frac{1}{4}Pl$
3		ql	$\frac{1}{2}ql^2$
4		P	Pl
5		$\frac{1}{2}ql_1-Pl_2/l_1$ … P … $\frac{1}{2}ql_1+P(1+\frac{l_2}{l_1})$ … $\frac{1}{2}l_1-\frac{Pl_2}{8l_1}$	Pl_2

特别提示

梁在竖向均布荷载作用下产生的弯矩 M 和剪力 V；柱子在竖向荷载和风荷载作用下的轴力 N、弯矩 M 和剪力 V 等均是荷载效应 S。

---

2. 结构抗力 R

结构抗力是指整个结构或结构构件承受作用效应（即内力和变形）的能力，如构件的承载能力、刚度等，用 R 表示。具体计算公式将在以后的各模块进行研究。

影响抗力的主要因素有材料性能（强度、变形模量等）、几何参数（构件尺寸）等和计算模式的精确性等。因此，结构抗力也是一个随机变量。

1.4.2 建筑结构的功能要求

1. 结构的功能要求

不管采用何种结构形式、也不管采用什么材料建造，任何一种建筑结构都是为了满足所要求的功能而设计的。建筑结构在规定的设计使用年限内，应满足下列功能要求：

1）安全性　即结构在正常施工和正常使用时能承受可能出现的各种作用，在设计规定的偶然事件发生时及发生后，仍能保持必需的整体稳定。

ZY1.13
建筑工程——
施工工序

2）适用性　即结构在正常使用条件下具有良好的工作性能。例如不发生过大的变形或振幅，以免影响使用，也不发生足以令用户不安的裂缝。

3）耐久性　即结构在正常维护下具有足够的耐久性能。例如混凝土不发生严重的风化、脱落，钢筋不发生严重锈蚀，以免影响结构的使用寿命。

结构的安全性、适用性和耐久性总称为结构的可靠性。

2. 结构的可靠度 P_s

结构可靠度是可靠性的定量指标，可靠度的定义是："结构在规定的时间内，在规定的条件下，完成预定功能的概率"。

特别提示

影响结构可靠度的因素主要有：荷载、荷载效应、材料强度、施工误差和抗力分析等，这些因素一般都是随机的。因此，为了保证结构具有应有的可靠度，仅仅在设计上加以控制是远远不够的，必须同时在施工中加强管理，对材料和构件的生产质量进行控制和验收；在使用中保持正常的结构使用条件等都是结构可靠度的有机组成部分。

---

3. 失效概率 P_f

失效概率是结构不能完成预定功能的概率，用 P_f 表示（图 1-25）。

特别提示

可靠度 P_s 和失效概率 P_f 的关系：$P_s + P_f = 1$。

---

4. 功能函数

结构和结构构件的工作状态，可以由该结构构件所承受的荷载效应 S 和结构抗力 R 两者的关系来描述，即：

$$Z=R-S \tag{1-6}$$

上式称为结构的功能函数，用来表示结构的三种工作状态：

当 $Z>0$ 时（即 $R>S$），结构能够完成预定功能，结构处于可靠状态；

当 $Z=0$ 时（即 $R=S$），结构处于极限状态；

当 $Z<0$ 时（即 $R<S$），结构不能够完成预定功能，结构处于失效状态。

> **特别提示**
> 1. 荷载效应 S 与施加在结构上的外荷载有关，其值由力学知识计算。
> 2. 要保证结构可靠，所有的结构计算要满足 $S \leqslant R$。

结构的功能函数：

$$g(R,S)=R-S=0 \tag{1-7}$$

5. 可靠度指标 β 和目标可靠度 $[\beta]$

可靠度指标 β 是用以度量结构构件可靠度的指标，它与失效概率 P_f 的关系为 $P_f=\psi(-\beta)$。

目标可靠指标 $[\beta]$ 是统一规定的作为设计依据的可靠指标，按表 1-14 确定。

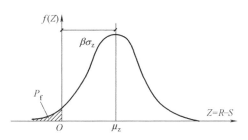

图 1-25　概率密度曲线

目标可靠指标 $[\beta]$　　　　　　表 1-14

破 坏 类 型	安 全 等 级		
	一级	二级	三级
延性破坏	3.7	1.4	2.7
脆性破坏	4.2	3.7	1.4

注：一级——破坏后果很严重的重要建筑物；

二级——破坏后果严重的一般建筑物；

三级——破坏后果不严重的次要建筑物。

> **特别提示**
> 1. 可靠度指标 β 越大，失效概率 P_f 就越小，可靠度 P_s 越大。
> 2. 结构设计时应满足：$\beta \geqslant [\beta]$。
> 3. 不同用途的建筑物，发生破坏后产生的后果不同。结构的安全等级根据建筑物破坏后果的严重程度分为三级。

为了照顾传统习惯和实用上的方便，结构设计时不直接按可靠指标 β，而是根据两种极限状态的设计要求，采用以荷载代表值、材料设计强度、几何参数标准值以及各种分项系数表达的实用表达式进行设计。其中分项系数反映了以 β 为标志的结构可靠水平。

1.4.3 极限状态设计方法

整个结构或结构的一部分超过某一特定状态就不能满足设计规定的某一功能要求，此特定状态为该功能的极限状态。极限状态实质上是一种界限，是有效状态和失效状态的分界。极限状态分为三类：

1. 承载能力极限状态　超过这一极限状态后，结构或构件就不能满足预定的安全性的要求。当结构或构件出现下列状态之一时，即认为超过了承载能力极限状态：

（1）结构构件或连接因超过材料强度而破坏，或因过度变形而不适于继续承载；

（2）整个结构或结构的一部分作为刚体失去平衡（如阳台、雨篷的倾覆等）；

（3）结构转变为机动体系（如构件发生三铰共线而形成机动体系丧失承载力）；

（4）结构或结构构件丧失稳定（如长细杆的压屈失稳破坏等）；

（5）结构的连续倒塌。

（6）地基丧失承载能力而破坏（如失稳等，图 1-26）。

（7）结构或结构构件的疲劳破坏。

2. 正常使用极限状态　超过这一极限状态后，结构或构件就不能完成对其所提出的适用性的要求。当结构或构件出现下列状态之一时，即认为超过了正常使用极限状态：

（1）影响正常使用或外观的变形（如过大的变形使房屋内部粉刷层脱落，填充墙开裂，如图 1-27 所示）；

图 1-26　承载能力极限状态破坏

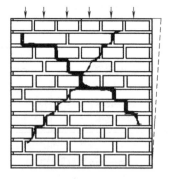

图 1-27　正常使用极限状态破坏

（2）影响正常使用的局部损坏（如水池、油罐开裂引起渗漏，裂缝过宽导致钢筋锈蚀）；

（3）影响正常使用的振动；

（4）影响正常使用的其他特定状态（如沉降量过大等）。

3. 耐久性极限状态　超过这一极限状态后，结构或构件就不能完成对其所提出的耐久性要求。当结构或构件出现下列状态之一时，即认定超过了耐久性极限状态：

（1）影响承载能力和正常使用的材料性能劣化；

（2）影响耐久性能的裂缝、变形、缺口、外观、材料削弱等；

（3）影响耐久性能的其他特定状态。

由上述三类极限状态可以看出，结构或构件一旦超过承载能力极限状态，就可能发生严重破坏、倒塌，造成人身伤亡和重大经济损失。因此，应该把出现这种极限状态的概率控制得非常严格。而结构或构件出现正常使用和耐久性极限状态的危险性和损失要小得多，其极限状态的出现概率可适当放宽。所以，结构设计时承载能力极限状态的可靠度水平应高于正常使用和耐久性极限状态的可靠度水平。

特别提示

承载能力极限状态是保证结构安全性的，正常使用极限状态是保证结构适用性的，耐久性极限状态是保证结构耐久性的。

---

4. 承载能力极限状态下的设计表达式

结构设计的原则是结构抗力 R_d 不小于荷载效应 S_d，事实上，由于结构抗力与荷载效应都是随机变量，因此，在进行结构和结构构件设计时采用基于极限状态理论和概率论的计算设计方法，即概率极限状态设计法。各极限状态下的实用设计表达式如下：

1）承载能力极限状态设计表达式

对于承载能力极限状态，结构构件应按荷载效应（内力）的基本组合和偶然组合（必要时）进行，并以内力和承载力的设计值来表达，其设计表达式为：

$$\gamma_0 S_d \leqslant R_d \tag{1-8}$$

式中　γ_0——结构重要性系数：安全等级一级 $\gamma_0 \geqslant 1.1$，安全等级二级 $\gamma_0 \geqslant 1.0$；安全等级三级 $\gamma_0 \geqslant 0.9$；对地震设计状况下取 $\gamma_0 = 1.0$；

　　S_d——承载能力极限状态的荷载效应组合设计值；即内力（轴力 N、弯矩 M、剪力 V、扭矩 T）组合设计值；

　　R_d——结构构件抗力设计值。

（1）荷载效应（内力）组合设计值 S_d 的计算

当结构上同时作用两种及两种以上可变荷载时，要考虑荷载效应（内力）的组合。荷载效应组合是指在所有可能同时出现的各种荷载组合中，确定对结构或构件产生的总效应，取其最不利值。承载能力极限状态的荷载效应组合分为基本组合（永久荷载＋可变荷载）与偶然组合（永久荷载＋可变荷载＋偶然荷载）两种情况。

① 基本组合的效应设计值按式（1-9）中最不利值确定：

$$S_d = S\left(\sum_{i \geqslant 1} \gamma_{G_i} G_{ik} + \gamma_P P + \gamma_{Q_1} \gamma_{L_1} Q_{1k} + \sum_{j>1} \gamma_{Q_j} \psi_{c_j} \gamma_{L_j} Q_{jk}\right) \tag{1-9}$$

式中　$S(\cdot)$——作用组合的效应函数；

　　G_{ik}——第 i 个永久荷载的标准值；

　　P——预应力作用的有关代表值；

　　Q_{1k}——第 1 个可变荷载的标准值；

　　Q_{jk}——第 j 个可变荷载的标准值；

　　γ_{G_i}——第 i 个永久荷载的分项系数；

γ_P——预应力作用的分项系数；

γ_{Q_1}——第 1 个可变荷载的分项系数；

γ_{Q_j}——第 j 个可变荷载的分项系数；

γ_{L_1}、γ_{L_j}——第 1 个和第 j 个考虑结构设计使用年限的荷载调整系数；

ψ_{cj}——第 j 个可变荷载的组合值系数。

② 当作用与作用效应按线性关系考虑时，基本组合的效应设计值按式（1-10）中最不利值计算：

$$S_d = \sum_{i \geqslant 1} \gamma_{G_i} S_{G_{ik}} + \gamma_P S_P + \gamma_{Q_1} \gamma_{L_1} S_{Q_{ik}} + \sum_{j>1} \gamma_{Q_j} \psi_{c_j} \gamma_{L_j} S_{Q_{jk}} \tag{1-10}$$

式中　$S_{G_{ik}}$——第 i 个永久荷载标准值的效应；

S_P——预应力作用有关代表值的效应；

$S_{Q_{1k}}$——第 1 个可变荷载标准值的效应；

$S_{Q_{jk}}$——第 i 个可变荷载标准值的效应。

楼面和屋面活荷载考虑设计使用年限的调整系数 γ_L　　　　　表 1-15

结构设计使用年限(年)	5	50	100
γ_L	0.9	1.0	1.1

注：1. 当设计使用年限不为表中数值时，调整系数可按线性内插确定；

　　2. 对于荷载标准值可控制的活荷载，设计使用年限调整系数取 1.0；

　　3. 对雪荷载和风荷载，应取重现期为设计使用年限，按有关规范的规定采用。

② 偶然组合

偶然组合是指一个偶然作用与其他可变荷载相结合，这种偶然作用的特点是发生概率小，持续时间短，但对结构的危害大。由于不同的偶然作用（如地震、爆炸、暴风雪等），其性质差别较大，目前尚难给出统一的设计表达式。规范提出对于偶然组合，极限状态设计表达式宜按下列原则确定：偶然作用的代表值不乘分项系数；与偶然作用同时出现的其他荷载，可根据观测资料和工程经验采用适当的代表值。具体的设计表达式及各种系数值，应符合有关规范的规定。

（2）结构抗力 R 的计算

结构抗力 R 指构件的承载能力、刚度等。不同的受力构件，结构抗力 R 的计算方法不同。对于混凝土和砌体结构来讲；R 主要与受力类别（受弯、剪、拉、压等）、材料强度（混凝土强度、钢筋级别、砌体强度等级等）、截面形状与尺寸等有关，计算公式主要是在试验的基础上，分别由相关规范给出。其具体计算公式和方法是本教材后续模块主要讲述的内容。

2）正常使用极限状态设计表达式

对于正常使用极限状态，应根据不同的设计要求，采用荷载的标准组合、频遇组合或准永久组合，并按下列设计表达式进行设计，使变形、裂缝、振幅等计算值不超过相应的规定限值。

$$S_d \leqslant C \tag{1-11}$$

式中　C——结构或结构构件达到正常使用要求的规定限值，例如变形、裂缝、振幅、加速度、应力等的限值，应按各有关建筑结构设计规范的规定采用；

S_d——作用组合的效应设计值，当作用与作用效应按线性关系考虑时，效应设计值可采用下列公式计算。

① 标准组合

$$S_d = \sum_{j=1}^{m} S_{G_{jk}} + S_{Q_{1k}} + \sum_{i=2}^{n} \psi_{c_i} S_{Q_{ik}} \tag{1-12}$$

② 频遇组合

$$S_d = \sum_{j=1}^{m} S_{G_{jk}} + \psi_{f_1} S_{Q_{1k}} + \sum_{i=2}^{n} \psi_{q_i} S_{Q_{ik}} \tag{1-13}$$

③ 准永久组合

$$S_d = \sum_{j=1}^{m} S_{G_{jk}} + \sum_{i=1}^{n} \psi_{q_i} S_{Q_{ik}} \tag{1-14}$$

> **特别提示**
>
> 混凝土结构构件应根据其使用功能及外观要求，进行正常使用极限状态的验算，其验算应包括下列内容：对需要控制变形的构件，应进行变形验算；对使用上限制出现裂缝的构件，应进行混凝土拉应力验算；对允许出现裂缝的构件，应进行受力裂缝宽度验算；对有舒适度要求的楼盖结构，应进行竖向自振频率验算。

小　结

1. 混凝土结构按受力分为框架结构、框架-剪力墙结构、剪力墙结构、筒体结构等几种形式。

2. 砌体结构根据所用块材的不同，可分为砖砌体、石砌体和其他材料的砌块砌体。

3. 我国抗震设防是"三水准两阶段"原则。"三水准"是指：小震不坏，中震可修，大震不倒。"两阶段"指：弹性阶段的概念设计和弹塑性阶段的抗震设计。

4. 抗震概念设计的要求：选择对抗震有利的场地和地基；选择对抗震有利的建筑体型；选择合理的抗震结构体系；结构构件应有利于抗震；处理好非结构构件；采用隔震和消能减震设计；合理选用材料；保证施工质量等。

5. 结构的功能要求。在正常使用和施工时，能承受可能出现的各种作用。在正常使用时具有良好的工作性能。在正常维护下具有足够的耐久性能。在设计规定的偶然事件发生时及发生后，仍能保持必需的整体稳定性。概括起来就是，安全性、适用性、耐久性，统称可靠性。

6. 结构的极限状态。结构的极限状态是指整个结构或结构的一部分超过某一特定状态就不能满足设计规定的某一功能要求，此特定状态就叫结构的极限状态。极限状态分为承载能力极限状态、正常使用极限状态和耐久性极限状态。承载能力极限状态是指结构构件达到最大承载能力或不适于继续承载的变形；一旦超过此状态，就可能发生严重后果。正常使用极限状态是指结构或结构构件达到正常使用的某项规定限制。

7. 永久荷载的代表值是荷载标准值，可变荷载的代表值有荷载标准值、组合值、频遇值和准永久值；荷载标准值是荷载在结构使用期间的最大值，是荷载的基本代表值。

8. 荷载的设计值是荷载分项系数与荷载代表值的乘积，荷载分项系数分为永久荷载分项系数 γ_G，可变荷载分项系数 γ_Q。

9. 荷载效应 S 是指由于施加在结构上的荷载产生的结构内力与变形，如拉力、压力、弯矩、剪力、扭矩等内力和伸长、压缩、挠度、转角等变形。结构抗力 R 是指整个结构或结构构件承受作用效应（即内力和变形）的能力，如构件的承载能力、刚度等。

10. 对于承载能力极限状态，结构构件应按荷载效应（内力）的基本组合和偶然组合（必要时）进行；对于正常使用极限状态，应根据不同的设计要求，采用荷载的标准组合、频遇组合和准永久组合，使变形、裂缝、振幅等计算值不超过相应的规定限值。

习　　题

一、填空题

1. 房屋建筑中能承受荷载作用，起骨架作用的体系叫＿＿＿＿＿＿＿＿。

2. 混凝土结构按受力和构造特点不同可分＿＿＿＿＿＿＿、＿＿＿＿＿＿＿、＿＿＿＿＿＿＿、＿＿＿＿＿＿＿、＿＿＿＿＿＿＿。

3. 建筑结构按作用的材料不同分为＿＿＿＿＿＿＿、＿＿＿＿＿＿＿、＿＿＿＿＿＿＿。

4. 框架结构的主要承重体系由＿＿＿＿＿＿＿＿＿和＿＿＿＿＿＿＿＿＿组成。

5. 结构的＿＿＿＿＿、＿＿＿＿＿和＿＿＿＿＿总称为结构的可靠性，也称建筑结构的功能要求。

6. 结构的可靠度是在规定的＿＿＿＿＿＿＿＿＿＿＿＿内，在规定的＿＿＿＿＿＿＿＿＿＿＿下，完成＿＿＿＿＿＿＿＿＿的概率。

7. 结构或构件达到最大承载能力或不适于继续承载的变形的极限状态叫＿＿＿＿＿＿＿。

8. 结构或构件达到正常使用的某项规定限值的极限状态叫＿＿＿＿＿＿＿。

9. 根据结构的功能要求，极限状态可划分为＿＿＿＿＿＿＿、＿＿＿＿＿＿＿和＿＿＿＿＿＿＿。

10. 地震发生的地方叫＿＿＿＿＿＿＿。

11. 地震按成因可分为三种类型，即＿＿＿＿＿＿＿、＿＿＿＿＿＿＿、＿＿＿＿＿＿＿。

12. 在强烈地震作用下，建筑物的破坏现象有＿＿＿＿＿＿＿、＿＿＿＿＿＿＿、＿＿＿＿＿＿＿。

二、选择题

1. 我国目前建筑抗震规范提出的抗震设防目标为（　　　）。

A. 三水准两阶段 　　　　　　　　B. 三水准三阶段

C. 两水准三阶段 　　　　　　　　D. 单水准单阶段

2. 在抗震设防中，小震对应的是：（　　　）。

A. 小型地震 　　　　　　　　　　B. 多遇地震

C. 偶遇地震 　　　　　　　　　　D. 罕遇地震

3. 下列哪种结构形式对抗震是最有利的：（　　　）。

A. 框架结构 　　　　　　　　　　B. 砌体结构

C. 剪力墙结构 　　　　　　　　　D. 底层框架上部砌体结构

4. 下列结构类型中，耐震性能最佳的是：（　　　）。

A. 钢结构 　　　　　　　　　　　B. 现浇钢筋混凝土结构

C. 预应力混凝土结构 　　　　　　D. 装配式钢筋混凝土结构

5. 下列哪些结构方案对抗震是不利的：（　　　）。

A. 结构不对称布置 　　　　　　　B. 设置圈梁和构造柱

C. 将建筑物建在稳定的基岩上 　　D. 采用抗震墙

6. 下列哪一条不是框架结构的特点？（　　　）

A. 建筑平面布置灵活 　　　　　　　　　B. 适用于住宅

C. 构件简单 　　　　　　　　　　　　　D. 施工方便

7. 当结构或结构的一部分作为刚体失去了平衡状态，就认为超出了（　　　）。

A. 承载能力极限状态 　　　　　　　　　B. 正常使用极限状态

C. 刚度 　　　　　　　　　　　　　　　D. 强度

8. 下列几种状态中，不属于超过承载力极限状态的是（　　　）。

A. 结构转变为机动体系 　　　　　　　　B. 结构丧失稳定

C. 地基丧失承载力而破坏 　　　　　　　D. 结构产生影响外观的变形

9. 结构的可靠性是指（　　　）。

A. 安全性、耐久性、稳定性 　　　　　　B. 安全性、适用性、稳定性

C. 适用性、耐久性、稳定性 　　　　　　D. 安全性、适用性、耐久性

三、判断题

1. 目前来讲，抗震能力的概念设计比理论计算重要。　　　　　　　　　　（　　　）

2.《建筑抗震设计规范》规定，建筑抗震设防从 5 度开始。　　　　　　　（　　　）

3. 结构在正常使用时，应具有足够的耐久性能。　　　　　　　　　　　（　　　）

4. 构件若超出承载能力极限状态，就有可能发生严重后果。　　　　　　（　　　）

四、问答题

1. 什么是荷载？分为几类？

2. 同学们周围有什么建筑，是什么材料建设的？你所在地区的抗震设防烈度是多少？

3. 你对什么建筑感兴趣？上网查一查。

4. 简述抗震概念设计的基本要求。

5. 什么是砂土液化？液化等级如何划分？

YT1

云题

模块 2

混凝土和砌体材料

教学目标

熟悉钢筋的级别及选用；掌握混凝土的基本力学性能、熟悉混凝土的各种强度指标及应用，掌握钢筋的锚固和连接；熟悉砌体材料，砌体的种类；掌握砌体的力学性能、砌体材料的强度指标及应用。

教学要求

能力目标	相关知识
掌握钢筋、混凝土、砌体材料的力学性能	钢筋的拉伸性能和工艺性能；混凝土的强度指标、耐久性和变形；各种砌体材料的力学性能和强度指标
理解混凝土的各种强度指标的由来，并能在实际计算和读图中运用	混凝土的立方体抗压强度值、轴心抗压强度值、轴心抗拉强度及相关取值与应用
掌握钢筋的锚固和连接	受拉钢筋的基本锚固长度、锚固长度、抗震锚固长度的确定；钢筋的三种连接方式
熟悉砌体的各种强度指标，并能在实际中得以应用	砌体的抗压强度以及抗拉、抗剪和抗弯强度，并根据具体情况进行强度调整

引例

ZY2.1
引例

1. 工程与事故概况　某市居民搬迁的安置房，总建筑面积近 2.5 万 m²，将安置 300 多户居民。主体工程于 2011 年 3 月动工，到 5 月底 8 栋楼房全部封顶。而此时，业主们发现，安置房的墙体砖块严重起皮、爆裂。用手一摸墙体，砖块就大量碎裂、脱落；砖轻轻一掰就断为两半，用脚一踢，便成了一堆碎煤渣。

检测结果表明：该楼二至五层墙体所用的煤矸石烧结多孔砖出现大面积爆裂，墙体砖爆裂深度大，部分砖已失去强度，存在严重安全隐患；二、三、四层墙体爆裂面积达到 90% 以上，并严重影响工程的主体结构安全。

问题处理　8 栋安置房全部拆除。

2. 事故原因分析　本工程调查结果显示，该事故主要是材料本身质量问题。主要原因是使用了不合格的煤矸石烧结多孔砖引起，这批煤矸石多孔砖中氧化钙含量超标。

我们在引例中了解到，事故中的住宅楼是采用了不合格的建筑材料才引发安全事故，所以学习混凝土和砌体结构设计计算之前，我们应首先了解工程中混凝土、钢筋、块材和砂浆等结构材料的性能。

2.1　混凝土结构的材料

ZY2.2
常用建筑材料

看一看
建筑工地中的常用材料（图 2-1）

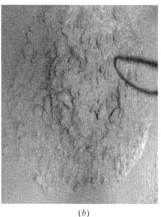

(a)　　　　　　　　　　(b)　　　　　　　　　　(c)

图 2-1　建筑工程中的常见材料

(a) 钢筋；(b) 混凝土拌合物；(c) 砌墙砖

我们常说的混凝土结构一般是由钢筋和混凝土两种材料组成的。

2.1.1 钢筋

1. 钢筋的品种、级别

钢筋的品种繁多，能满足混凝土结构对钢筋性能要求的钢筋，分为普通钢筋混凝土用钢筋和预应力混凝土用钢筋两大类。

按力学性能钢筋分为不同等级，随钢筋级别的增大，其强度提高，延性有所降低。

ZY2.3

钢筋外形

按化学成分钢筋分为碳素钢和普通低合金钢。碳素钢的强度随含碳量的提高而增加，但延性明显降低；合金钢是在碳素钢中添加了少量合金元素，使钢筋的强度提高，延性保持良好。

按生产加工工艺钢筋分为热轧钢筋、余热处理钢筋、细晶粒热轧钢筋、钢丝、钢绞线等。

常用钢筋、钢丝和钢绞线的外形如图 2-2 所示。

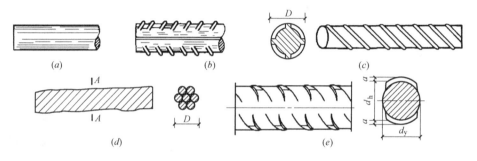

图 2-2　常用钢筋、钢丝和钢绞线的外形

(a) 光面钢筋；(b) 月牙纹钢筋；(c) 螺旋肋钢丝；(d) 钢绞线（7 股）；(e) 预应力螺纹钢筋

1）普通钢筋混凝土用钢筋

热轧钢筋：经热轧成型并自然冷却的成品钢筋。具有较高的强度，一定的塑性、韧性、冷弯和可焊性。主要由低碳钢轧制的光圆钢筋和用合金钢轧制的带肋钢筋两类。

细晶粒热轧钢筋：在热轧过程中，通过控轧和控冷工艺形成的细晶粒钢筋。

余热处理钢筋：其强度提高，价格相对较低，但可焊性、机械连接性能及施工适应性稍差，可在对延性及加工性能要求不高的构件中使用。

2）预应力混凝土用钢筋

中强度预应力钢丝：强度级别为 800～1370MPa 的冷加工或冷加工后热处理钢丝。

热处理钢筋：将热轧的带肋钢筋（中碳低合金钢）经淬火和高温回火调质处理而成的。其特点是延性降低不大，但强度提高很多，综合性能比较理想。主要用于预应力混凝土。

预应力螺纹钢筋：采用热轧、轧后余热处理或热处理等工艺生产的预应力混凝土用螺纹钢筋。

预应力钢绞线：是由 3 根或 7 根高强度钢丝构成的绞合钢缆，并经消除应力（即稳定化）处理。

消除应力钢丝：即碳素钢丝，是由高碳钢条经淬火、酸洗、拉拔制成。

钢筋的具体分类见表 2-1、表 2-2。

普通钢筋分类　　　　　　　　　　　　　　　　表 2-1

分类 符号	按力学性能分 （屈服强度标准值 f_{yk}，N/mm²）	按加工 工艺分	按轧制 外形分	按化学 成分分	公称直径 d （mm）
Φ	HPB300(300)	热轧(H)	光圆	低碳钢	6～14
Φ	HRB335(335)	热轧(H)	带肋	低合金钢	6～14
Φ	HRB400(400)	热轧(H)	带肋	低合金钢	6～50
Φ^F	HRBF400(400)	细晶粒热轧(F)	带肋	低合金钢	6～50
Φ^R	RRB400(400)	余热处理(R)	带肋	低合金钢	6～50
Φ	HRB500(500)	热轧(H)	带肋	低合金钢	6～50
Φ^F	HRBF500(500)	细晶粒热轧(F)	带肋	低合金钢	6～50

预应力钢筋分类　　　　　　　　　　　　　　　　表 2-2

种类	分类符号	按轧制外形分	按化学成分分	公称直径 d（mm）
中强度预应力钢丝	Φ^PM Φ^HM	光面 螺旋肋	中碳低合金钢	5、7、9
预应力螺纹钢筋	Φ^T	螺纹	中碳低合金钢	18、25、32、40、50
消除应力钢丝	Φ^P Φ^H	光面 螺旋肋	高碳钢	5、7、9
钢绞线	Φ^S	1×3（三股）	高碳钢	8.6、10.8、12.9
		1×7（七股）	高碳钢	9.5、12.7、15.2、17.8、21.6

知识链接

由于我国钢材产量和用量巨大，为了节约低合金的资源，冶金行业近年来研制开发出细晶粒钢筋，这种钢筋不需要添加或只需添加很少的合金元素，通过控制轧钢的温度形成细晶粒的金相组织，就可以达到与添加合金元素相同的效果，其强度和延性完全满足混凝土结构对钢筋性能的要求。

2. 钢筋的力学性能

建筑结构中所用钢筋按应力-应变曲线来分，分为有明显屈服点钢筋和无明显屈服点的钢筋两类。有明显屈服点的钢筋称为软钢，无明显屈服点的钢筋称为硬钢。

1）钢筋的拉伸试验　钢筋的强度、延性等力学性能指标是通过钢筋的拉伸试验得到的。

图 2-3 是热轧低碳钢在试验机上进行拉伸试验得出的典型有明显屈服点钢筋应力-应变曲线。从图中可以看出应力-应变曲线上有一个明显的台阶（图2-3

ZY2.4

钢筋的拉伸试验

中 c-d 段），称为屈服台阶，说明低碳钢有良好的塑性变形性能。低碳钢在屈服时对应的应力 f_y 称为屈服强度，是钢筋强度设计时的主要依据。应力的最大值 f_u 称为极限抗拉强度。极限抗拉强度与屈服强度的比值 f_u/f_y，反映钢筋的强度储备，称为强屈比。

钢筋除了要有足够的强度外，还应具有一定的塑性变形能力，伸长率即是衡量钢筋塑性性能的一个指标，伸长率大的钢筋塑性性能越好。伸长率用 δ 表示，即：

$$\delta = \frac{l-l_0}{l_0} \times 100\% \tag{2-1}$$

式中　　l——钢筋包含颈缩区的量测标距拉断后的长度；

l_0——试件拉伸前的标距长度，一般可取 $l_0=5d$（d 为钢筋直径）或 $l_0=10d$。

图 2-4 是高强钢丝的应力-应变曲线，与图 2-3 的对比中能明显看到有明显屈服点钢筋与无明显屈服点钢筋力学性能的差别。高强钢丝的应力-应变曲线没有明显的屈服点，表现出强度高、延性低的特点。设计时取残余应变为 0.2% 时的应力 $\sigma_{0.2}$ 作为假想屈服强度，称为"条件屈服强度"。

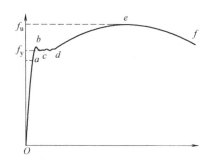 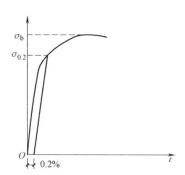

图 2-3　有明显屈服点钢筋的应力-应变关系　　　图 2-4　无明显屈服点钢筋的应力-应变关系

2）钢筋的冷弯性能　钢筋的冷弯性能是检验钢筋韧性、内部质量和加工可适性的

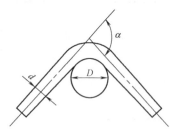

图 2-5　钢筋冷弯示意图

有效方法。在常温下将钢筋绕规定的直径 D 弯曲 α 角度而不出现裂纹、鳞落和断裂现象，即认为钢筋的冷弯性能符合要求（图 2-5）。D 愈小，α 愈大，则弯曲性能愈好。通过冷弯既能够检验钢筋变形能力，又可以反映其内在质量，是比延伸率更严格的检验指标。

3）钢筋最大力下总伸长率

为了消除钢筋颈缩对钢筋变形能力的影响，钢筋还应满足钢筋最大力下总伸长率（均匀伸长率）的要求。钢筋最大力下总伸长率按下式计算：

$$\delta_{gt} = \left[\frac{L-L_0}{L_0} + \frac{R_m^0}{E} \right] \times 100\% \tag{2-2}$$

式中　　δ_{gt}——钢筋最大力下总伸长率（%）；

L——测量区断裂后的距离（mm）；

L_0——试验前测量区的距离（mm）；

ZY2.5

钢筋的冷弯试验

R_m^0——钢筋抗拉强度实测值（MPa）；

E——钢筋弹性模量。

特别提示

对有明显屈服点的钢筋进行质量检验时，主要测定四项指标：屈服强度、极限抗拉强度、延伸率和冷弯性能；对没有明显屈服点钢筋的质量检验须测定三项指标：极限抗拉强度、延伸率和冷弯性能。

---

3. 钢筋的强度

1）钢筋强度标准值　如前所述，钢筋的强度是通过试验测得的。为保证结构设计的可靠性，对同一强度等级的钢筋，取具有一定保证率的强度值作为该等级的标准值。《混凝土结构设计规范》规定，材料强度的标准值应具有不少于 95％ 的保证率。

2）钢筋强度设计值　钢筋混凝土结构按承载力设计计算时，钢筋应采用强度设计值。强度设计值为强度标准值除以材料的分项系数 γ_s。400MPa 及以下的钢筋，分项系数为 1.1；500MPa 的钢筋，分项系数为 1.15；预应力用钢筋的材料分项系数为 1.2。

普通钢筋、预应力钢筋强度标准值、设计值及钢筋弹性模量见表 2-3、表 2-4。

普通钢筋强度标准值、强度设计值、弹性模量（N/mm²）　　表 2-3

种　类		符号	普通钢筋强度			钢筋弹性模量 E_s
			屈服强度标准值 f_{yk}	抗拉强度设计值 f_y	抗压强度设计值 f'_y	
热轧钢筋	HPB300	Φ	300	270	270	2.10×10^5
	HRB335	Φ	335	300	300	2.00×10^5
	HRB400 HRBF400 RRB400	Φ Φ^F Φ^R	400	360	360	2.00×10^5
	HRB500 HRBF500	Φ Φ^F	500	435	410	2.00×10^5

预应力钢筋强度标准值、强度设计值（N/mm²）　　表 2-4

种　类		符号	公称直径 d(mm)	屈服强度标准值 f_{pyk}	极限强度标准值 f_{ptk}	抗拉强度设计值 f_{py}	抗压强度设计值 f'_{py}
中强度预应力钢丝	光面 螺旋肋	Φ^{PM} Φ^{HM}	5、7、9	620	800	510	410
				780	970	650	
				980	1270	810	
预应力螺纹钢筋	螺纹	Φ^T	18、25、32、40、50	785	980	650	410
				930	1080	770	
				1080	1230	900	

续表

种类		符号	公称直径 d(mm)	屈服强度标准值 f_{pyk}	极限强度标准值 f_{ptk}	抗拉强度设计值 f_{py}	抗压强度设计值 f'_{py}
消除应力钢丝	光面螺旋肋	ϕ^P ϕ^H	5	—	1570	1110	410
				—	1860	1320	
			7	—	1570	1110	
			9	—	1470	1040	
				—	1570	1110	
钢绞线	1×3 (三股)	ϕ^S	8.6、10.8、12.9	—	1570	1110	390
				—	1860	1320	
				—	1960	1390	
	1×7 (七股)		9.5、12.7、15.2、17.8	—	1720	1220	
				—	1860	1320	
				—	1960	1390	
			21.6	—	1860	1320	

4. 混凝土结构对钢筋的性能的要求：

1）钢筋的强度

钢筋的强度是指钢筋的屈服强度及极限抗拉强度，其中钢筋的屈服强度是设计计算的主要依据。采用高强度钢筋（指抗拉屈服强度达 400MPa 以上）可以节约钢材。在钢筋混凝土结构中推广应用 500MPa 级强度高，延性好的热轧钢筋，在预应力混凝土结构中推广应用高强预应力钢丝、钢绞线和预应力螺纹钢筋。

2）钢筋的塑性

钢筋有一定的塑性，可使其在断裂前有足够的变形，能给出将要破坏的预兆，因此要求钢筋的伸长率和冷弯性能合格。

3）钢筋的可焊性

可焊性是评定钢筋焊接后的接头性能的指标。要求在一定的工艺条件下，钢筋焊接后不产生裂纹及过大的变形，保证焊接后的接头性能良好。

4）钢筋与混凝土之间的粘结力

为了保证钢筋与混凝土共同工作，要求钢筋与混凝土之间必须有足够的粘结力。

5. 结构抗震对钢筋的性能要求

普通钢筋宜优先采用延性、韧性和可焊性较好的钢筋；普通钢筋的强度等级，纵向受力钢筋宜选用符合抗震性能指标的不低于 HRB400 级的热轧钢筋，也可采用符合抗震性能指标的 HRB335 级热轧钢筋；箍筋宜选用符合抗震性能指标的不低于 HRB335 级的热轧钢筋，也可选用 HPB300 级热轧钢筋。

2.1.2 混凝土

1. 混凝土的强度

主要有立方体抗压强度、轴心抗压强度和轴心抗拉强度。

1）立方体抗压强度 f_{cu}　以边长为 150mm 的立方体在 20±2℃ 的温度和相对湿度在 95% 以上的潮湿空气中养护 28d 或设计规定龄期，依照标准试验方法测得的混凝土抗压强度值，用 f_{cu} 表示。其标准值是具有 95% 保证率的立方体抗压强度（以 N/mm² 计），用符号 $f_{cu,k}$ 表示。混凝土的强度等级根据 $f_{cu,k}$ 分为 14 级，分别为：C15、C20、C25、C30、C35、C40、C45、C50、C55、C60、C65、C70、C75 和 C80。"C" 代表混凝土，后面的数字表示混凝土的立方体抗压强度标准值（以 N/mm² 计）。C50～C80 属高强度混凝土。实际工程中如采用边长 200mm 或 100mm 的立方体试块，测得的立方体强度分别乘以换算系数 1.05 和 0.95。立方体抗压强度是划分混凝土强度等级的主要标准。

ZY2.6

混凝土立方体
抗压强度试验

2）混凝土轴心抗压强度 f_c　由于实际结构和构件往往不是立方体，而是棱柱体，所以用棱柱体试件（150mm×150mm×450mm）比立方体试件能更好地反映混凝土的实际抗压能力。试验证明，轴心抗压钢筋混凝土短柱中的混凝土抗压强度基本上和棱柱体抗压强度相同。可以用棱柱体测得的抗压强度作为轴心抗压强度，又称为棱柱体抗压强度，用符号 f_c 表示。

ZY2.7

混凝土轴心
抗压强度试验

3）混凝土轴心抗拉强度 f_t　混凝土的抗拉强度 f_t 比立方体抗压强度 f_{cu} 低得多。一般只有抗压强度的 5%～10%。混凝土的抗拉强度取决于水泥石的强度和水泥石与骨料的粘结强度。轴心抗拉强度是混凝土的基本力学性能指标，混凝土构件的开裂、变形以及受剪、受扭、受冲切等承载力均与混凝土抗拉强度有关。

ZY2.8

混凝土轴心
抗拉强度试验

知识链接

混凝土试件的强度评定

混凝土强度是混凝土工程施工的主要控制项目，混凝土的强度必须符合设计要求。实际工程中混凝土强度的评定，一般是通过现场留置的混凝土试件的强度来评定。

结构构件的混凝土强度应按《混凝土强度检验评定标准》GB/T 50107—2010 的规定分批检验评定。评定中根据生产条件等有统计方法（一）、统计方法（二）、非统计方法三种。

按试件的养护条件分为标准养护试件强度和同条件养护试件强度。标准养护的试件，拆模后应立即放在温度为（20±2）℃，相对湿度为 95% 以上的标准养护室的架子上养护 28 天，进行强度试验；同条件养护的试件，拆模后应放置在靠近结构构件或结构部位的适当位置，并应采取相同的养护方法，在达到等效养护龄期时进行强度试验。当标准养护试件混凝土强度与同条件养护试件混凝土强度有争议时，同条件养护试件的强度更接近于结构实体混凝土的质量。

当混凝土试件强度评定不合格时，可采非破损或局部破损的检测方法对结构构件中的混凝土强度进行实体强度检测。常用的方法有回弹法，超声回弹综合法、钻芯法、后装拔出法等。当实体检测混凝土强度与混凝土试件的强度结果有争议时，以实体检测强度作为处理问题的依据。

2. 混凝土的计算指标

1) 混凝土强度标准值　混凝土轴心抗压强度标准值 f_{ck} 和轴心抗拉强度标准值 f_{tk} 具有95%的保证率。

2) 混凝土强度设计值　混凝土强度设计值为混凝土强度标准值除以混凝土的材料分项系数 γ_c。即 $f_c = f_{ck}/\gamma_c$，$f_t = f_{tk}/\gamma_c$。混凝土的材料分项系数 $\gamma_c = 1.4$。混凝土强度标准值、设计值及混凝土弹性模量见表2-5。

混凝土强度标准值、设计值、弹性模量（N/mm²）　　　　　表2-5

强度种类		轴心抗压强度		轴心抗拉强度		弹性模量（×10⁴）
符　号		标准值 f_{ck}	设计值 f_c	标准值 f_{tk}	设计值 f_t	E_c
混凝土强度等级	C15	10.0	7.2	1.27	0.91	2.20
	C20	13.4	9.6	1.54	1.10	2.55
	C25	16.7	11.9	1.78	1.27	2.80
	C30	20.1	14.3	2.01	1.43	3.00
	C35	23.4	16.7	2.20	1.57	3.15
	C40	26.8	19.1	2.39	1.71	3.25
	C45	29.6	21.1	2.51	1.80	3.35
	C50	32.4	23.1	2.64	1.89	3.45
	C55	35.5	25.3	2.74	1.96	3.55
	C60	38.5	27.5	2.85	2.04	3.60
	C65	41.5	29.7	2.93	2.09	3.65
	C70	44.5	31.8	2.99	2.14	3.70
	C75	47.4	33.8	3.05	2.18	3.75
	C80	50.2	35.9	3.11	2.22	3.80

3. 混凝土的变形性能

混凝土的变形主要分为两大类：非荷载型变形和荷载型变形。

1) 非荷载作用下的变形

（1）化学收缩

指水泥水化物的固体体积小于水化前反应物（水和水泥）的总体积所造成的收缩。

（2）干湿变形

处于空气中的混凝土当水分散失时，会引起体积收缩，称为干燥收缩，简称干缩；混凝土受潮后体积又会膨胀，即为湿胀。

（3）温度变形

混凝土与通常的固体材料一样呈现热胀冷缩现象，其热膨胀系数约为$(6\sim12)\times10^{-6}/℃$。

2) 荷载作用下的变形

（1）短期荷载作用下的变形

混凝土在短期荷载作用下的变形是一种弹塑性变形，其应力-应变曲线见图2-6。混凝土在受荷前内部存在随机分布的不规则微细界面裂缝，当荷载不超过极限应力的

30%时（阶段Ⅰ），这些裂缝无明显变化，荷载（应力）与变形（应变）接近直线关系；当荷载达到极限应力的 30%～50% 时（阶段Ⅱ），裂缝数量开始增加且缓慢伸展，应力-应变曲线随界面裂缝的演变逐渐偏离直线，产生弯曲；当荷载超过极限应力的 50% 时（阶段Ⅲ），界面裂缝就不再稳定，而且逐渐延伸至砂浆基体中；当荷载超过极限应力的 75% 时（阶段Ⅳ），界面裂缝与砂浆裂缝互相贯通，成为连续裂缝，混凝土变形加速增大，荷载曲线明显的弯向水平应变轴；当荷载超过极限应力时，混凝土承载能力迅速下降，连续裂缝急剧扩展而导致混凝土完全破坏。

混凝土应力-应变曲线上任一点的应力 σ 与其应变 ε 的比值，称作混凝土在该应力下的变形模量，它反映了混凝土的刚度。弹性模量（E）是计算钢筋混凝土结构的变形、裂缝的开展时必不可少的参数。

（2）长期荷载作用下的变形——徐变

混凝土承受持续荷载时，随时间的延长而增加的变形，称为徐变。混凝土徐变在加荷早期增长较快，然后逐渐减缓，当混凝土卸载后，一部分变形瞬时恢复，还有一部分要过一段时间后才恢复，称徐变恢复。剩余不可恢复部分，称残余变形，如图 2-7 所示。徐变开始半年内增长较快，以后逐渐减慢，经过一定时间后，徐变趋于稳定。

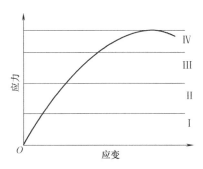

图 2-6 混凝土静压应力-应变曲线

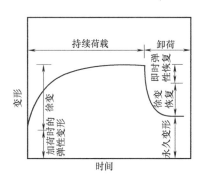

图 2-7 混凝土的徐变和恢复

混凝土的徐变对混凝土及钢筋混凝土结构物的应力和应变状态有很大影响。在某些情况下，徐变有利于削弱由温度、干缩等引起的约束变形，从而防止裂缝的产生。但在预应力结构中，徐变将产生应力松弛，引起预应力损失，造成不利影响。

4. 混凝土的耐久性

混凝土的耐久性是指在外部和内部不利因素的长期作用下，必须保持适合于使用，而不需要进行维修加固，即保持其原有设计性能和使用功能的性质。

混凝土结构耐久性，应根据规定的设计使用年限和环境类别进行设计。混凝土结构的环境类别划分见表 2-6。设计使用年限为 50 年的混凝土结构，其混凝土材料宜符合表 2-7 的规定。

2.1.3 钢筋与混凝土的共同工作原理

1. 钢筋和混凝土共同工作的原因

1）钢筋与混凝土之间存在粘结力

混凝土结构的环境类别　　　　　　　　　　　　表 2-6

环境类别	条　件
一	室内干燥环境； 无侵蚀性静水浸没环境
二 a	室内潮湿环境； 非严寒和非寒冷地区的露天环境； 非严寒和非寒冷地区与无侵蚀性的水或土壤直接接触的环境； 严寒和寒冷地区冰冻线以下与无侵蚀性的水或土壤直接接触的环境
二 b	干湿交替环境； 水位频繁变动环境； 严寒和寒冷地区的露天环境； 严寒和寒冷地区冰冻线以上与无侵蚀性的水或土壤直接接触的环境
三 a	严寒和寒冷地区冬季水位变动区环境； 受除冰盐影响环境； 海风环境
三 b	盐渍土环境； 受除冰盐作用环境； 海岸环境
四	海水环境
五	受人为或自然的侵蚀性物质影响的环境

注：1. 室内潮湿环境是指构件表面经常处于结露或湿润状态的环境；
　　2. 严寒和寒冷地区的划分应符合国家现行标准《民用建筑热工设计规程》GB 50176 的有关规定；
　　3. 受除冰盐影响环境为受到除冰盐盐雾影响的环境；受除冰盐作用环境指被除冰盐溶液溅射的环境以及使用除冰盐地区的洗车房、停车楼等建筑；
　　4. 暴露的环境是指混凝土结构表面所处的环境。

结构混凝土材料的耐久性基本要求　　　　　　　　表 2-7

环境类别	最大水胶比	最低强度等级	最大氯离子含量（%）	最大碱含量（kg/m³）
一	0.60	C20	0.3	不限制
二 a	0.55	C25	0.2	
二 b	0.50（0.55）	C30（C25）	0.15	3.0
三 a	0.45（0.50）	C35（C30）	0.15	
三 b	0.40	C40	0.10	

注：1. 氯离子含量系指其占胶凝材料总量的百分比；
　　2. 预应力构件混凝土中的最大氯离子含量为 0.06%；最低混凝土强度等级应按表中规定提高两个等级；
　　3. 素混凝土构件的水胶比及最低强度等级的要求可适当放松；
　　4. 当有可靠工程经验时，二类环境中的最低混凝土强度等级可降低一个等级；
　　5. 处于严寒和寒冷地区二 b、三 a 类环境中的混凝土应使用引气剂，并可采用括号中的有关参数；
　　6. 当使用非碱活性骨料时，对混凝土中的碱含量可不限制。

　　钢筋和混凝土之所以能有效的结合在一起共同工作，主要原因是混凝土硬化后与钢筋之间产生了良好的粘结力。当钢筋与混凝土之间产生相对变形（滑移）时，在钢筋和混凝土的交界面上产生沿钢筋轴线方向的相互作用力，此作用力称为粘结力。

　　钢筋与混凝土之间的粘结力由以下三部分组成：

（1）由于混凝土收缩将钢筋紧紧握裹而产生的摩阻力；

（2）由于混凝土颗粒的化学作用产生的混凝土与钢筋之间的胶合力；

（3）由于钢筋表面凹凸不平与混凝土之间产生的机械咬合力。

上述三部分中，以机械咬合力作用最大，约占总粘结力的一半以上。变形钢筋比光面钢筋的机械咬合力作用大。此外，钢筋表面的轻微锈蚀也可增加它与混凝土的粘结力。

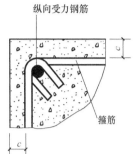

图 2-8　混凝土保护层
（c 为混凝土保护层厚度）

2）钢筋和混凝土的温度线膨胀系数几乎相同，在温度变化时，二者的变形基本相等，不致破坏钢筋混凝土结构的整体性。

3）钢筋被混凝土包裹着，从而使钢筋不会因大气的侵蚀而生锈变质，提高耐久性。

2. 混凝土保护层

混凝土结构中钢筋并不外露而被包裹在混凝土里面。由最外层钢筋的外边缘到混凝土表面的最小距离称为混凝土保护层厚度（图 2-8）。混凝土保护层的作用如下：

1）维持受力钢筋与混凝土之间的粘结力　钢筋周围混凝土的粘结力很大程度上取决于混凝土握裹层的厚度，是成正比的。保护层过薄或缺失时，受力钢筋的作用不能正常发挥。

2）保护钢筋免遭锈蚀　混凝土的碱性环境使包裹在其中的钢筋不易锈蚀。一定的保护层厚度是保证结构耐久性所必须的条件。

3）提高构件的耐火极限　混凝土保护层具有一定的隔热作用，遇到火灾时能对钢筋进行保护，使其强度不致降低过快。

混凝土结构构件中受力钢筋的保护层厚度不应小于钢筋的直径 d 且满足表 2-8 规定。

混凝土保护层的最小厚度 c（mm）　　　　　　　　表 2-8

环 境 等 级	板、墙、壳	梁、柱
一	15	20
二 a	20	25
二 b	25	35
三 a	30	40
三 b	40	50

注：1. 表中混凝土保护层厚度指最外层钢筋外边缘至混凝土表面的距离，适用于设计使用年限为 50 年的混凝土结构；

2. 构件中受力钢筋的保护层厚度不应小于钢筋的公称直径；

3. 一类环境中，设计使用年限为 100 年的结构最外层钢筋的保护层厚度不应小于表中数值的 1.4 倍；二、三类环境中，设计使用年限为 100 年的结构应采取专门的有效措施；

4. 混凝土强度等级不大于 C25 时，表中保护层厚度数值应增加 5；

5. 基础底面钢筋的保护层厚度，有混凝土垫层时应从垫层顶面算起，且不应小于 40。

当梁、柱、墙中纵向受力钢筋的保护层厚度大于 50mm 时，宜对保护层采取有效的构造措施。可在保护层内配置防裂、防剥落的焊接钢筋网片，网片钢筋的保护层厚度不应小于 25mm，并采取有效的绝缘、定位措施。

施工相关知识　工程中保护层的控制方法

① 采用垫块控制保护层厚度，图 2-9 为常见各种垫块类型。

图 2-9　工程中各种类型垫块

② 垫块在实际工程中的应用，如图 2-10 所示。

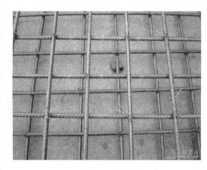 

(a)

(b)　　　　　　　　　　　　　　(c)

图 2-10　工程实例

(a) 垫块在板施工中的应用；(b) 垫块在梁施工中的应用；(c) 垫块在柱施工中的应用

2.1.4　钢筋的锚固

为了保证钢筋与混凝土之间的可靠粘结，钢筋必须有一定的锚固长度。钢筋的锚固长度一般指梁、板、柱等构件的受力钢筋伸入支座或基础中的长度。

1. 普通钢筋的基本锚固长度

钢筋的基本锚固长度 l_{ab}，与钢筋的强度、混凝土强度、钢筋直径及外形有关。按下式计算：

$$l_{ab} = \alpha \frac{f_y}{f_t} d \qquad (2\text{-}3)$$

式中 f_y——受拉钢筋的抗拉强度设计值（N/mm²）；

　　　f_t——锚固区混凝土轴心抗拉强度设计值，当混凝土强度等级高于 C60 时，按 C60 取值（N/mm²）；

　　　d——锚固钢筋的直径（mm）；

　　　α——锚固钢筋的外形系数，按表 2-9 取值。

锚固钢筋的外形系数 α　　　　　　　表 2-9

钢筋类型	光面钢筋	带肋钢筋	螺旋肋钢丝	三股钢绞线	七股钢绞线
钢筋外形系数 α	0.16	0.14	0.13	0.16	0.17

注：光面钢筋末端应做180°弯钩，弯后平直段长度不应小于 $3d$，但作受压钢筋时可不做弯钩。

受拉钢筋的基本锚固长度除了按公式 2-3 计算外，也可查表 2-10。

受拉钢筋基本锚固长度 l_{ab}、l_{abE}　　　　　　　表 2-10

钢筋种类	抗震等级	混凝土强度等级								
		C20	C25	C30	C35	C40	C45	C50	C55	≥C60
HPB300	一、二级（l_{abE}）	$45d$	$39d$	$35d$	$32d$	$29d$	$28d$	$26d$	$25d$	$24d$
	三级（l_{abE}）	$41d$	$36d$	$32d$	$29d$	$26d$	$25d$	$24d$	$23d$	$22d$
	四级（l_{abE}）非抗震（l_{ab}）	$39d$	$34d$	$30d$	$28d$	$25d$	$24d$	$23d$	$22d$	$21d$
HRB335 HRBF335	一、二级（l_{abE}）	$44d$	$38d$	$33d$	$31d$	$29d$	$26d$	$25d$	$24d$	$24d$
	三级（l_{abE}）	$40d$	$35d$	$31d$	$28d$	$26d$	$24d$	$23d$	$22d$	$22d$
	四级（l_{abE}）非抗震（l_{ab}）	$38d$	$33d$	$29d$	$27d$	$25d$	$23d$	$22d$	$21d$	$21d$
HRB400 HRBF400 RRB400	一、二级（l_{abE}）	—	$46d$	$40d$	$37d$	$33d$	$32d$	$31d$	$30d$	$29d$
	三级（l_{abE}）	—	$42d$	$37d$	$34d$	$30d$	$29d$	$28d$	$27d$	$26d$
	四级（l_{abE}）非抗震（l_{ab}）		$40d$	$35d$	$32d$	$29d$	$28d$	$27d$	$26d$	$25d$
HRB500 HRBF500	一、二级（l_{abE}）		$55d$	$49d$	$45d$	$41d$	$39d$	$37d$	$36d$	$35d$
	三级（l_{abE}）		$50d$	$45d$	$41d$	$38d$	$36d$	$34d$	$33d$	$32d$
	四级（l_{abE}）非抗震（l_{ab}）		$48d$	$43d$	$39d$	$36d$	$34d$	$32d$	$31d$	$30d$

特别提示

　　抗震等级的确定见表 4-4 和表 5-2。

2. 受拉钢筋的锚固长度

受拉钢筋的锚固长度应根据具体锚固条件按下列公式计算，且不应小于 200mm。

$$l_a = \zeta_a l_{ab} \qquad (2\text{-}4)$$

051

式中　ζ_a——锚固长度修正系数，按表 2-11 选用，当多于一项时，可按连乘计算，但不应小于 0.6。

受拉钢筋锚固长度修正系数 ζ_a　　　　　　　　　　表 2-11

锚固条件		ζ_a	
①带肋钢筋的公称直径大于 25mm		1.10	
②环氧树脂涂层带肋钢筋		1.25	—
③施工过程中易受扰动的钢筋		1.10	
④锚固区保护层厚度	3d	0.80	注：中间时按内插值；d 为锚固钢筋直径
	5d	0.70	
⑤纵向受力钢筋的实际配筋面积大于其设计计算面积时，ξ_a 取两者的比值，对抗震设防要求及直接承受动荷载的结构构件，不考虑修正。			

3. 受拉钢筋的抗震锚固长度

受拉钢筋的抗震锚固长度 l_{aE}，应根据结构的抗震等级按下列公式计算：

$$l_{aE} = \zeta_{aE} l_a \tag{2-5}$$

式中　ζ_{aE}——抗震锚固长度修正系数，对一、二级抗震等级取 1.15；对三级抗震等级取 1.05；对四级抗震等级取 1.00。

4. 锚固区横向构造钢筋

为防止锚固长度范围内的混凝土破碎，当锚固钢筋保护层厚度不大于 5d 时，锚固钢筋长度范围内应配置横向构造钢筋，其直径不应小于 d/4（d 为锚固钢筋的最大直径）；对于梁、柱等构件间距不应大于 5d，对板、墙等构件间距不应大于 10d，且均不应大于 100mm（d 为锚固钢筋的最小直径）。

5. 纵向钢筋的机械锚固

当支座构件因截面尺寸限制而无法满足规定的锚固长度要求时，采用钢筋弯钩或机械锚固是减少锚固长度的有效方式，如图 2-11 所示。包括弯钩或锚固端头在内的锚固长度（投影长度）可取为基本锚固长度 l_{ab} 的 0.6 倍。钢筋弯钩或机械锚固的形式和技术要求应符合表 2-12 的规定。

6. 受压钢筋的锚固

混凝土结构中的纵向受压钢筋，当计算中充分利用钢筋的抗压强度时，受压钢筋的锚固长度不应小于相应受拉钢筋锚固长度的 0.7 倍。由于弯钩及贴焊锚筋等机械锚固形式在承受压力作用时往往会引起偏心作用，容易发生压曲而影响构件的受力性能，因此不应采用弯钩、贴焊锚筋等形式的机械锚固。

7. 承受动力荷载的预制构件，应将纵向受力普通钢筋末端焊接在钢板或角钢上，钢板或角钢应可靠地锚固在混凝土中。钢板或角钢的尺寸应按计算确定，其厚度不宜小于 10mm。其他构件中受力普通钢筋的末端也可通过焊接钢板或型钢实现锚固。

2.1.5　钢筋的连接

因钢筋供货条件的限制，实际施工中钢筋长度不够时常需要连接。钢筋的连接可采用绑扎搭接、机械连接或焊接连接，如图 2-12 所示。

钢筋连接的原则为：受力钢筋的连接接头宜设置在受力较小处，在同一根钢筋上宜少设接头。在结构的重要构件和关键传力部位，纵向受力钢筋不宜设置连接接头。轴心受拉及小偏心受拉构件的受力钢筋不得采用绑扎搭接；同一构件相邻纵向钢筋的绑扎搭接接头宜相互错开。绑扎时，受力钢筋直径不宜大于 25mm，受压钢筋直径不宜大于 28mm。

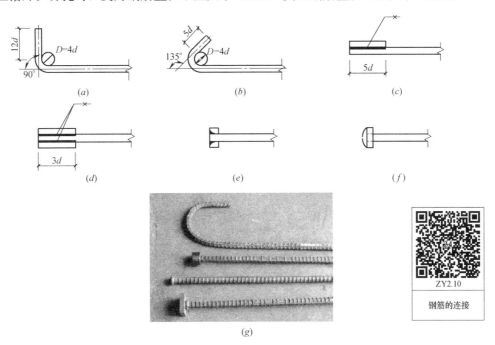

图 2-11　钢筋弯钩和机械锚固形式

（a）90°弯钩；（b）135°弯钩；（c）一侧贴焊锚筋；（d）二侧贴焊锚筋；（e）穿孔塞焊锚板；

（f）螺栓锚头；（g）锚固实例

钢筋弯钩或机械锚固的形式和技术要求　　　　　　　　　　　　　　表 2-12

锚 固 形 式	技 术 要 求
90°弯钩	末端 90°弯钩，弯后直段长度 12d
135°弯钩	末端 135°弯钩，弯后直段长度 5d
一侧贴焊锚筋	末端一侧贴焊长 5d 同直径钢筋
两侧贴焊锚筋	末端两侧贴焊长 3d 同直径钢筋
焊端锚板	末端与厚度 d 的锚板穿孔塞焊
螺栓锚头	末端旋入螺栓锚头

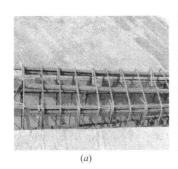

图 2-12　钢筋的连接方式

（a）梁纵筋的绑扎连接；（b）钢筋的机械连接；（c）钢筋的焊接连接

1. 绑扎搭接　钢筋搭接要有一定的长度才能传递粘结力。纵向受拉钢筋的最小搭接长度 l_l 按下式计算：

$$l_l = \zeta_l l_a \qquad (2-6)$$

式中　ζ_l——纵向受拉钢筋搭接长度修正系数，按表 2-13 采用。当纵向搭接钢筋接头面积百分率为表的中间值时，修正系数可按内插取值。

在任何情况下，纵向受拉钢筋的搭接长度不应小于 300mm。

纵向受拉钢筋搭接长度修正系数　　　　　　　　　　　　　　表 2-13

纵向钢筋搭接接头面积百分率%	≤25	50	100
ζ_l	1.2	1.4	1.6

纵向钢筋搭接接头面积百分率（%）的意义是：需要接头的钢筋截面面积与纵向钢筋总截面面积之比。当直径不同的钢筋搭接时，按直径较小的钢筋计算。《混凝土结构设计规范》规定，从任一绑扎接头中心至搭接长度的 1.3 倍区段范围内，受拉钢筋搭接接头面积百分率：对梁、板、墙类构件不宜大于 25%；对柱类构件不宜大于 50%。当工程中确有必要增大接头面积百分率时，对梁类构件，不应大于 50%；对板、墙、柱等其他构件，可根据实际情况放宽。

纵向受压钢筋搭接时，其最小搭接长度应根据公式 2-6 的规定确定后，再乘以系数 0.7 取用。在任何情况下，受压钢筋的搭接长度不应小于 200mm。

绑扎搭接接头中钢筋的横向净距不应小于钢筋直径，且不应小于 25mm。搭接长度的末端与钢筋弯折处的距离，不得小于钢筋直径的 10 倍。接头不宜位于构件最大弯矩处。在受拉区域内，光面钢筋绑扎接头的末端应做弯钩（图 2-13a），变形钢筋可不做弯钩（图 2-13b）。

在纵向受力钢筋搭接长度范围内，应配置符合下列规定的箍筋：

① 箍筋直径不应小于搭接钢筋较大直径的 0.25 倍；

② 受拉搭接区段的箍筋间距不应大于搭接钢筋较小直径的 5 倍，且不应大于 100mm（图 2-14）；

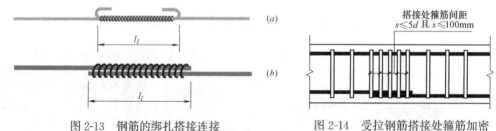

图 2-13　钢筋的绑扎搭接连接　　　　　　图 2-14　受拉钢筋搭接处箍筋加密
(a) 光面钢筋；(b) 变形钢筋

③ 受压搭接区段的箍筋间距不应大于搭接钢筋较小直径的 10 倍，且不应大于 200mm；

④ 当受压钢筋（如柱中纵向受力钢筋）直径大于 25mm 时，应在搭接接头两个端面外 100mm 范围内各设置两个箍筋，其间距宜为 50mm。

2. 机械连接　钢筋机械连接是通过连接件的机械咬合作用或钢筋端面的承压作用，

将一根钢筋中的力传递至另一根钢筋的连接方法（图 2-15）。机械连接具有施工简便、接头质量可靠、节约钢材和能源等优点。常采用的连接方式有：套筒挤压、直螺纹连接等。

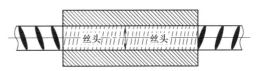

图 2-15　钢筋的机械连接（直螺纹连接）

纵向受力钢筋的机械连接接头宜相互错开。钢筋机械连接区段的长度为 $35d$，d 为连接钢筋的较小直径。凡接头中点位于该连接区段长度内的机械连接接头均属于同一连接区段。在受力较大处设置机械连接时，同一连接区段内，纵向受拉钢筋接头面积百分率不宜大于 50%，但对于板、墙、柱及预制构件的拼接处，可根据实际情况放宽。受压钢筋不受此限。

机械连接套筒的混凝土保护层厚度宜满足钢筋最小保护层厚度的要求。套筒的横向净距不宜小于 25mm；套筒处箍筋的间距仍应满足构造要求。

3. 焊接连接　利用热加工，熔融金属实现钢筋的连接。常采用的连接方式有：对焊、点焊、电弧焊、电渣压力焊等。

采用焊接连接时，同一连接区段内，纵向受拉钢筋接头面积百分率不宜大于 50%，但对预制构件拼接处，可根据实际情况放宽。受压钢筋不受此限。

施工相关知识

　　钢筋接头，除绑扎连接外，其他均需按相关规范要求进行连接接头的检验，检验项目为拉伸性能和冷弯性能（闪光对焊）。

2.2　砌体材料

砌体结构是由块材和砂浆经人工砌筑而成的结构。块材和砂浆的强度等级是根据其抗压强度而划分的，是确定砌体在各种受力状态下强度的基础数据。

2.2.1　块材

块材分为砖、石材和砌块三大类，砖与砌块通常按块材的高度尺寸来划分，块材高度小于 180mm 称为砖，反之称为砌块。

1. 砖

砖是构筑砖砌体整体结构中的块材材料，我国目前用于砌体结构的砖主要分为烧结砖、蒸压砖和混凝土砖。

1）烧结砖　分为烧结普通砖、烧结多孔砖和烧结空心砖，一般由黏土、煤矸石、页岩或粉煤灰等为主要原料，压制成土坯干燥后经烧制而成。

烧结普通砖指实心或孔洞率不大于 25％ 且外形尺寸符合规定的砖，其主要规格尺寸为 240mm×115mm×53mm，其表观密度一般在 16～19t/m³ 之间，具有较高的强度、良好的耐久性及保温隔热性能，且生产工艺简单，砌筑方便，广泛用于一般民用房屋结构的承重墙体和维护结构中，但烧结黏土砖因其占用及毁坏农田，现已逐渐被禁止使用。

烧结多孔砖指以煤矸石、页岩、粉煤灰或黏土为主要原料，经焙烧而成、孔洞率大于 25％，孔的尺寸小而数量多，用于承重部位的多孔砖，砖的孔洞率一般不大于 35％。

烧结普通砖和烧结多孔砖的强度等级均划分为 MU30、MU25、MU20、MU15 和 MU10 五级。

烧结空心砖指孔洞率不小于 40％ 的砖材，孔的尺寸大而数量少，主要用于填充墙和隔断墙等非承重部位，其规格尺寸为 290mm×190mm×90mm 和 240mm×180mm×115mm 两种。常用烧结空心砖的强度等级有 MU10、MU7.5、MU5 和 MU3.5 四个等级。

2）蒸压砖　目前应用较多的蒸压砖有灰砂砖和粉煤灰砖。

蒸压灰砂砖是以石灰和砂为主要原料，掺入少量颜料和外加剂，因此外观上有彩色和本色蒸压灰砂砖，从内部是否实心分为蒸压灰砂普通砖（简称灰砂砖）和蒸压灰砂空心砖。

蒸压灰砂砖规格尺寸有：240mm×115mm×90mm、240mm×115mm×103mm、240mm×103mm×180mm、400mm×115mm×53mm 等几种规格的产品。

蒸压灰砂砖的强度等级有 MU25、MU20、MU15 三个等级。

蒸压粉煤灰砖是以粉煤灰、石灰或水泥为主要原料，掺加适量石膏、外加剂、颜料和集料，坯料制备、压制成型、高压蒸汽养护而成的实心砖，简称粉煤灰砖（烟灰砖），标准砖的规格尺寸为 240mm×115mm×53mm、400mm×115mm×53mm。这种砖的抗冻性、长期强度稳定性及防水性能等均不及黏土砖，可用于一般建筑。

蒸压粉煤灰砖的强度等级有 MU25、MU20、MU15 三个等级。

3）混凝土砖　以水泥为胶结材料，以砂、石等为主要集料，加水搅拌、成型、养护制成的一种多孔的混凝土半盲孔砖或实心砖。多孔砖的主规格尺寸为 240mm×115mm×90mm、240mm×190mm×90mm、190mm×190mm×90mm 等；实心砖的主规格尺寸为 240mm×115mm×53mm、240mm×115mm×90mm 等。混凝土普通砖和多孔砖的强度等级有 MU30、MU25、MU20、MU15 四个等级。

2. 石材

用于承重砌体的石材主要来源于重质岩石和轻质岩石。重质岩石的抗压强度高，耐久性好，但导热系数大。轻质岩石的抗压强度低，耐久性差，但易于开采和加工，导热系数小。石砌体中的石材，应选用无明显风化的天然石材（主要有花岗石、石灰石等）。天然石材按其加工后的外形规则程度分为料石和毛石两种。料石又分为细料石、半细料石、粗料石和毛料石。毛石的形状不规则，但要求毛石的中部厚度不小于 200mm。

石材的强度等级分为 MU100、MU80、MU60、MU50、MU40、MU30 和 MU20 七级。

3. 砌块

砌块是一种就地取材、充分利用工业废料、投资少、收效快的墙体材料。制作砌块的材料有很多种，南方地区多用普通混凝土做成空心砌块，北方地区则多用浮石、火山渣、陶粒等轻骨料做成轻骨料混凝土空心砌块。

砌块按照主要原材料和制作工艺的不同划分为混凝土砌块、粉煤灰砌块、煤矸石砌块、加气混凝土砌块等。

根据砌块的结构、密实程度及气孔的形态，分为实心砌块（无孔洞）、密实砌块（空心率小于 25%）、空心砌块（空心率不小于 25%）及多孔混凝土砌块（用多孔混凝土或多孔硅酸盐混凝土制成）。

按其尺寸大小和重量分为用手工砌筑的小型砌块和用机械施工的中型和大型砌块。砌块高度在 115～380mm 为小型砌块，简称为小砌块；砌块高度在 380～980mm 的为中型砌块；砌块高度大于 980mm 的为大型砌块。由于起重设备限制，目前中型和大型砌块已很少应用。因此规范中所指砌块均指小型砌块。

根据混凝土小型空心砌块骨料的不同，可分为普通混凝土小型空心砌块和轻骨料混凝土小型空心砌块。

普通混凝土小型空心砌块是以水泥为胶结材料，以天然砂石为骨料，经搅拌、振动或压制成型、养护等制成，空心率应不小于 25%，混凝土小型空心砌块的空心率一般在 25%～50%，简称为混凝土砌块或砌块。该砌块的规格尺寸为 390mm×190mm×190mm，按孔的排数有单排孔、双排孔和多排孔等，孔洞的形式可以是贯通的。

普通混凝土小型空心砌块的强度等级有 MU20、MU15、MU10、MU7.5、MU5 五个等级。

轻骨料混凝土小型空心砌块是以水泥为胶结材料，以天然的火山渣、浮石为轻骨料；或以人造的陶粒为轻骨料；或以工业废料煤渣、煤矸石为轻骨料，振动或压制成型、养护等制成。轻骨料混凝土小型空心砌块常以骨料名称冠名，如浮石混凝土小型空心砌块、陶粒混凝土小型空心砌块等。

轻骨料混凝土小型空心砌块的规格尺寸为 390mm×190mm×190mm，按孔的排数有实心、单排孔、双排孔、三排孔和四排孔等，轻骨料混凝土小型空心砌块的强度等级有 MU10、MU7.5、MU5、MU3.5 四个等级。

2.2.2　砌筑砂浆

砂浆是由胶凝材料（石灰、水泥）和细骨料（砂）加水搅拌而成的混合材料。

砂浆的作用是将块材按一定的砌筑方法粘结成整体，并抹平块体表面，从而促使其表面均匀受力，由于砂浆填满块体间的缝隙，减少砌体的透气性，所以砌体有较好的保温性能及防火、抗冻性能。

1. 砂浆的分类

砂浆按其组成成分可分为四种：

1）纯水泥砂浆

纯水泥砂浆是由水泥、砂子和水拌制而成，不加塑性掺合料，又称刚性砂浆。这种砂浆硬化快、强度高、耐久性好，但流动性和保水性差，一般用于对强度有较高要求的砌体及潮湿环境中，因其耐磨性好，故适用于做地面工程。

2）混合砂浆

混合砂浆是在水泥砂浆中掺入适量的塑性掺合料拌制而成，如水泥石灰砂浆、水泥黏土砂浆等。这种砂浆具有一定的强度和耐久性，且和易性和保水性较好，适用于砌筑一般地面以上的墙、柱砌体，但不宜用于潮湿环境中的砌体。

3）非水泥砂浆

非水泥砂浆即不含水泥的砂浆，有石灰砂浆、黏土砂浆和石膏砂浆。这类砂浆流动性好，但强度较低，耐久性较差，只适用于砌筑承受荷载不大的砌体或临时性建筑物、构筑物的砌体。

4）混凝土砌块砌筑专用砂浆

混凝土砌块砌筑专用砂浆是由水泥、砂子、水及根据需要掺入的掺合料和外加剂，按一定比例，采用机械拌合而成，专门用于砌筑混凝土砌块的砌筑砂浆。砌块专用砂浆应具有良好的和易性，即流动性和保水性良好，可使砌体灰缝饱满、粘结性能好，减少墙体开裂和渗漏，提高砌块建筑质量。

2. 砂浆的强度等级

砂浆的强度等级是由边长为 70.7mm 的立方体标准试块进行抗压试验，每组为 3 块，按其破坏强度的平均值来确定的。

对烧结普通砖、烧结多孔砖、蒸压灰砂普通砖和蒸压粉煤灰普通砖砌体采用的普通砂浆强度等级为 M15、M10、M7.5、M5 和 M2.5。

对蒸压灰砂普通砖和蒸压粉煤灰普通砖砌体采用的专用砌筑砂浆强度等级为 Ms15、Ms10、Ms7.5 和 Ms5.0。

对混凝土普通砖、混凝土多孔砖、单排孔混凝土砌块和煤矸石混凝土砌块砌体采用的砂浆强度等级为 Mb20、Mb15、Mb10、Mb7.5 和 Mb5。

对双排孔或多排孔轻骨料混凝土砌块采用的砂浆的强度等级为 Mb10、Mb7.5 和 Mb5。

对毛料石、毛石砌体采用的砂浆强度等级为 M7.5、M5 和 M2.5。

在验算施工阶段尚未硬化的新砌体强度时或在冻结法施工解冻时，可按砂浆强度为零来确定。

3. 砌体对砂浆的基本要求

1）砂浆应具有足够的强度和耐久性；

2）砂浆应具有一定的流动性，以便于砌筑，提高生产率，保证砌筑质量，提高砌体强度；

3）砂浆应具有足够的保水性，以保证砂浆正常硬化所需要的水分。

4.混凝土砌块灌孔混凝土

灌孔混凝土是砌块建筑中灌注芯柱、孔洞的专用混凝土，由水泥、骨料、水及根据需要掺入的掺合料和外加剂等按一定的比例，采用机械搅拌后，用于浇筑混凝土小型空心砌块砌体的芯柱或其他需要填实孔洞部位的混凝土。其掺合料主要采用粉煤灰，外加剂包括减水剂、早强剂、促凝剂、缓凝剂和膨胀剂等，是一种高流动性和低收缩性的细石混凝土，它的作用是保证砌块建筑整体工作性能、抗震性能、承受局部荷载的重要施工配套材料。

混凝土砌块灌孔混凝土的强度等级用 Cb 表示，以区别于普通混凝土，其强度等级有 Cb40、Cb35、Cb30、Cb25 和 Cb20 五个，一般采用 Cb20 细石混凝土。

考虑结构抗震时，砌体结构材料应符合下列规定：

普通砖和多孔砖的强度等级不应低于 MU10，其砌筑砂浆强度等级不应低于 M5；混凝土小型空心砌块的强度等级不应低于 MU7.5，其砌筑砂浆强度等级不应低于 Mb7.5。

2.2.3　砌体的种类

砌体按照块体材料不同可分为砖砌体、石砌体和砌块砌体；按配置钢筋与否可分为无筋砌体和配筋砌体；按照在结构中的作用分为承重砌体与非承重砌体（围护墙、隔墙等）。

1.无筋砌体

无筋砌体是相对配筋砌体而言，在砌体中不配置钢筋或仅配置少量构造钢筋的砌体，主要作为建筑物主要受力构件。它包括无筋砖砌体、石砌体和无筋砌块砌体。当在砖砌体中仅设置构造柱及圈梁并配置少量构造钢筋、在砌块砌体中仅设置构造芯柱并配置少量构造钢筋时，都属于无筋砌体。

ZY2.13-1～7

几种砌筑方式

1）砖砌体

砖砌体一般用作内外墙、柱、基础等承重结构及围护墙和隔墙等非承重结构中。一般多为实心砌筑，砌筑方式有一顺一丁、三顺一丁、五顺一丁及梅花丁等（图 2-16）。

标准尺寸砌筑的实心墙体厚度常为 240mm（一砖）、370mm（一砖半）、490mm（二砖）、620mm（二砖半）、740mm（三砖）等。有时为节约材料，实心砖墙体厚度也可按 1/4 砖长的倍数采用，此时，部分砖侧砌，可构成厚度为 180mm、300mm、420mm 等尺寸。

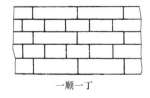
一顺一丁

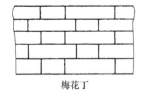
梅花丁

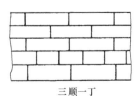
三顺一丁

图 2-16　砖砌体的砌筑方式

采用蒸压灰砂砖或粉煤灰砖砌体取代普通黏土砖砌体是发展方向，由于灰砂砖或粉煤灰砖的生产工艺较先进，砖表面比黏土砖平整、光滑，砂浆容易铺砌饱满、密实，因而砌体抗压强度稍高。灰砂砖或粉煤灰砖若使用不当，容易产生干缩裂缝、粉刷层起壳或脱离等缺陷。

2）石砌体

石砌体分为料石砌体、毛石砌体和毛石混凝土砌体（图2-17）。用石材建造的砌体结构物具有很高的抗压强度，在工程中，石砌体主要用作受压构件，如一般民用建筑的承重墙、柱和基础等。因石砌体表面经加工后美观且富于装饰性，故可作为砌体结构外层的饰面薄板等。

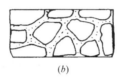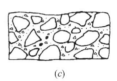

图2-17　石砌体

（a）料石砌体；（b）毛石砌体；（c）毛石混凝土砌体

3）砌块砌体

因砌块砌体自重轻，保温隔热性能好，施工进度快，经济效益好，因此采用砌块建筑是墙体改革的一项重要措施。目前常用的砌块砌体以混凝土空心砌块砌体为主，尤其以普通混凝土小型空心砌块和轻骨料混凝土小型空心砌块的应用最为广泛。主要用作住宅、办公楼及学校等建筑以及一般工业建筑的承重墙或围护墙。

2. 配筋砌体

为了提高砌体的强度、减少构件截面尺寸、增加砌体结构（或构件）的整体性，可在砌体内不同部位以不同方式配置钢筋或浇筑钢筋混凝土，这种砌体称为配筋砌体。配筋砌体包括砖配筋砌体和砌块配筋砌体，砖配筋砌体又分为网状配筋砖砌体、组合砖砌体和构造柱组合墙等几种形式。

2.2.4　砌体的力学性能

1. 无筋砌体的受压性能

ZY2.14

无筋砖砌体受压
构件破坏

试验研究表明，砌体轴心受压自加载至破坏，按照裂缝的出现、发展和最终破坏，大致经历三个受力阶段，如图2-18所示。

第一阶段：从砌体在荷载作用下受压开始，当荷载增大至破坏荷载的$50\%\sim70\%$时，砌体内出现第一条（批）裂缝。对于砖砌体，在此阶段，由于处于较复杂的拉、弯、剪的复合应力作用，在单块砖内产生细小裂缝，且多数情况下裂缝约有数条，但一般均不穿过砂浆层，如果不再增加压力，单块砖内的裂缝也不继续发展。如图2-18（a）所示。对于混凝土小型空心砌块，在此阶段，砌体内通常只产生一条细小裂缝，但裂缝往往在单个块体的高度内贯通。

第二阶段：随着荷载的增加，当荷载增大至破坏荷载的 $80\%\sim90\%$ 时，单个块体内的裂缝将不断发展，裂缝沿着竖向灰缝通过若干皮砖或砌块，并逐渐在砌体内连接成一段较连续的裂缝。此时荷载即使不再增加，裂缝仍会继续发展，砌体已临近破坏，在工程实践中可视为处于十分危险状态，如图 2-18（b）所示。

第三阶段：随着荷载的继续增加，则砌体中的裂缝发展迅速，逐渐加长加宽形成若干条连续的竖向贯通裂缝，把砌体分割成若干个小柱体，砌体个别块体材料可能被压碎或小柱体失稳，从而导致整个砌体的破坏，如图 2-18（c）所示。

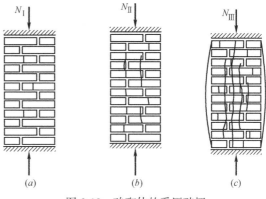

图 2-18　砖砌体的受压破坏

2. 单块砖开裂的原因

1）单块砖处于压、弯、剪复杂应力状态，由于砌体内灰缝厚度不均匀及砖的表面不平整，造成了单块砖在砌体内并不是均匀受压，而是处于局部受压、弯、剪等复杂应力状态下。由于砖的抗剪、抗弯强度远低于抗压强度，因此砌体的抗压强度总是比砖的强度小。

2）砌体竖向受压时产生横向变形，由于砂浆的横向变形比砖大。砖阻止砂浆变形使砖在横向受砂浆作用而受拉，两者产生交互作用。砂浆对砖的这种拉力是使砖过早开裂的原因之一。

3）由于砌体的竖向灰缝不可能完全填满，造成截面的不连续性和块材的应力集中，从而降低砌体的抗压强度。

由上述可知，砌体内的砖处于压、弯、剪、拉的复杂应力状态。因此，砖砌体的抗压强度明显低于所用砖的抗压强度，这也是单块砖过早开裂的原因。

3. 影响砌体抗压强度的主要因素

1）块体与砂浆的强度

一般来说，强度等级高的块体其抗弯、抗拉强度也较高，因而相应砌体的抗压强度也高，但并不与块体强度等级的提高成正比；而砂浆的强度等级越高，砂浆的横向变形越小，砌体的抗压强度也有所提高。

2）块体的尺寸与形状

高度大的块体，其抗弯、抗剪及抗拉能力增大；块体长度较大时，块体在砌体中引起的弯、剪应力也较大。因此砌体强度随块体厚度的增大而加大，随块体长度的增大而降低；而块体的形状越规则，表面越平整，其砌体的抗压强度越高。

3）砂浆的流动性、保水性及弹性模量的影响

砂浆的流动性大与保水性好时，容易铺成厚度和密实性较均匀的灰缝，因而可减少

单块砖内的弯剪应力而提高砌体强度。纯水泥砂浆的流动性较差，所以同一强度等级的混合砂浆砌筑的砌体强度要比相应纯水泥砂浆砌体高；砂浆的弹性模量越大，相应砌体的抗压强度越高。

4）砌筑质量与灰缝厚度

砌筑质量是指砌体的砌筑方式、灰缝砂浆的饱满度、砂浆层的铺砌厚度等。砌筑质量与工人的技术水平有关，砌筑质量不同，则砌体强度不同。

> **施工相关知识**
> 《砌体结构工程施工质量验收规范》GB 50203—2011 规定：砌筑时应满足：
> ① 砖墙水平灰缝饱满度不低于 80％；
> ② 水平灰缝厚度 8～12mm（一般 10mm）；
> ③ 砌筑前对砖进行洇水很重要，烧结砖的最佳含水率为 60％～70％。

4. 砌体抗压强度标准值与设计值

1）砌体强度标准值 f_k 是取具有 95％保证率的抗压强度值。

$$f_k = f_m(1 - 1.645\delta_f) \tag{2-7}$$

2）砌体的强度设计值是在承载能力极限状态设计时采用的强度值。砌体强度设计值等于砌体强度标准值除以材料性能分项系数 γ_f，即

$$f = f_k/\gamma_f \tag{2-8}$$

当施工质量控制等级为 B 级取 $\gamma_f = 1.6$，当施工控制等级为 C 级取 $\gamma_f = 1.8$。

5. 砌体的受拉、受弯和受剪性能

在实际工程中，因砌体具有良好的抗压性能，故多将砌体用作承受压力的墙、柱等构件。与砌体的抗压强度相比，砌体的轴心抗拉、弯曲抗拉以及抗剪强度都低很多。但有时也用它来承受轴心拉力、弯矩和剪力，如砖砌的圆形水池池壁或谷仓在侧向压力作用下，将产生轴向拉力；挡土墙在土壤侧压力的作用下，将像悬臂柱一样受弯矩、剪力作用；砌体中砖砌拱或砖过梁支座处承受水平推力等。破坏形态如图 2-19～图 2-21 所示。

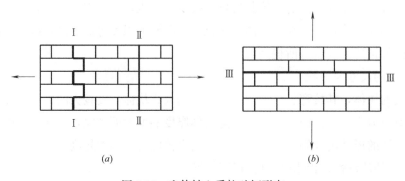

(a)   *(b)*

图 2-19 砌体轴心受拉破坏形态

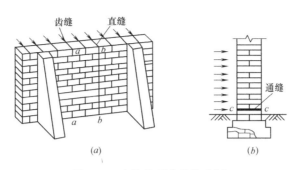

图 2-20 砌体的弯曲受拉破坏

(a) 沿齿缝或直缝破坏；(b) 沿通缝破坏

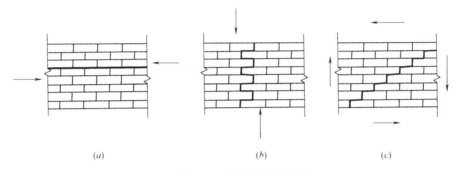

图 2-21 砌体的剪切破坏

(a) 沿通缝破坏；(b) 沿齿缝破坏；(c) 沿阶梯缝破坏

特别提示

在砂浆与块体的粘结强度中，竖向灰缝的砂浆往往不饱满，竖向灰缝的粘结力强度难以保证，计算中不予考虑。

小 结

混凝土结构是由钢筋和混凝土材料组成。本模块介绍了常用的钢筋种类和普通混凝土的组成及其主要性能。

热轧钢筋是建筑结构中最常用的材料，本模块较为详细地介绍了热轧钢筋的性能和质量要求；普通混凝土的组成材料及其性能；介绍了钢筋和混凝土之间的粘结力及其共同工作的原理。简要介绍了结构抗震对这些材料的要求，以及工程中钢筋的连接方法。

砌体由块体与砂浆砌筑而成。本模块较为系统地介绍了砌体的种类与性能，同时也介绍了组成各类砌体的块体及砂浆的种类和主要性能。

习 题

一、单选题

1. 软钢在拉伸过程中受力至拉断，其中受拉时所能承受的最大应力值出现在（　　）。

A. 弹性阶段　　　　　B. 屈服阶段　　　　　C. 强化阶段　　　　　D. 颈缩阶段

2. 混凝土的强度等级是以（　　　）划分的。

A. 立方体抗压强度　　B. 轴心抗压强度　　　　　C. 轴心抗拉强度

3. 用于潮湿环境中的砂浆是（　　　）。

A. 水泥砂浆　　　　　B. 混合砂浆　　　　　　　C. 非水泥砂浆

二、填空题

1. 钢筋的连接方式有_____、_____、_____。

2. 混凝土保护层的作用有_____、_____、_____。

3. 块材的种类有_____、_____、_____。

4. 常用烧结多孔砖的规格尺寸是_____。

三、问答题

1. 建筑工程中常用的钢筋品种有哪些？

2. 砌体结构中对砂浆的基本要求有哪些？

3. 简述砌体的种类？

4. 钢筋与混凝土共同工作的原因是什么？

5. 钢筋混凝土结构中，钢筋与混凝土之间的粘结力由哪三部分组成？

YT2

云题

模块 3

钢筋混凝土梁板结构

教学目标

掌握钢筋混凝土简支梁、单向板的设计方法及构造要求；理解单向板和双向板的划分方法；掌握钢筋混凝土单向板和双向板的结构平面布置及构造规定；掌握钢筋混凝土楼（屋）盖的分类和现浇钢筋混凝土肋梁楼盖中梁和板的构造要求；掌握钢筋混凝土板式楼梯的配筋构造。

教学要求

能 力 目 标	相 关 知 识
对钢筋混凝土简支梁、单向板进行设计、校核的能力	受弯构件正截面承载力公式及适用条件，斜截面承载力计算公式及适用条件
在实际工程中理解和运用受弯构件构造知识的能力	混凝土保护层，钢筋的锚固长度，钢筋连接方式，梁、板构件的构造规定
对实际工程中钢筋混凝土单向板和双向板能够进行区别	单向板和双向板的配筋构造
对实际工程的钢筋混凝土楼盖的分类进行区别，了解钢筋混凝土肋形楼盖的设计方法	钢筋混凝土楼盖的类别、特点、适用范围及相关计算方法和构造要求
能进行钢筋混凝土楼梯的分类，并能识读楼梯的施工图	梁式楼梯和板式楼梯的构件组成以及配筋要求

【工程事故一】

1. 事故概况

某教学楼屋顶为钢筋混凝土井字梁楼盖，平面尺寸为 10.8m×14.24m，梁断面尺寸为 250mm×700mm，受力钢筋为 3Φ22。浇灌完混凝土拆模后，发现离支座 2.5m 的部位出现了大量的裂缝，如图 3-1 所示。

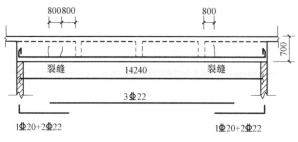

图 3-1　大梁裂缝图

2. 事故原因分析

该事故与设计、施工均有关，但主要是施工方面的问题，经过调查分析得知，具体原因是钢筋绑扎不当造成的。从设计图上看，受力钢筋为 3Φ22 的钢筋。施工中，由于Φ22 钢筋没有长于 9m 的料，在离支座两端 2.5m 处，将受力钢筋在同一截面切断，并搭接焊上 1Φ20+2Φ22，致使该焊接截面同时有 6 根钢筋，钢筋间基本没有空隙。浇灌混凝土时无法保证钢筋周围的混凝土保护层，钢筋与混凝土间失去粘结力，钢筋的搭接失去作用，致使拆模后该梁在搭接部位严重开裂。

引例

钢筋混凝土梁板结构是土木工程中应用最为广泛的一种结构，楼盖是建筑结构中的重要组成部分如图 3-2 所示，在混合结构房屋中，楼盖的造价约占房屋总造价的 30%～40%，因此，楼盖结构造型和布置的合理性，以及结构计算和构造的正确性，对建筑物的安全使用和技术经济指标有着非常重要的意义。

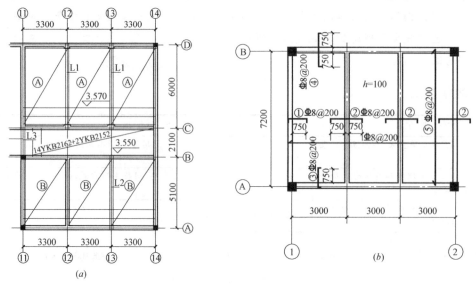

(a)

(b)

图 3-2　钢筋混凝土楼盖
(a) 装配式楼盖（局部）；(b) 现浇楼盖（局部）

3.1　钢筋混凝土梁

3.1.1　梁的计算简图

梁的计算简图是通过对构件的逐步简化得到的。结构构件进行简化是指用一种力学模型来代替实际结构构件，它既能反映实际结构构件的主要受力特征，同时又能使计算大大简化，这样的力学模型叫做结构构件的计算简图。

1. 梁计算简图的组成部分

如图 3-3 所示是简支梁计算简图，其组成部分是：

1）梁的简化-直线 AB

直线 AB 代表梁的轴线；直线 AB 的长度 l 代表梁的跨度，钢筋混凝土梁的跨度 l 按其支承构件轴线间的距离来取值。

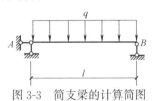

图 3-3　简支梁的计算简图

2）支承的简化-支座

梁必须支承在其他结构构件上，荷载才能得以传递。受力分析时，梁的支承（约束）也要进行简化，称为支座。支座，也是梁计算简图中一个重要组成部分，工程中常用的有以下三种支座（图 3-4）：

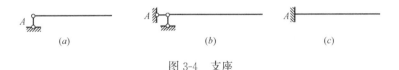

图 3-4　支座

（a）可动铰支座；（b）固定铰支座；（c）固定端支座

3）荷载 q

q 代表梁承担的荷载。如图 3-3 所示的简支梁承受大小为 q 的均布荷载。q 的计算按模块 1 的方法计算。

2. 工程中常见梁有简支梁（图 3-3）、悬臂梁（图 3-5）、外伸梁（图 3-6）、多跨连续梁（图 3-7）。

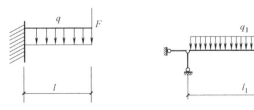

图 3-5　悬臂梁的计算简图

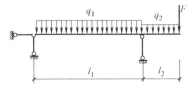

图 3-6　外伸梁的计算简图

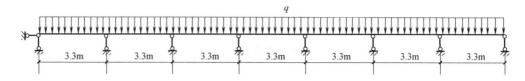

图 3-7　多跨连续梁的计算简图

3.1.2　梁的构造规定

1. 梁的材料选择

梁纵向受力普通钢筋应采用 HRB400、HRB500、HRBF400、HRBF500 钢筋；箍筋宜采用 HRB400、HRBF400、HPB300、HRB500、HRBF500 钢筋，也可采用 HRB335 钢筋。

预应力钢筋宜采用预应力钢丝、钢绞线和预应力螺纹钢筋。

钢筋混凝土结构的混凝土强度等级不应低于 C20；采用强度等级 400MPa 及以上的钢筋时，混凝土强度等级不应低于 C25。

承受重复荷载的钢筋混凝土构件，混凝土强度等级不应低于 C30。

预应力混凝土结构的混凝土强度等级不宜低于 C40，且不应低于 C30。

2. 梁的截面

常见的梁的截面形式有矩形、T 形、工字形，考虑到施工方便和结构整体性要求，工程中也有采用预制和现浇结合的方法，形成叠合梁或叠合板（图 3-8）。

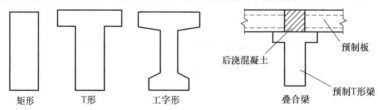

图 3-8　梁的截面形式

梁截面高度 h 与梁的跨度 l 及所受荷载大小有关。一般按梁的高跨比 h/l 估算，如简支梁的高度 $h=(1/12\sim1/8)l$；悬臂梁的高度 $h=l/6$；多跨连续梁的高度 $h=(1/18\sim1/12)l$。

梁截面宽度常用截面高宽比 h/b 确定。对于矩形截面一般 $h/b=2.0\sim3.5$；对于 T 形截面一般 $h/b=2.5\sim4.0$。

为了统一模板尺寸和便于施工，通常采用梁宽度 $b=120$、150、180、200……；b 大于 200 时采用 50mm 的倍数；梁高度 $h=250$、300……，$h\leqslant800$mm 时采用 50mm 的倍数，$h>800$mm 时采用 100mm 的倍数。

3. 梁的配筋

梁中的钢筋有纵向受力钢筋、箍筋、梁侧构造筋、架立筋和弯起钢筋等，如

图 3-9 所示。

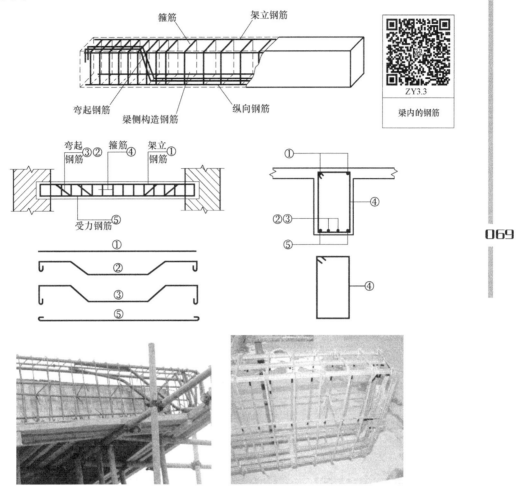

图 3-9　梁的配筋形式及工程实例

> **施工相关知识**
>
> 　　施工过程中发现钢筋脆断、焊接性能不良或力学性能显著不正常等现象时，应停止使用该批钢筋，并对该批钢筋进行化学成分检验或其他专项检验。

1）纵向受力钢筋

纵向受力钢筋主要承受弯矩 M 产生的拉力，如图 3-9 中⑤号钢筋。常用直径为 8～32mm，梁高不小于 300mm 时，钢筋直径不应小于 10mm；梁高小于 300mm 时，钢筋直径不应小于 8mm。为保证钢筋与混凝土之间具有足够的粘结力和便于浇筑混凝土，梁的上部纵向钢筋的净距不应小于 30mm 和 1.5d；下部纵向钢筋的净距不应小于 25mm 和 d。当梁的下部纵向钢筋配置多于两层时，两层以上钢筋水平方向的中距应比下面两层的中距增大一倍；各层钢筋之间的净距应不小于 25mm 和 d，其中 d 为纵向钢筋的最大直径，如图 3-10 所示。

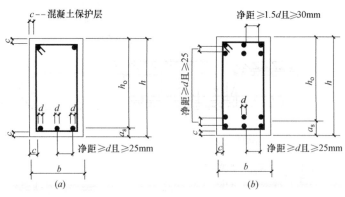

图 3-10　梁内纵向受力钢筋的排列

（a）钢筋放一排时；（b）钢筋放两排时

图 3-10 中，c 为钢筋混凝土梁的保护层厚度，指的是从混凝土外表面到箍筋外表面的垂直距离。h_0 为梁的有效高度，$h_0 = h - a_s$，a_s 为纵向受拉钢筋的合力作用点至混凝土受拉区边缘的距离，$a_s = c + d_v + d/2$，其中 d 为纵向受拉钢筋的直径；d_v 为箍筋的直径。梁中截面有效高度可按表 3-1 数值取用：

表 3-1

梁的 h_0 值表（mm）

构件类型	环境类别	混凝土保护层最小厚度 c	受拉钢筋排数	h_0 计算公式 箍筋直径 $d_V = \phi 8、\phi 10$
梁	一	20	一排钢筋	$h_0 = h - 40$
			两排钢筋	$h_0 = h - 65$
	二 a	25	一排钢筋	$h_0 = h - 45$
			两排钢筋	$h_0 = h - 70$

注：混凝土强度等级不大于 C25 时，表中保护层厚度数值增加 5mm，h_0 计算公式再减 5mm。

> **特别提示**
>
> 在运用表 3-1 进行梁的 h_0 的取值时，由于箍筋直径 d_v 未知，一般可先假定箍筋直径 $d_v = 8mm$。

在梁的配筋密集区域为满足钢筋排布的构造规定，不得不采取多排布筋的方式来配置钢筋。多排布筋减少了梁截面的有效高度，使梁的承载力降低，同时钢筋的多排布置导致混凝土难以浇筑密实。为方便施工，可采用同类型、同直径两根或三根钢筋并在一起配置，形成并筋，如图 3-11 所示。直径 28mm 及以下的钢筋并筋数量不宜超过 3 根；直径为 32mm 的钢筋并筋数量宜为 2 根；直径 36mm 及以上的钢筋不应采用并筋。

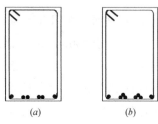

图 3-11　梁中钢筋的并筋形式

（a）双并筋；（b）三并筋

并筋应按单根等效钢筋进行计算，等效钢筋的等效直径应按截面面积相等的原则换算确定。等直径双并筋 $d_e = \sqrt{2}d$，等直径三并筋 $d_e = \sqrt{3}d$，其中 d 为单根钢筋的直径。

并筋等效直径的概念适用于钢筋间距、保护层厚度、裂缝宽度验算、锚固长度、搭接接头面积百分率及搭接长度等的计算及构选规定中。

> **特别提示**
>
> 并筋连接接头宜按每根单筋错开，接头面积百分率应按同一连接区段内所有的单根钢筋计算。钢筋的搭接长度应按单筋分别计算。

2）弯起钢筋

弯起钢筋是由纵向受拉钢筋在支座附近弯起形成的，如图 3-9 中②、③号钢筋。它的作用分三段：跨中水平段承受正弯矩产生的拉力；斜弯段承受剪力；弯起后的水平段可承受压力，也可承受支座处负弯矩产生的拉力。

弯起钢筋的弯起角度：当梁高 $h \leqslant 800mm$ 时，采用 $45°$；当梁高 $h > 800mm$ 时，采用 $60°$。梁底层钢筋中的角部钢筋不应弯起，顶层钢筋中的角部钢筋不应弯下。

弯起钢筋的末端应留有直线段，其长度在受拉区不应小于 $20d$，在受压区不应小于 $10d$。d 为弯起钢筋直径对于光面钢筋，在其末端还应设置弯钩，如图 3-12 所示。

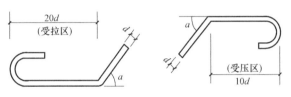

图 3-12　弯起钢筋端部构造

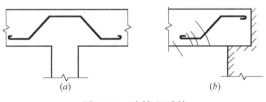

图 3-13　鸭筋和浮筋

(a) 鸭筋；(b) 浮筋

弯起钢筋可单独设置在支座两侧，作为受剪钢筋，这种弯起钢筋称为"鸭筋"，如图 3-13（a）所示，但锚固不可靠的"浮筋"不允许设置，如图 3-13（b）所示。

> **施工相关知识**
>
> 1. 弯起钢筋在建筑施工现场已经很少使用。
>
> 2. 工程中对钢筋弯起的方法有手工弯起和机械弯起。

3）箍筋

箍筋主要用来承担剪力，在构造上能固定受力钢筋的位置和间距，并与其他钢筋形成钢筋骨架，如图 3-9 中④号钢筋。梁中的箍筋应按计算确定，除此之外，还应满足以下构造规定：

（1）构造箍筋：若按承载力计算不需要配置箍筋时，当截面高度 $h>300\text{mm}$ 时，应沿梁全长设置构造箍筋；当截面高度 $h=150\sim300\text{mm}$ 时，可仅在构件端部各四分之一跨度范围内设置箍筋；但当在构件中部二分之一跨度范围内有集中荷载作用时，则应沿梁全长设置箍筋；当截面高度 $h<150\text{mm}$ 时，可不设箍筋。

（2）直径：箍筋的最小直径不应小于表 3-2 的规定。

箍筋的最小直径 d_{min} 表 3-2

梁高 $h(\text{mm})$	最小直径 $d_{min}(\text{mm})$
$h\leqslant800$	6
$h>800$	8
配有受压钢筋的梁	$\geqslant d/4$（d 为受压钢筋中最大直径）

（3）间距：梁的箍筋从支座边缘 50mm 处（图 3-14）开始设置。梁中箍筋间距 S 除应符合计算要求外，最大间距 S_{max} 尚宜符合表 3-3 的规定。

梁中箍筋的最大间距 S_{max} （mm）   表 3-3

梁高 $h(\text{mm})$	$V>0.7f_tbh_o$	$V\leqslant0.7f_tbh_o$
$150<h\leqslant300$	150	200
$300<h\leqslant500$	200	300
$500<h\leqslant800$	250	350
$h>800$	300	400

当梁中配有按计算需要的纵向受压钢筋时，箍筋的间距不应大于 $15d$，同时不应大于 400mm；当一层内的纵向受压钢筋多于 5 根且直径大于 18mm 时，箍筋的间距不应大于 $10d$（d 为纵向受压钢筋的最小直径）；当梁的宽度大于 400mm 且一层内的纵向受压钢筋多于 3 根时，或当梁的宽度不大于 400mm 但一层内的纵向受压钢筋多于 4 根时，应设置复合箍筋。

（4）形式：箍筋的形式有开口和封闭两种（图 3-15a、b）。开口式只用于无振动荷载或开口处无受力钢筋的现浇 T 形梁的跨中部分。除上述情况外，箍筋应做成封闭式。

（5）肢数：一个箍筋垂直部分的根数 n 称为肢数。常用的有双肢箍 $n=2$（图 3-15b、d）、四肢箍 $n=4$（图 3-15c）和单肢箍（图 3-15a）等几种形式。当梁宽小于 350mm 时，通常用双肢箍；当梁宽大于等于 350mm 或纵向受拉钢筋在一排的根数多于 5 根时，应采用四肢箍；当梁配有受压钢筋时，应使受压钢筋至少每隔一根处于箍筋的转角处；只有当梁宽小于 150mm 或作为腰筋的拉结筋时，才允许使用单肢箍。

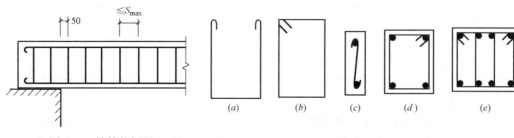

图 3-14　箍筋的间距

图 3-15　箍筋的形式和肢数

（a）开口式；（b）封闭式；（c）单肢箍；（d）双肢箍；（e）四肢箍

施工相关知识

梁中箍筋的弯钩及焊接封闭箍筋的对焊点应沿纵向受力钢筋方向错开设置。

4）架立钢筋

梁上部无需配置受压钢筋时，需在梁的上部平行于纵向受力钢筋的方向设置架立钢筋，如图3-9中①号钢筋。以便与箍筋和梁底部纵筋形成钢筋骨架。

架立钢筋的直径：当梁的跨度小于4m时，不宜小于8mm；跨度为4～6m时，不宜小于10mm，跨度大于6m时，不宜小于12mm。

架立钢筋与受力钢筋的搭接长度为150mm。

5）梁上部纵向构造钢筋

如果简支梁支座端上面有砖墙压住，阻止梁端自由转动；或者梁端与另一梁或柱整体现浇，而未按固定端支座计算内力时，梁端将产生一定的负弯矩，这时需要设置构造钢筋（图3-16）。

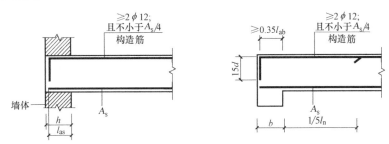

图3-16　梁端构造负筋

构造钢筋不应少于2根，其截面面积不少于跨中下部纵向受力钢筋面积的1/4；由支座伸向跨内的长度不应小于 $0.2l_n$，l_n 为梁净跨；构造负筋伸入支座的锚固长度为 l_a。

构造钢筋可以利用架立钢筋（图3-16），这时架立筋不宜少于 $2\phi12$。

6）梁侧面纵向构造钢筋及拉筋

当梁的腹板高度 $h_w \geqslant 450$mm 时，为保证受力钢筋与箍筋构成的整体骨架的稳定，防止梁侧面中部产生竖向收缩裂缝，应在梁的两个侧面沿高度配置纵向构造钢筋。每侧纵向构造钢筋（不包括梁上、下部受力钢筋及架立钢筋）的间距不宜大于200mm，截面面积不应小于腹板截面面积（bh_w）的 0.1%，并用拉筋联系，如图3-17所示。纵向构造钢筋一般不必做弯钩，其搭接与锚固长度可取 $15d$。

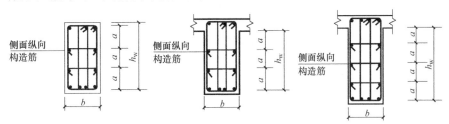

图3-17　梁侧纵向构造钢筋和拉筋

当梁宽≤350mm 时，拉筋直径为 6mm；梁宽＞350mm 时，拉筋直径为 8mm。拉筋间距为梁非加密区箍筋间距的 2 倍；当设有多排拉筋时，上下两排拉筋竖向错开设置。

> **特别提示**
>
> 梁的腹板高度 h_w 的计算公式：矩形截面取梁的有效高度：$h_w = h_0$；T 形截面取有效高度减去翼缘高度：$h_w = h_0 - h'_f$；对于I形截面，取腹板净高：$h_w = h - h_f - h'_f$。

【工程事故二】

一些高度较大的钢筋混凝土梁由于梁侧纵向构造钢筋（俗称腰筋）配置过稀，在使用期间甚至在使用前在梁的腹部发生竖向等间距裂缝。这种裂缝多发生在构件中部，呈中间宽，两头细，至梁的上下缘附件逐渐消失。图 3-18 所示为某工程中梁高 $h=800$mm 的大梁的收缩裂缝。

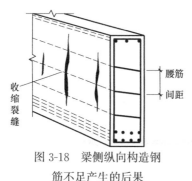

图 3-18　梁侧纵向构造钢筋不足产生的后果

【案例点评】

这种裂缝是由于混凝土收缩所致。两端固定在混凝土柱上的大梁，在凝结过程中因体积收缩而使梁在沿长度方向受拉。因梁的上下缘配有较多纵向受力钢筋，该拉力由纵向受力钢筋承受，混凝土开裂得很细，肉眼难以观察到；而大梁的中腹部，当腰筋配置过少过稀时，不足以帮助混凝土承受这部分拉力，就会发生沿梁长均匀分布的竖向裂缝。

7) 附加横向钢筋

附加横向钢筋设置在梁中有集中力（次梁）作用的位置两侧（图 3-19），数量由计算确定。附加横向钢筋包括附加箍筋（图 3-19a）和吊筋（图 3-19b、c），宜优先选用箍筋，也可采用吊筋加附加箍筋。

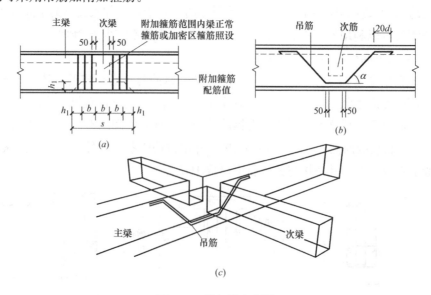

图 3-19　附加横向钢筋

附加箍筋和吊筋的总截面面积按下式计算：

$$F \leqslant 2f_y A_{sb} \sin\alpha + m \times n \times f_{yv} A_{sv1} \tag{3-1}$$

式中　F——由次梁传递的集中力设计值；

　　　f_y——附加吊筋的抗拉强度设计值；

　　　f_{yv}——附加箍筋的抗拉强度设计值；

　　　A_{sb}——单根附加吊筋的截面面积；

　　　A_{sv1}——附加单肢箍筋的截面面积；

　　　n——在同一截面内附加箍筋的肢数；

　　　m——附加箍筋的排数；

　　　α——附加吊筋与梁轴线间的夹角，一般为 45°，当梁高 $h > 800\text{mm}$ 时，采用 60°。

4. 梁的支承长度

梁的实际支承长度，除了应满足纵向受力钢筋在支座的锚固要求外，还要考虑支承它的构件局部受压承载力。梁支承在砖砌体上的长度 a 一般采用：当梁高 $h \leqslant 500\text{mm}$ 时，$a \geqslant 180\text{mm}$；当梁高 $h > 500\text{mm}$ 时，$a \geqslant 240\text{mm}$。

5. 梁内钢筋的锚固要求

1）纵向钢筋在梁简支支座内的锚固

钢筋混凝土简支梁和连续梁简支端的下部纵向受力钢筋，从支座边缘算起伸入梁支座内的锚固长度 l_{as}（图 3-20）应符合下列规定：

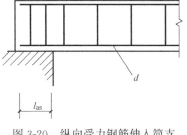

图 3-20　纵向受力钢筋伸入简支支座范围内的锚固

（1）当 $V \leqslant 0.7 f_t b h_0$ 时

$$l_{as} \geqslant 5d$$

当 $V > 0.7 f_t b h_0$ 时

带肋钢筋　　　　　　　　　$l_{as} \geqslant 12d$

光面钢筋　　　　　　　　　$l_{as} \geqslant 15d$

此处，d 为钢筋的最大直径。

（2）如纵向受力钢筋伸入梁支座范围内的锚固长度不符合上述要求时，应采取模块 2 中的纵向钢筋的机械锚固措施。

（3）支承在砌体结构上的钢筋混凝土独立梁，在纵向受力钢筋的锚固长度 l_{as} 范围内应配置不少于两个箍筋（图 3-20），其直径不宜小于纵向受力钢筋最大直径的 0.25 倍，间距不宜大于纵向受力钢筋最小直径的 10 倍；伸入梁支座范围内的纵向受力钢筋不应少于两根。

2）箍筋的锚固

箍筋在构件中的主要作用是抗剪，它本身是受拉钢筋，必须有良好的锚固。通常箍筋采用封闭式（图 3-21），箍筋末端采用 135°弯钩，弯钩端头直线段长度为 5d（d 为箍筋直径）（图 3-21a）。如果采用 90°弯钩，则箍筋受拉时弯钩会向外翘起，从而导致混凝土保护层崩裂。若梁两侧有楼板与梁整浇时，也可采用 90°弯钩，但弯钩端头直线段长度不小于 10 倍箍筋直径（图 3-21b、c）。受扭所需的箍筋应做成封闭式，末端应做成 135°弯钩，弯钩端头平直段长度不应小于 10d（图 3-21d），d 为箍筋直径。

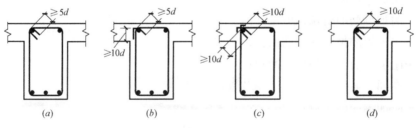

(a)　　　　　　(b)　　　　　　(c)　　　　　　(d)

图 3-21　箍筋的锚固

3.1.3　梁的正截面受弯承载力计算

钢筋混凝土梁的计算理论是建立在试验基础上的，通过试验可以了解钢筋混凝土梁的受力及破坏过程，确定梁在破坏时的截面应力分布，以便建立正截面受弯承载力计算公式。

1. 梁正截面破坏工程试验

根据工程试验，钢筋混凝土梁的正截面的破坏形态主要与纵向受拉钢筋的配筋多少（配筋率）有关，随着配筋率的不同，梁的正截面破坏特征也在发生本质的变化。配筋率是指纵向钢筋的截面面积 A_s 与构件截面的有效面积 bh_0 的比值，用 ρ 表示，即 $\rho = \frac{A_s}{bh_0}$；同时根据纵向受力钢筋的配筋率将梁分为超筋梁、适筋梁和少筋梁。下面将简述梁的三种破坏形态。

（1）适筋破坏（拉压破坏）

纵向受力钢筋的配筋率合适的梁称为适筋梁（图 3-22）。其破坏特征是：破坏开始时，受拉区的钢筋应力先达到屈服强度，之后钢筋应力进入屈服台阶，梁的挠度、裂缝随之增大，最终因受压区的混凝土达到其极限压应变被压碎而破坏。在这一阶段，梁的承载力基本保持不变而变形可以很大，在完全破坏以前具有很好的变形能力，破坏预兆明显，我们把这种破坏称为"延性破坏"。

延性破坏是设计钢筋混凝土构件的一个基本原则。受弯构件的正截面承载力计算的基本公式就是根据适筋梁破坏时的平衡条件建立的。

适筋梁的破坏

图 3-22　钢筋混凝土适筋梁的破坏形态

（2）超筋破坏（受压破坏）

纵向受力钢筋的配筋率过大的梁称为超筋梁（图 3-23）。由于其纵向受力钢筋过多，在钢筋没有达到屈服前，受压区混凝土就被压坏，表现为裂缝开展不宽，延伸不高，是没有明显预兆的混凝土受压脆性破坏的特征。

ZY3.5

超筋梁受弯试验

超筋梁虽配置过多的受拉钢筋，但破坏取决于混凝土的压碎，M_u 与钢筋强度无关，且钢筋受拉强度未得到充分发挥，破坏又没有明显的预兆，因此，在工程中应避免采用。

在适筋梁和超筋梁的破坏之间存在一种"界限"破坏，其破坏特征是受拉纵筋屈服的同时，受压区混凝土被压碎，此时的配筋率称为最大配筋率 ρ_{max}，见表 3-4。

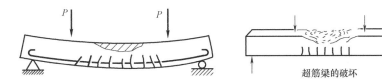

超筋梁的破坏

图 3-23　钢筋混凝土超筋梁的破坏形态

受弯构件的截面最大配筋率 ρ_{max}（%）　　　　　表 3-4

钢筋等级	混凝土强度等级			
	C20	C25	C30	C35
HPB300	2.048	2.539	3.051	3.563
HRB335	1.760	2.182	2.622	3.062
HRB400 HRBF400 RRB400	1.381	1.712	2.058	2.403
HRB500 HRBF500	1.064	1.319	1.585	1.850

（3）少筋破坏（瞬时受拉破坏）

纵向受力钢筋的配筋率很小时称为少筋梁（图 3-24）。当梁配筋较少时，受拉纵筋有可能在受压区混凝土开裂的瞬间就进入强化阶段甚至被拉断，其破坏与素混凝土梁类似，属于脆性破坏。少筋梁的这种受拉脆性破坏比超筋梁受压脆性破坏更为突然，不安全，而且也不经济，因此在建筑结构设计中不允许采用。

ZY3.6

少筋梁受弯试验

在适筋和少筋破坏之间也存在一种"界限"破坏。其屈服弯矩与开裂弯矩相等，此时的配筋率称为最小配筋率 ρ_{min}，钢筋混凝土构件中纵向受力钢筋的最小配筋率见表 3-5。

图 3-24　钢筋混凝土少筋梁的破坏形态

钢筋混凝土构件中纵向受力钢筋的最小配筋百分率 ρ_{min}　　表 3-5

受力类型		最小配筋百分率（%）
受压构件	全部纵向钢筋　强度级别 500N/mm²	0.50
	全部纵向钢筋　强度级别 400N/mm²	0.55
	全部纵向钢筋　强度级别 300N/mm²、335N/mm²	0.60
	一侧纵向钢筋	0.20
受弯构件、偏心受拉、轴心受拉构件一侧的受拉钢筋		0.20 和 $45f_t/f_y$ 中的较大值

注：1. 受压构件全部纵向钢筋最小配筋百分率，当采用当 C60 及以上强度等级的混凝土时，应按表中规定增大 0.10；

2. 板类受弯构件的受拉钢筋，当采用强度级别 400N/mm²、500N/mm² 的钢筋时，其最小配筋百分率应允许采用 0.15 和 f_t/f_y 中的较大值；

3. 偏心受拉构件中的受压钢筋，应按受压构件一侧纵向钢筋考虑；

4. 受压构件的全部纵向钢筋和一侧纵向钢筋的配筋率以及轴心受拉构件和小偏心受拉构件一侧受拉钢筋的配筋率应按构件的全截面面积计算；

5. 受弯构件、大偏心受拉构件、侧受拉钢筋的配筋率应按全截面面积扣除受压翼缘面积 (b_f-b) h'_f 后的截面面积计算；

6. 当钢筋沿构件截面周边布置时，"一侧纵向钢筋"系指沿受力方向两个对边中的一边布置的纵向钢筋。

2. 单筋矩形截面梁正截面承载力计算

由力学知识可知：梁在弯矩作用下，一侧受拉，另一侧受压；受拉区拉力由纵筋承担，受压区压力由混凝土承担或由混凝土和纵筋共同承担。当只在受拉区配置受拉纵筋时，其截面被称为单筋截面，如图 3-25 所示；当在受拉区和受压区均配置纵筋时，其截面被称为双筋截面。下面将主要介绍单筋矩形截面适筋梁正截面承载力计算的基本公式、使用条件及应用。

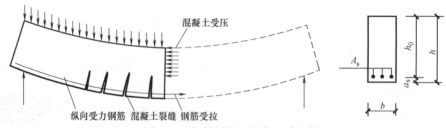

图 3-25　钢筋混凝土梁截面受力简图

1）基本公式

如图 3-26 所示，单筋矩形截面适筋梁在弯矩 M 作用下，其下部受拉，拉力由受拉纵筋承担；上部受压，压力由混凝土承担。

在截面即将破坏时其处于平衡状态，根据力的平衡可知，所有各力在水平轴方向的合力为零，即得式（3-2）；根据所有各力对截面上任何一点的合力矩为零，当对受拉区纵向受力钢筋的合力作用点取矩，即得式（3-3a）；当对受压区混凝土压应力的合力作用点取矩时，即得式（3-3b）。

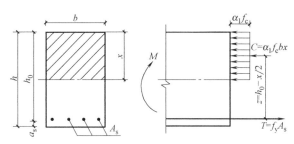

图 3-26 单筋矩形截面适筋梁计算简图

$$\sum X = 0 \qquad \alpha_1 f_c b x = f_y A_s \tag{3-2}$$

$$\sum M_s = 0 \qquad M \leqslant M_u = \alpha_1 f_c b x (h_0 - x/2) \tag{3-3a}$$

$$\sum M_c = 0 \qquad M \leqslant M_u = f_y A_s (h_0 - x/2) \tag{3-3b}$$

式中　b——矩形截面宽度（mm）；

　　　A_s——纵向受拉钢筋的截面面积（mm²）；

　　　M_u——梁截面极限受弯承载力设计值（kN·m）；

　　　M——计算截面弯矩设计值（kN·m）；

　　　α_1——受压混凝土的简化应力系数，取值见表 3-6；

　　　f_c——混凝土轴心抗压强度设计值（N/mm²）；

　　　f_y——钢筋抗拉强度设计值（N/mm²）；

　　　x——受压区高度（mm）；

　　　h_0——截面有效高度（mm）。

受压混凝土的简化应力图形系数 α_1

表 3-6

混凝土强度等级	≤C50	C55	C60	C65	C70	C75	C80
α_1 值	1.0	0.99	0.98	0.97	0.96	0.95	0.94

2）基本公式的适用条件

（1）为了防止梁发生少筋破坏，要求构件的配筋率 ρ 不应小于最小配筋率 ρ_{min}。即：

$$\rho \geqslant \rho_{min} \tag{3-4}$$

（2）为了防止梁发生超筋破坏，要求构件的配筋率 ρ 不应高于最大配筋率 ρ_{max}。即：

$$\rho \leqslant \rho_{max} \tag{3-5}$$

① 相对受压区高度 ξ 及界限相对受压区高度 ξ_b

由公式（3-2）等号左右两侧均除以 $f_y b h_0$ 可得：

$$\frac{\alpha_1 f_c}{f_y} \cdot \frac{x}{h_0} = \frac{A_s}{b h_0} = \rho$$

定义受压区高度 x 与截面有效高度 h_0 的比值为混凝土的相对受压区高度，用 ξ 表示，即 $\xi=x/h_0$。当配筋率为最大配筋率 ρ_{max} 时，相对受压区高度也达到最大值，用 ξ_b 表示，上式用公式（3-6a）表达：

$$\rho_{max}=\frac{A_{smax}}{bh_0}=\xi_b\frac{\alpha_1 f_c}{f_y} \tag{3-6a}$$

定义 ξ_b 为界限相对受压区高度，指梁正截面界限破坏时截面相对受压区高度，具体数值见表 3-7。

防止梁发生超筋破坏的条件（3-5）也可以用 $\xi\leqslant\xi_b$ $\qquad\qquad$ (3-6b)

或 $\quad x\leqslant x_b=\xi_b h_0$ $\qquad\qquad$ (3-6c)

或 $\quad \alpha_s\leqslant\alpha_{s,max}$ $\qquad\qquad$ (3-6d)

ξ_b 和 $\alpha_{s,max}$ 表 3-7

混凝土强度等级		$\leqslant$C50	C60	C70	C80
HPB300 钢筋	ξ_b	0.576	0.556	0.537	0.518
	$\alpha_{s,max}$	0.410	0.402	0.393	0.384
HRB335 钢筋	ξ_b	0.550	0.531	0.512	0.493
	$\alpha_{s,max}$	0.399	0.390	0.381	0.372
HRB400 钢筋 HRBF400 钢筋 RRB400 钢筋	ξ_b	0.518	0.499	0.481	0.463
	$\alpha_{s,max}$	0.384	0.375	0.365	0.356
HRB500 钢筋 HRBF500 钢筋	ξ_b	0.482	0.464	0.447	0.429
	$\alpha_{s,max}$	0.366	0.357	0.347	0.337

② 截面的抵抗矩系数 α_s 及内力臂系数 γ_s

把 $x=\xi h_0$ 代入式（3-3a）中，可得：

$$M_u=\alpha_1 f_c bx\left(h_0-\frac{x}{2}\right)=\alpha_1 f_c b\xi h_0\left(h_0-\frac{\xi h_0}{2}\right)=\alpha_1 f_c bh_0^2\xi(1-0.5\xi)$$

令 $\alpha_s=\xi(1-0.5\xi)$，称 α_s 为截面的抵抗矩系数；此时，$\xi=1-\sqrt{1-2\alpha_s}$。当 $\xi=\xi_b$ 时，$\alpha_s=\alpha_{s,max}$，见表 3-7，所以防止梁发生超筋破坏的条件也可以写成下式：$\alpha_s\leqslant\alpha_{s,max}$。

把 $x=\xi h_0$ 代入式（3-3b）中，可得：

$$M_u=A_s f_y\left(h_0-\frac{x}{2}\right)=A_s f_y h_0(1-0.5\xi)$$

令 $\gamma_s=1-0.5\xi$，称 γ_s 为内力臂系数，同时，$\gamma_s=0.5(1+\sqrt{1-2\alpha_s})$。

正截面承载力计算公式中涉及求解一元二次方程，所以实际工程中为方便计算通常采用查表法。相对受压区高度 ξ、截面的抵抗矩系数 α_s 及内力臂系数 γ_s 的相互换算关系也可查表 3-8。

矩形和 T 形截面受弯构件正截面强度计算表   表 3-8

ξ	γ_s	α_s	ξ	γ_s	α_s
0.01	0.995	0.010	0.31	0.845	0.262
0.02	0.990	0.020	0.32	0.840	0.269
0.03	0.985	0.030	0.33	0.835	0.276
0.04	0.980	0.039	0.34	0.830	0.282
0.05	0.975	0.049	0.35	0.825	0.289
0.06	0.970	0.058	0.36	0.820	0.295
0.07	0.965	0.068	0.37	0.815	0.302
0.08	0.960	0.077	0.38	0.810	0.308
0.09	0.955	0.086	0.39	0.805	0.314
0.10	0.950	0.095	0.40	0.800	0.320
0.11	0.945	0.104	0.41	0.795	0.326
0.12	0.940	0.113	0.42	0.790	0.332
0.13	0.935	0.122	0.43	0.785	0.338
0.14	0.930	0.130	0.44	0.780	0.343
0.15	0.925	0.139	0.45	0.775	0.349
0.16	0.920	0.147	0.46	0.770	0.354
0.17	0.915	0.156	0.47	0.765	0.360
0.18	0.910	0.164	0.48	0.760	0.365
0.19	0.905	0.172	0.49	0.755	0.370
0.20	0.900	0.180	0.50	0.750	0.375
0.21	0.895	0.188	0.51	0.745	0.380
0.22	0.890	0.196	0.52	0.740	0.385
0.23	0.885	0.204	0.53	0.735	0.390
0.24	0.880	0.211	0.54	0.730	0.394
0.25	0.875	0.219	0.55	0.725	0.399
0.26	0.870	0.226	0.56	0.720	0.403
0.27	0.865	0.234	0.57	0.715	0.408
0.28	0.860	0.241	0.58	0.710	0.412
0.29	0.855	0.248	0.59	0.705	0.416
0.30	0.850	0.255	0.60	0.700	0.420

3）应用

基本公式（3-3a）及（3-3b）经上述变换后，可写成

$$M \leqslant M_u = \alpha_1 \alpha_s f_c b h_o^2 \tag{3-3c}$$

$$M \leqslant M_u = f_y A_s r_{sho} \tag{3-3d}$$

单筋矩形截面梁正截面承载力计算主要包括：设计题—配置梁的纵向受拉钢筋和截面校核两个方面。配置梁的纵向受拉钢筋最终要确定纵筋的直径、根数等，不但要符合计算公式还要符合梁中纵筋的构造要求；截面校核是指在已知纵筋等截面信息时校核其正截面承载力是否符合要求，即安全性问题。

（1）设计题—配置梁的纵向受拉钢筋

已知：梁截面尺寸 $b \times h$；由荷载产生的弯矩设计值 M；混凝土强度等级；钢筋级别。求所需受拉钢筋截面面积 A_s。其配置受拉纵筋的计算步骤如下，也可用框图 3-27 表示。

① 确定截面有效高度（h_o 的取值见图 3-10）$h_o = h - a_s$；

② 由公式（3-3c）计算截面的抵抗矩系数 α_s：

$$\alpha_s = \frac{M}{\alpha_1 f_c b h_o^2} \leqslant \alpha_{s,max} \tag{3-7}$$

③ 求内力臂系数 γ_s 或相对受压区高度 ξ：

$$\gamma_s = 0.5(1 + \sqrt{1-2\alpha_s}) \qquad (3\text{-}8a)$$

$$\text{或}\ \xi = 1 - \sqrt{1-2\alpha_s} \qquad (3\text{-}8b)$$

求 γ_s 或 ξ 时，可根据上式计算，也可查表 3-8 进行计算。

④ 求钢筋面积 A_s：

由公式（3-3d）得

$$A_s = \frac{M}{\gamma_s f_y h_0} \qquad (3\text{-}9a)$$

或由公式（3-2）得

$$A_s = \xi b h_0 \frac{\alpha_1 f_c}{f_y} \qquad (3\text{-}9b)$$

⑤ 配置纵向受拉钢筋：

根据计算所需的钢筋面积 A_s 值，查表 3-9（钢筋计算截面面积表），确定梁中纵向受力钢筋的直径和根数，同时应符合相应的构造要求。

特别提示

钢筋配筋计算中，理论上实际配筋与计算钢筋面积的误差在 $\pm 5\%$ 范围内。

钢筋的公称截面面积及理论重量　　　　　　　　　表 3-9

直径 d(mm)	不同根数钢筋的计算截面面积(mm²)									单根钢筋公称质量(kg/m)
	1	2	3	4	5	6	7	8	9	
6	28.3	57	85	113	142	170	198	226	255	0.222
8	50.3	101	151	201	252	302	352	402	453	0.395
10	78.5	157	236	314	393	471	550	628	707	0.617
12	113.1	226	339	452	565	678	791	904	1017	0.888
14	153.9	308	461	615	769	923	1077	1230	1387	1.21
16	201.1	402	603	804	1005	1206	1407	1608	1809	1.58
18	254.5	509	763	1017	1272	1526	1780	2036	2290	2.00(2.11)
20	314.2	628	941	1256	1570	1884	2200	2513	2827	2.47
22	380.1	760	1140	1520	1900	2281	2661	3041	3421	2.98
25	490.9	982	1473	1964	2454	2945	3436	3927	4418	3.85(4.10)
28	615.3	1232	1847	2463	3079	3695	4310	4926	5542	4.83
32	804.3	1609	2418	3217	4021	4826	5630	6434	7238	6.31(6.65)
36	1017.9	2036	3054	4072	5089	6107	7125	8143	9161	7.99
40	1256.1	2513	3770	5027	6283	7540	8796	10053	11310	9.87(10.34)
50	1963.5	3928	5892	7856	9820	11784	13748	15712	17676	15.42(16.28)

注：括号内为预应力螺纹钢筋的数值。

⑥ 验算最小配筋率：

受拉纵筋的配筋率应符合最小配筋率要求，即 $\rho \geqslant \rho_{min}$，此时计算配筋率应取用梁高 h 而不是梁的有效高度 h_0，即 $\rho = A_s/bh$。

在一定范围内配筋率 ρ 大，说明截面钢筋数量多，构件的承载力会随之增大。但过多或过少的钢筋都会使构件发生脆性破坏，是设计应避免的。配筋率 ρ 在经济配筋率范围波动时，对总造价影响不大。板的经济配筋率约为 $0.3\% \sim 0.8\%$，单筋矩形梁的经

济配筋率约为 $0.6\% \sim 1.5\%$，T 形截面梁为 $0.9\% \sim 1.8\%$。

⑦ 画配筋图（图 3-27）

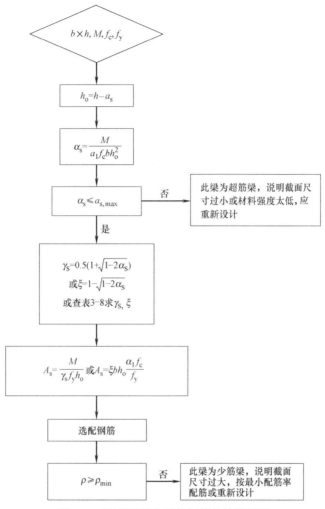

图 3-27　配置梁纵向受拉钢筋的计算框图

例 3-1：一钢筋混凝土矩形截面简支梁计算跨度 $l_0 = 6.0\mathrm{m}$，截面尺寸 $b \times h = 250\mathrm{mm} \times 600\mathrm{mm}$，承受均布荷载标准值 $g_k = 15\mathrm{kN/m}$（不含自重），均布活载标准值 $q_k = 20\mathrm{kN/m}$，$\psi_c = 0.7$，环境类别为一类（保护层厚 20mm），材料选择 C30 混凝土，HRB500 钢筋。试确定该梁的纵向受拉钢筋。

解：①确定计算参数

C30 级混凝土：查表 2-5 得 $f_c = 14.3\mathrm{N/mm^2}$，$f_t = 1.43\mathrm{N/mm^2}$；

HRB500 级钢筋：查表 2-3 得 $f_y = 435\mathrm{N/mm^2}$；

查表 3-7 得 $\alpha_{s,\max} = 0.366$；

查表 3-1 得 $h_0 = 600 - 40 = 560\mathrm{mm}$；

查表 3-6 得 $\alpha_1 = 1.0$。

② 确定荷载标准值

恒载标准值：$g_k=15+0.25\times0.6\times25=18.75\text{kN/m}$

活载标准值：$q_k=20\text{kN/m}$

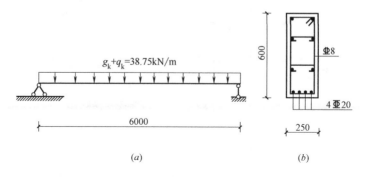

图 3-28　计算简图及配筋图

（a）计算简图；（b）配筋图

③ 确定梁跨中截面弯矩设计值

$$M_{gk}=\frac{1}{8}g_kl^2=\frac{1}{8}\times18.75\times6^2=84.375\text{kN}\cdot\text{m}$$

$$M_{qk}=\frac{1}{8}q_kl^2=\frac{1}{8}\times20\times6^2=90\text{kN}\cdot\text{m}$$

一般构件 $\gamma_0=1.0$，查表 1-13 得 γ_G、γ_Q、ψ_c 的取值。

$$M=\gamma_0(\gamma_G M_{gk}+\gamma_Q M_{qk})=1.0\times(1.3\times84.375+1.5\times90)=244.688\text{kN}\cdot\text{m}$$

④ 确定计算系数 α_s 和 γ_s

$$\alpha_s=\frac{M}{\alpha_1 f_c bh_0^2}=\frac{244.688\times10^6}{1.0\times14.3\times250\times560^2}=0.218<\alpha_{s,max}=0.366\quad（梁不会发生超筋破坏）$$

$$\gamma_s=0.5(1+\sqrt{1-2\alpha_s})=0.5\times(1+\sqrt{1-2\times0.218})=0.876$$

⑤ 确定钢筋面积 A_s

$$A_s=\frac{M}{f_y h_0 r_s}=\frac{244.688\times10^6}{435\times560\times0.876}=1147\text{mm}^2$$

查表 3-9，选用 4Φ20，$A_{s实}=1256\text{mm}^2$

钢筋净距：$s=\dfrac{250-2\times20-2\times8-4\times20}{3}=38\text{mm}>25\text{mm}$，符合要求。

⑥ 验算最小配筋率，查表 3-5 得：

$$\rho_{min}=\max\left(0.2\%,0.45\frac{f_t}{f_y}\right)=\max\left(0.2\%,0.45\times\frac{1.43}{435}\right)=0.2\%$$

$$\rho=\frac{A_s}{bh}\times100\%=\frac{1140}{250\times600}\times100\%=0.76\%>0.2\%$$

梁不会发生少筋破坏，满足要求。

⑦ 绘制配筋简图，如图 3-28（b）所示。

施工相关知识

在施工中如果遇到钢筋品种或规格与设计要求不符时，征得设计单位同意，可按下列方法进行代换。

1. 等强度代换 构件配筋受强度控制时，按代换前后强度相等的原则进行代换。

2. 等面积代换 构件按最小配筋率配筋时，按代换前后面积相等的原则进行代换。

钢筋代换后，应满足混凝土结构设计规范所规定的钢筋最小直径、间距、根数、锚固长度等要求。

进行钢筋代换时除了必须满足强度要求外，还需注意钢筋强度和直径对构件裂缝宽度的影响，若是用强度高的钢筋代换强度低的钢筋，因钢筋强度提高其数量必定减小，从而导致钢筋应力增加；或是用直径粗的钢筋代换直径细的钢筋，都会使构件的裂缝宽度增大，这是应该注意的。

（2）截面校核

截面校核是指在已知材料强度（f_c，f_y，α_1）、截面尺寸（$b \times h$）、钢筋截面面积 A_s 的条件下，计算梁的受弯承载力设计值 M_u 或验算构件是否安全的问题，其计算步骤可用框图 3-29 表示。

例 3-2：某单筋矩形截面梁截面尺寸及配筋如图 3-30 所示，弯矩设计值 $M = 80$kN·m，混凝土强度等级为 C35，HRB400 级钢筋，环境类别为一类。验算此梁正截面是否安全。

解：① 确定计算参数

C35 混凝土：查表 2-5 得 $f_c = 16.7$N/mm²；$f_t = 1.57$N/mm²

HRB400 级钢筋：查表 2-3 得 $f_y = 360$N/mm²；

4Φ16 的钢筋截面面积：查表 3-9 得 $A_s = 804$mm²；

查表 3-7 得 $\xi_b = 0.518$；

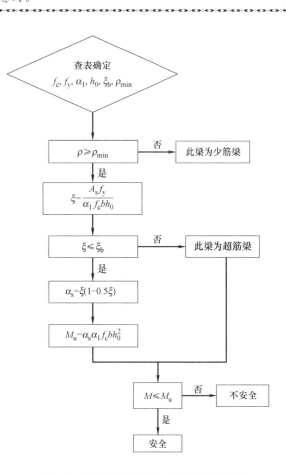

查表确定
f_c, f_y, α_1, h_0, ξ_b, ρ_{min}

$\rho \geqslant \rho_{min}$ —否→ 此梁为少筋梁

是↓

$\xi = \dfrac{A_s f_y}{\alpha_1 f_c b h_0}$

$\xi \leqslant \xi_b$ —否→ 此梁为超筋梁

是↓

$\alpha_s = \xi(1 - 0.5\xi)$

$M_u = \alpha_s \alpha_1 f_c b h_0^2$

$M \leqslant M_u$ —否→ 不安全

是↓

安全

图 3-29 梁正截面承载力校核的计算框图

表 3-1 得 $h_0 = 450 - 40 = 410mm$；

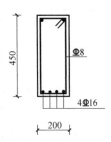

图 3-30　梁截面配筋图

查表 3-6 得 $\alpha_1 = 1.0$。

② 确定截面相对受压区高度 ξ

$$\xi = \frac{f_y A_s}{\alpha_1 f_c b h_0} = \frac{360 \times 804}{1.0 \times 16.7 \times 200 \times 410} = 0.211 < \xi_b = 0.518（不超筋）$$

③ 验算最小配筋率，查表 3-5 得：

$$\rho_{min} = \max\left(0.2\%, 0.45\frac{f_t}{f_y}\right) = \max\left(0.2\%, 0.45 \times \frac{1.57}{360}\right) = 0.2\%$$

$$\rho = \frac{A_s}{bh} \times 100\% = \frac{804}{200 \times 450} \times 100\% = 0.893\% > 0.2\%，不$$

少筋。

④ 确定截面抵抗矩系数 α_s

$$\alpha_s = \xi(1 - 0.5\xi) = 0.211 \times (1 - 0.5 \times 0.211) = 0.189$$

⑤ $M_u = \alpha_s \alpha_1 f_c b h_0^2 = 0.189 \times 1.0 \times 16.7 \times 200 \times 410^2 = 106.115 \times 10^6 N \cdot mm$

$$= 106.115 kN \cdot m > M = 80 kN \cdot m$$

∴ 此梁正截面安全

特别提示

如欲提高截面的抗弯能力 M_u，应优先考虑加大截面高度 h，其次是提高受拉钢筋的强度等级（f_y）或加大钢筋的数量（A_s）。而加大截面宽度 b 或提高混凝土的强度等级（f_c）效果不明显，一般不予采用。

3. T 形截面梁正截面承载力计算

矩形截面梁具有构造简单和施工方便等优点，但由于梁受拉区混凝土开裂退出工作，实际上受拉区混凝土的作用未能得到充分发挥。

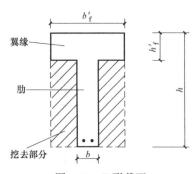

图 3-31　T 形截面

如挖去部分受拉区混凝土，并将钢筋集中放置，就形成了由梁肋和位于受压区的翼缘所组成的 T 形截面。梁的截面由矩形变成 T 形，并不会影响其受弯承载力的降低，却能达到节省混凝土、减轻结构自重、降低造价的目的，如图 3-31 所示中，T 形截面的两侧伸出部分称为翼缘，其宽度为 b'_f，厚度为 h'_f；中间部分称为肋或腹板，肋宽为 b，肋高为 $h - h_f$。

T 形截面梁在工程中的应用非常广泛，如 T 形截面吊车梁（图 3-32a）、箱型截面桥梁（图 3-32b）、大型屋面板（图 3-32c）和空心板（图 3-32d）等。

在现浇整体式肋梁楼盖中，梁和板是在一起整浇的，也形成 T 形截面梁，如图3-33所示。它跨中截面往往承受正弯矩，梁下部受拉，翼缘受压，故按 T 形截面计算，而支座截面往往承受负弯矩，翼缘受拉开裂。此时不再考虑混凝土承担拉力，因此对支座

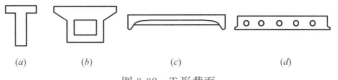

图 3-32 T 形截面

截面应按肋宽为 b 的矩形截面计算，形状类似于倒 T 形截面梁。

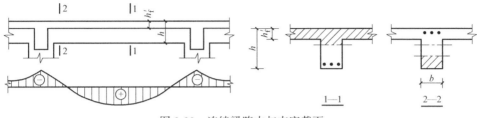

图 3-33 连续梁跨中与支座截面

1）翼缘计算宽度的概念

在计算中，为简便起见，假定只在翼缘一定宽度范围内受有压应力，且均匀分布，该范围以外的部分不起作用，这个宽度称为翼缘计算宽度，T 形、I 形及倒 L 形截面受弯构件可根据表 3-10 计算并取各项中的较小值。

T 形、I 形及倒 L 形截面受弯构件翼缘计算宽度 b_f'　　　表 3-10

考虑情况		T 形截面	倒 L 形截面	
		肋形梁（板）	独立梁	肋形梁（板）
按计算跨度 l_0 考虑		$\frac{1}{3}l_0$	$\frac{1}{3}l_0$	$\frac{1}{6}l_0$
按梁（肋）净距 S_n 考虑		$b+S_n$	—	$b+\frac{1}{2}S_n$
按翼缘高度 h_f' 考虑	当 $h_f'/h_0 \geqslant 0.1$	—	$b+12h_f'$	—
	当 $0.1 < h_f'/h_0 \geqslant 0.05$	$b+12h_f'$	$b+6h_f'$	$b+5h_f'$
	当 $h_f'/h_0 < 0.05$	$b+12h_f'$	b	$b+5h_f'$

注：1. 表中 b 为梁的腹板宽度；

2. 如肋形梁在梁跨内设有间距小于纵肋间距的横肋时，则可不遵守表列第三种情况的规定；

3. 对有加腋的 T 形和 L 形截面，当受压区加腋高度 $h_h \geqslant h_f'$ 且加腋的宽度 $h_h \geqslant 3h_f'$ 时，则其翼缘计算高度可按表列第三种情况规定分别增加 $2b_h$（T 形截面）和 b_h（倒 L 形截面）；

4. 独立梁受压区的翼缘板载荷作用下经验算沿纵肋方向可能产生裂缝时，其计算宽度应取腹板跨度 b。

2）T 形截面的分类及判别

① T 形截面的分类

T 形截面受弯构件，按受压区的高度不同，可分为下述两种类型：

第一类 T 形截面：中和轴在翼缘内，即 $x \leqslant h_f'$（图 3-34a）；

第二类 T 形截面：中和轴在梁肋部，即 $x > h_f'$（图 3-34b）。

② T 形截面的判别

第一、二类 T 形截面的判别条件是以 $x = h_f'$ 时的界限状态对应的平衡状态作为依据，如图 3-35 所示。

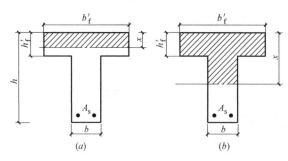

图 3-34　各类 T 形截面中和轴的位置

(a) 第一类 T 形截面；(b) 第二类 T 形截面

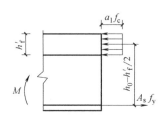
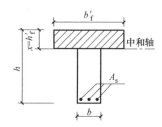

图 3-35　界限状态

判别条件分两种情况：

a 截面设计时：

当 $M \leqslant \alpha_1 f_c b'_f h'_f \left(h_0 - \dfrac{h'_f}{2} \right)$，为第一类 T 形截面；

当 $M > \alpha_1 f_c b'_f h'_f \left(h_0 - \dfrac{h'_f}{2} \right)$，为第二类 T 形截面。

b 截面校核时：

当 $A_s f_y \leqslant \alpha_1 f_c b'_f h'_f$，为第一类 T 形截面；

当 $A_s f_y > \alpha_1 f_c b'_f h'_f$，为第二类 T 形截面。

3）第一类 T 形截面梁的正截面受弯承载力计算

由于第一类 T 形截面梁的中性轴在翼缘内，在计算截面的正截面承载力时，不考虑受拉区混凝土参加受力，因此，第一类 T 形截面相当于宽度 $b = b'_f$ 的矩形截面，可用 b'_f 代替 b 按矩形截面的相关公式计算，第一类 T 型截面在实际工程中应用较多。

特别提示

当需要对 T 形截面梁翼缘配置箍筋时，其配置方式如图 3-36 所示。

图 3-36　T 形截面梁的箍筋配置

4. 双筋矩形截面

双筋截面指的是在受压区配有受压钢筋，受拉区配有受拉钢筋的截面（图 3-37）。压力由混凝土和受压钢筋共同承担，拉力由受拉钢筋承担。受压钢筋可以提高构件截面的延性，并可减少构件在荷载作用下的变形，但用钢量较大，因此，一般情况下采用钢筋来承担压力是不经济的，但遇到下列情况之一可考虑采用双筋截面。

1）截面所承受的弯矩较大，且截面尺寸和材料品种等由于某种原因不能改变，此时，若采用单筋则会出现超筋现象。

2）同一截面在不同荷载组合下出现正、反号弯矩。

3）构件的某些截面由于某种原因，在截面的受压区预先已经布置了一定数量的受力钢筋（如连续梁的某些支座截面）。

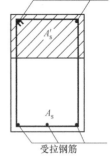

3.1.4　梁的斜截面受剪承载力计算

图 3-37　双筋矩形截面

一般而言，梁在荷载作用下不仅会引起弯矩 M，同时还产生剪力 V。试验研究和工程实践表明，在钢筋混凝土梁某些区段常常产生斜裂缝，并可能沿斜截面发生破坏。斜截面破坏往往带有脆性破坏的性质，缺乏明显的预兆，所以，钢筋混凝土梁除应进行正截面承载力计算外，还须对弯矩和剪力共同作用的区段进行斜截面承载力计算。

梁的斜截面承载力包括斜截面受剪承载力和斜截面受弯承载力。在实际工程中，斜截面受剪承载力通过计算配置腹筋来保证，而斜截面受弯承载力则通过构造措施来保证。

> **特别提示**
>
> 　腹筋包括：弯起钢筋和箍筋；由于弯起钢筋施工较麻烦，实际工程中多用箍筋来进行抗剪。

1. 有腹筋梁斜截面破坏工程试验

影响梁的斜截面破坏形态有很多因素，其中最主要的两项是剪跨比 λ 的大小和配置箍筋的多少。

1）剪跨比 λ 的定义

对于承受集中荷载的梁：第一个集中荷载作用点到支座边缘之距 a（剪跨跨长）与截面的有效高度 h_0 之比称为剪跨比 λ，即 $\lambda = a/h_0$，如图 3-38 所示。

广义剪跨比 $\lambda = M/Vh_0$。（如果以 λ 表示剪跨比，集中荷载作用下的梁某一截面的剪跨比等于该截面的弯矩值与截面的剪力值和有效高度乘积之比）。

2）箍筋配箍率 ρ_{sv}

箍筋配箍率是指箍筋截面面积与截面宽度和箍筋间距乘积的比值，计算公式为：

$$\rho_{sv} = \frac{A_{sv}}{bs} = \frac{nA_{sv1}}{bs} \tag{3-10}$$

式中　A_{sv}——配置在同一截面（图 3-39）内箍筋各肢的全部截面面积（mm^2）；

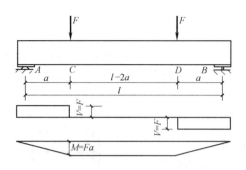

图 3-38　集中加载的钢筋混凝土简支梁

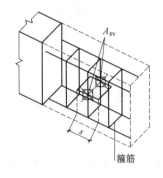

图 3-39　梁箍筋配筋示意图

$A_{sv} = nA_{sv1}$；

n——同一截面内箍筋肢数；

A_{sv1}——单肢箍筋的截面面积（mm^2）；

b——矩形截面的宽度，T 形、I 字形截面的腹板宽度（mm）；

s——箍筋间距（mm）。

3）梁斜截面破坏的三种破坏形态

梁斜截面破坏随着剪跨比和配箍率的不同主要有三种破坏形态：剪压破坏、斜压破坏和斜拉破坏。

（1）剪压破坏（图 3-40a）：这种破坏多发生在截面尺寸合适、箍筋配置适当且剪跨比适中（$1 \leqslant \lambda \leqslant 3$）时的破坏状态。

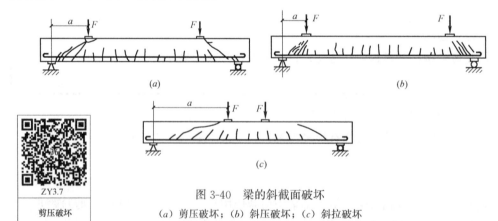

图 3-40　梁的斜截面破坏

（a）剪压破坏；（b）斜压破坏；（c）斜拉破坏

剪压破坏的破坏过程：随着荷载的增加，截面出现多条斜裂缝，其中一条延伸长度较大，开展宽度较宽的斜裂缝，称为"临界斜裂缝"，破坏时，与临界斜裂缝相交的箍筋首先达到屈服强度。最后，由于斜裂缝顶端剪压区的混凝土在压应力、剪应力共同作用下达到剪压复合受力时的极限强度而破坏。

为防止梁发生剪压破坏，通常在梁中配置与梁轴线垂直的箍筋以承受梁内剪力的作用，梁的斜截面承载力计算公式是在剪压破坏的基础上建立的。

（2）斜压破坏（图3-40b）：这种破坏多发生在剪力大而弯矩小的区段，即剪跨比λ较小（λ＜1）时，或剪跨比适中但箍筋配置过多（配箍率ρ_{sv}较大）时，以及腹板宽度较窄的T形或I字形截面。

斜压破坏的破坏过程：首先在梁腹部出现若干条平行的斜裂缝，随着荷载的增加，梁腹部被这些斜裂缝分割成若干个斜向短柱，最后这些斜向短柱由于混凝土达到其抗压强度而破坏。

这种破坏的承载力主要取决于混凝土强度及截面尺寸，而破坏时箍筋的应力往往达不到屈服强度，钢筋的强度不能充分发挥，且破坏属于脆性破坏，故在设计中应避免，一般通过验算梁的最小截面尺寸来防止斜压破坏。

ZY3.8

斜压破坏

（3）斜拉破坏（图3-40c）：这种破坏多发生在剪跨比λ较大（λ＞3）时，或箍筋配置过少（配箍率ρ_{sv}较小）时。

斜拉破坏的破坏过程：一旦梁腹部出现斜裂缝，很快就形成临界斜裂缝，与其相交的梁腹筋随即屈服，箍筋对斜裂缝开展的限制已不起作用，导致斜裂缝迅速向梁上方受压区延伸，梁将沿斜裂缝裂成两部分而破坏。

ZY3.9

斜拉破坏

因为斜拉破坏的承载力很低，并且一裂即坏，故属于脆性破坏。为了防止发生剪跨比较大时的斜拉破坏，箍筋的配置应不小于最小配箍率，最小配箍率可用下式计算：

$$\rho_{sv,min} = \left(\frac{A_{sv}}{bs}\right)_{min} = 0.24\frac{f_t}{f_{yv}} \qquad (3-11)$$

式中 f_t——混凝土的抗拉强度设计值（N/mm²）；

f_{yv}——箍筋的抗拉强度设计值（N/mm²）。

2. 仅配箍筋时梁的斜截面受剪承载力计算基本公式

对于矩形、T形、I字形截面的一般受弯构件：

$$V \leqslant V_{cs} = 0.7f_t bh_0 + f_{yv}\frac{A_{sv}}{s}h_0 \qquad (3-12a)$$

对承受集中荷载作用为主的独立梁或对集中荷载作用下（包括作用有多种荷载，其中集中荷载对支座截面或节点边缘所产生的剪力值占总剪力的75%以上的情况）的独立梁：

$$V \leqslant V_{cs} = \frac{1.75}{\lambda+1}f_t bh_0 + f_{yv}\frac{A_{sv}}{s}h_0 \qquad (3-12b)$$

式中 V——梁的剪力设计值（N/mm²）；

剪跨比λ＜1.5时，取λ＝1.5；当λ＞3时，取λ＝3。

091

知识链接 剪力设计值的计算截面

对于实际工程中的梁，截面尺寸可能发生变化（变截面梁），又比如箍筋直径、面积也可能发生变化，所以斜截面承载力计算时如何选取危险截面呢？

一般来讲，支座边缘处的截面、箍筋截面面积或间距改变处以及截面尺寸改变处的截面均为剪力设计值的计算截面。

3. 公式的适用条件

1）防止斜压破坏（验算梁的最小截面尺寸）

对于矩形、T形和I形截面的受弯构件，需符合下列条件：

当 $\frac{h_w}{b} \leqslant 4$ 时（即一般梁）

$$V \leqslant 0.25\beta_c f_c bh_0 \tag{3-13}$$

当 $\frac{h_w}{b} \geqslant 6$ 时（即薄腹梁）

$$V \leqslant 0.2\beta_c f_c bh_0 \tag{3-14}$$

当 $4 < \frac{h_w}{b} < 6$ 时

$$V \leqslant 0.025\left(14 - \frac{h_w}{b}\right)\beta_c f_c bh_0 \tag{3-15}$$

式中 β_c——混凝土强度影响系数，当混凝土强度等级≤C50时，$\beta_c=1.0$；当混凝强度等级为C80时，$\beta_c=0.8$；具体取值参照表3-11。

混凝土强度影响系数 β_c 表 3-11

混凝土强度等级	≤C50	C55	C60	C65	C70	C75	C80
β_c	1.0	0.97	0.93	0.9	0.87	0.83	0.8

2）防止斜拉破坏（验算梁的最小配箍率）

$$\rho_{sv} \geqslant \rho_{sv,min} \tag{3-16}$$

4. 梁斜截面承载力的计算

梁斜截面承载力的计算主要包括：配置梁的箍筋和截面校核两个方面。配置梁的箍筋最终要确定箍筋的直径、根数、间距等，其不但要符合计算公式、适用条件，还要符合梁中箍筋的构造要求；截面校核是指在已知箍筋等截面信息时校核其斜截面承载力是否符合要求，即安全性问题。

1）设计题——配置箍筋

已知：梁截面尺寸 $b \times h$；由荷载产生的剪力设计值 V；混凝土强度等级；箍筋级别，要求配置箍筋。配置箍筋的计算步骤如下：

（1）验算截面尺寸，如果不满足式（3-13）（或式3-14、式3-15），说明截面尺寸过小，应重新确定截面尺寸，或增大混凝土的强度等级。

（2）是否需要按构造配置箍筋

当满足 $V \leqslant V_c$ 时可按构造配置箍筋，即按箍筋最小配箍率 $\rho_{sv,min}$ 配置箍筋，同时满足箍筋肢数、最小直径 d_{min}（表 3-2）及最大间距 s_{max}（表 3-3）的规定。

若不符合上述条件，则需要按计算配置箍筋。

（3）按公式计算配置箍筋

$$\frac{nA_{sv1}}{s} = \frac{A_{sv}}{s} \geqslant \frac{V - 0.7 f_t b h_0}{f_{yv} h_0} \tag{3-17a}$$

$$\text{或} \frac{nA_{sv1}}{s} = \frac{A_{sv}}{s} \geqslant \frac{V - \dfrac{1.75}{\lambda+1} f_t b h_0}{f_{yv} h_0} \tag{3-17b}$$

（4）根据构造要求，先确定箍筋肢数（n）及箍筋直径（d），带入式（3-17a）或式（3-17b）求出箍筋间距 s，同时满足箍筋最大间距 s_{max} 要求。

（5）验算最小配箍率：$\rho_{sv} \geqslant \rho_{sv,min}$

例 3-3：在图 3-41 中的钢筋混凝土梁，承受均布荷载，荷载设计值 $q=50\text{kN/m}$（包括梁自重在内），截面尺寸 $b \times h = 250\text{mm} \times 500\text{mm}$，混凝土 C30，纵筋为 HRB400 级钢筋，箍筋为 HPB300 级钢筋，$\gamma_0 = 1.0$，构件处于室内正常环境，计算梁的箍筋。

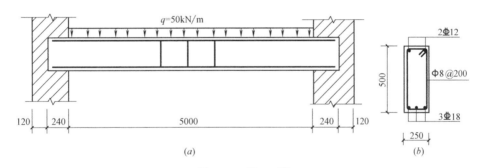

图 3-41 例 3-3 图

（a）计算简图；（b）配筋图

解：① 确定计算参数

C30 级混凝土：查表 2-5 得 $f_c = 14.3\text{N/mm}^2$，$f_t = 1.43\text{N/mm}^2$；

HPB300 级钢筋：查表 2-3 得 $f_{yv} = 270\text{N/mm}^2$；

查表 3-3 得 $S_{max} = 200\text{mm}$；查表 3-1 得 $a_s = 40\text{mm}$，$h_0 = 500 - 40 = 460\text{mm}$。

② 确定剪力设计值 $V = \dfrac{1}{2} q l_n = \dfrac{1}{2} \times 50 \times 5 = 125\text{kN}$

③ 验算截面尺寸 $\dfrac{h_w}{b} = \dfrac{460}{250} = 1.84 < 4$

$0.25 \beta_c f_c b h_0 = 0.25 \times 1.0 \times 14.3 \times 250 \times 460 = 411125\text{N} > 125000\text{N}$，截面尺寸满足要求。

④ 验算是否需要按照计算配置箍筋

$$0.7 f_t b h_0 = 0.7 \times 1.43 \times 250 \times 460 = 115115\text{N} < 125000\text{N}$$

需要按照计算配置箍筋

$$\frac{nA_{sv1}}{s} = \frac{V - 0.7f_t bh_0}{f_{yv} h_0} = \frac{125000 - 115115}{270 \times 460} = 0.0796 \text{mm}^2/\text{mm}$$

按构造要求取箍筋肢数 $n=2$，直径 $d=8\text{mm}$（$A_{sv1}=50.3\text{mm}^2$），则箍筋间距为：

$$s = \frac{2 \times 50.3}{0.0796} = 1263.8\text{mm}，而 s_{max} = 200\text{mm}，则取 s = 200\text{mm}，故箍筋为 \Phi 8@200。$$

⑤ 验算最小配箍率

$$\rho_{sv} = \frac{nA_{sv1}}{bs} = \frac{2 \times 50.3}{250 \times 200} = 0.2\% > \rho_{sv,min} = 0.24 \times \frac{f_t}{f_{yv}} = 0.24 \times \frac{1.43}{270} = 0.13\%，满足$$

要求。

2）截面校核

已知：梁截面尺寸 $b \times h$，箍筋，混凝土强度等级等，求斜截面抗剪承载力 V_u；或已知荷载产生的剪力设计值 V，问该梁斜截面承载力是否满足要求（即安全性的问题）。截面校核的计算步骤如下：

（1）根据公式（3-13）（或式3-14、式3-15），计算 V_1；

（2）验算最小配箍率，如果满足 $\rho_{sv} \geq \rho_{sv,min}$，说明该梁不会发生斜拉破坏，否则说明该梁会发生斜拉破坏；

（3）按公式（3-12）计算 V_{cs}；

（4）$V_u = \min (V_1, V_{cs})$

（5）若 $V \leq V_u$，该梁斜截面安全；否则不安全。

例3-4： 已知某承受均布荷载的矩形截面钢筋混凝土简支梁，截面尺寸为 $300\text{mm} \times 500\text{mm}$，混凝土强度等级为C30，受拉纵筋一排，箍筋配置双肢箍 $\Phi 10@200$（$n=2$），室内正常环境，结构安全等级为二级。试计算斜截面受剪承载力。

解： ① $h_w = h_0 = 460\text{mm}$

$$\frac{h_w}{b} = \frac{460}{300} = 1.533 < 4$$

$$0.25\beta_c f_c bh_0 = 0.25 \times 1.0 \times 14.3 \times 300 \times 460 \times 10^{-3} = 493.35\text{kN}$$

② $\rho_{sv} = \frac{nA_{sv1}}{bs} = \frac{2 \times 78.5}{300 \times 200} = 0.262\%$

$$\rho_{sv,min} = 0.24 \frac{f_t}{f_{yv}} = 0.24 \times \frac{1.43}{360} = 0.095\%$$

$$\rho_{sv} > \rho_{sv,min}（此梁不会发生斜拉破坏）$$

③ $V_{cs} = 0.7f_t bh_0 + f_{yv} h_0 \frac{nA_{sv1}}{s}$

$$= \left(0.7 \times 1.43 \times 300 \times 460 + 360 \times 460 \times \frac{157}{200} \right) \times 10^{-3}$$

$$= 268.1\text{kN}$$

④ $V_u = \min (V_{cs}, 0.25\beta_c f_c bh_0) = \min (268.1\text{kN}, 493.35\text{kN}) = 268.1\text{kN}$

3.1.5 挠度及裂缝验算

1. 梁的挠度验算

对建筑结构中的屋盖、楼盖及楼梯等受弯构件，由于使用上的要求并保证人们的感觉在可接受程度之内，需要对其挠度进行控制。对于吊车梁或门机轨道梁等构件，变形过大时会妨碍吊车或门机的正常行驶，也需要进行变形控制验算。

$$f_{max} \leqslant [f] \tag{3-18}$$

式中 f_{max}——荷载效应标准组合下，考虑荷载长期作用的影响后受弯构件的最大挠度，按力学方法计算；

[f]——受弯构件的挠度限值，按表 3-12 查用。

受弯构件挠度限值　　　　　　　　　表 3-12

构 件 类 型	挠 度 限 值
吊车梁:手动吊车 电动吊车	$l_0/500$ $l_0/600$
屋盖、楼盖及楼梯构件 当 $l_0<7$m 时 当 7m$\leqslant l_0 \leqslant 9$m 时 当 $l_0>9$m 时	 $l_0/2000(l_0/250)$ $l_0/250(l_0/300)$ $l_0/300(l_0/400)$

注：1. 表中 l_0 为构件的计算跨度；计算悬臂构件的挠度限值时，其计算跨度 l_0 按实际悬臂长度的 2 倍取用；
　　2. 表中括号内数值适用于使用上对挠度有较高要求的构件；
　　3. 如果构件制作时预先起拱，且使用上也允许，则在验算挠度时，可将计算所得的挠度值减去起拱值；对预应力混凝土构件，尚可减去预加力所产生的反拱值；
　　4. 构件制作时的起拱值和预加力所产生的反拱值，不宜超过构件在相应荷载组合作用下的计算挠度值。

> **特别提示**
>
> 　若求出的构件挠度大于表 3-12 规定的挠度限值，则应采取措施减小挠度。减小挠度的实质就是提高构件的抗弯刚度，最有效的措施就是增大构件截面高度，其次是增加钢筋的截面面积，其他措施如提高混凝土强度等级，选用合理的截面形状等效果都不显著。此外，采用预应力混凝土构件也是提高受弯构件刚度的有效措施。

2. 梁的裂缝验算

由于混凝土的抗拉强度很低，在荷载不大时，混凝土构件受拉区就已经开裂。引起裂缝的原因是多方面的，最主要的当然是由于荷载产生的内力所引起的裂缝，此外，由于基础的不均匀沉降，混凝土收缩和温度作用而产生的变形受到钢筋或其他构件约束时，以及因钢筋锈蚀时而体积膨胀，都会在混凝土中产生拉应力，当拉应力超过混凝土的抗拉强度时即开裂。由此看来，截面受有拉应力的钢筋混凝土构件在正常使用阶段出现裂缝是难免的，对于一般的工业与民用建筑来说，也是允许带有裂缝工作的。

在进行结构构件设计时，应根据使用要求选用不同的裂缝控制等级。《混凝土结构设计规范》将裂缝控制等级划分为三级：

1）一级：严格要求不出现裂缝的构件，按荷载效应的标准组合进行计算时，构件受拉边边缘的混凝土不应产生拉应力。

2）二级：一般要求不出现裂缝的构件，即按荷载效应标准组合进行计算时，构件受拉边边缘混凝土的拉应力不应大于混凝土轴心抗拉强度标准值；而按荷载效应准永久组合进行计算时，构件受拉边边缘的混凝土不宜产生拉应力，当有可靠经验时可适当放松。

3）三级：允许出现裂缝的构件，但荷载效应标准组合并考虑长期作用影响求得的最大裂缝宽度 w_{max}，不应超过《混凝土结构设计规范》规定的最大裂缝宽度限值 w_{lim}。w_{lim} 为最大裂缝宽度的限值。

上述一、二级裂缝控制属于构件的抗裂能力控制，对于钢筋混凝土构件来说，混凝土在使用阶段一般都是带裂缝工作的，故按三级标准来控制裂缝宽度。

构件裂缝宽度过大不但影响美观，而且会给人以不安全感；在有腐蚀性的液体或气体的环境中，裂缝的发展可使构件中的钢筋过早并迅速腐蚀，甚至脆断，从而严重影响结构的安全性和耐久性。因此，对结构构件除必须进行承载力计算外，根据使用要求还需对某些构件进行变形和裂缝宽度的控制，即正常使用极限状态的验算。

$$w_{max} \leqslant w_{lim} \tag{3-19}$$

式中　w_{max}——构件最大裂缝宽度（mm）；

w_{lim}——最大裂缝宽度限值(mm)，按表 3-13 查用。

结构构件的裂缝控制等级及最大裂缝宽度限值（mm）　　　　表 3-13

环境类别	钢筋混凝土结构		预应力混凝土结构	
	裂缝控制等级	w_{lim}	裂缝控制等级	w_{lim}
一	三级	0.30(0.40)	三级	0.20
二 a		0.20		0.10
二 b			二级	—
三 a、三 b			一级	—

注：对处于年平均相对湿度小于 60％地区一类环境下的受弯构件，最大裂缝宽度限值可采用括号内数值。

特别提示

减小裂缝宽度采取的措施中优先选用变形钢筋，其次是选用直径较细的钢筋，最后考虑增加钢筋的用量，其他措施如改变截面形状和尺寸、提高混凝土强度等级等虽能减小裂缝宽度，但效果甚微，一般不宜采用。

3.2　钢筋混凝土板

3.2.1　板的构造规定

1. 一般规定

钢筋混凝土板的常用截面有矩形、槽形和空心等形式，如图 3-42 所示。板的厚度 h 与其跨度 l 和所受荷载大小有关，一般宜满足跨厚比要求，钢筋混凝土单向板不大于 30；双向板不大于 40；无梁支承的有柱帽板不大于 35；无梁支承的无柱帽板不大于 30。当板的荷载、跨度较大时宜适当减少。

现浇钢筋混凝土板的厚度不应小于表 3-14 规定的数值。

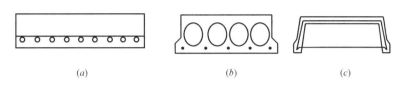

图 3-42　钢筋混凝土板截面形式

(a) 矩形板；(b) 空心板；(c) 槽形板

现浇钢筋混凝土板的最小厚度（mm）　　　　表 3-14

板的类别		最小厚度
单向板	屋面板	60
	民用建筑楼板	60
	工业建筑楼板	70
	行车道下的楼板	80
双向板		80
密肋楼盖	面板	50
	肋高	250
悬臂板（固定端）	悬臂长度不大于 500mm	60
	悬臂长度 1200mm	100
无梁楼盖		150
现浇空心楼板		200

注：当采取有效措施时，预制板面板的最小厚度可取 40mm。

2. 板的受力钢筋

板中受力钢筋承受由弯矩作用产生的拉力，沿荷载传递方向放置，如图 3-43 所示。其纵向受力钢筋宜选用 HRB400、HRB500、HRBF400、HRBF500 钢筋，也可采用 HRB335、HPB300 等。

> **特别提示**
>
> 悬臂板由于受负弯矩作用，截面上部受拉。受力钢筋应放置在板受拉一侧，即板上部，施工中尤应注意，以免放反，也要防止受力钢筋被踩到板底造成事故。

1）直径：板中受力钢筋直径通常采用 8～14mm。

2）间距：为了使板受力均匀和混凝土浇筑密实，板中受力钢筋的间距不应小于 70mm；当板厚 $h \leqslant 150$mm 时，不宜大于 200mm，当板厚 $h > 150$mm 时，不宜大于 $1.5h$，且不宜大于 250mm。

3）锚固长度：简支板或连续板下部纵向受力钢筋伸入支座的锚固长度不应小于 $5d$，且宜伸至支座中心线。对于板，一般剪力较小，通常能满足 $V \leqslant 0.7 f_t b h_0$ 的条件，

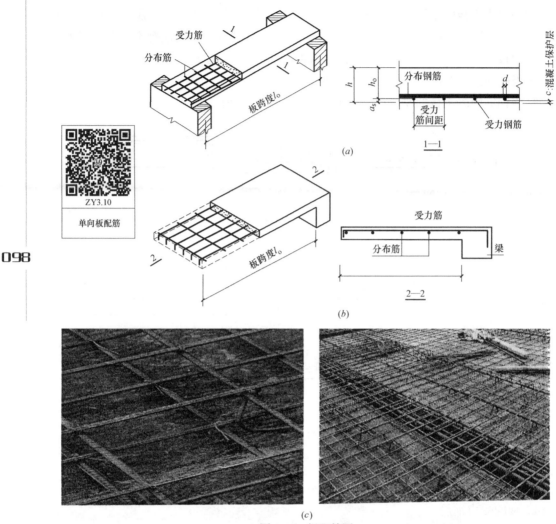

图 3-43　板配筋图

（a）简支板；（b）悬臂板；（c）板筋在工程中的应用

故板的简支支座和中间支座下部纵向受力钢筋伸入支座的锚固长度均取 $l_{as} \geqslant 5d$。

> **施工相关知识**
>
> 　　在板钢筋绑扎过程中，板上部钢筋网的交叉点应全部扎牢，底部钢筋网除边缘部分外可间隔交错扎牢。

　　4）板的混凝土保护层厚度是指最外层钢筋边缘至板边混凝土表面的距离，其值应满足最小保护层厚度的规定，且不应小于受力钢筋的直径 d。板的最小保护层和 h_0 取值见表 3-15。

板的 h_0 值表　（mm）　　　　　　　　　　　　　表 3-15

构件类型	环境类别	混凝土保护层最小厚度（c）	h_0 计算公式
板	一	15	$h_0 = h - 20$
	二 a	20	$h_0 = h - 25$

注：混凝土强度等级不大于 C25 时，表中保护层厚度数值增加 5mm，h_0 计算公式再减 5mm。

3. 板的分布钢筋

分布钢筋的作用是更好地分散板面荷载到受力钢筋上，固定受力钢筋的位置，防止由于混凝土收缩及温度变化在垂直板跨方向产生的拉应力。分布钢筋应放置在板受力钢筋的内侧，如图 3-43 所示。

分布钢筋的数量：板的单位宽度上分布钢筋的截面面积不宜小于板的单位宽度上受力钢筋截面面积的 15%，且不宜小于该方向板截面面积的 0.15%。同时，分布钢筋的间距不宜大于 250mm，直径不宜小于 6mm。

4. 附加构造钢筋

嵌固在承重砌体墙内的现浇板，由于砖墙的约束作用，板在墙边将产生一定的负弯矩，使沿墙周边的板面上方产生裂缝。因此，对嵌固在承重砖墙内的现浇板，在板边上部应配置垂直于板边的附加构造钢筋（图 3-44），其直径不宜小于 8mm，间距不宜大于 200mm，且单位宽度内的配筋面积不宜小于跨中相应方向板底钢筋截面面积的 1/3。构造钢筋伸入板内的长度 $l_0/7$。其中单向板时 l 按受力方向考虑；双向板时 l 按短边考虑。

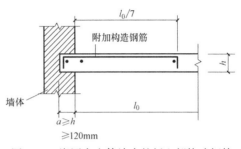

图 3-44　嵌固在砌体墙内的板上部构造钢筋

与混凝土梁、墙整体浇筑但按非受力边设计的现浇板，板边上部应配置垂直于板边的附加构造钢筋，按受拉钢筋锚固在梁内、柱内、墙内。构造钢筋的直径和间距要求同上，伸入板内的长度不宜小于 $l_0/4$。

在柱角或墙阳角处的楼板凹角部位，钢筋伸入板内的长度应从柱边或墙边算起。

5. 板的支承长度及其在端支座的锚固

现浇板搁置在砖墙上时，其支承长度 a 一般不小于板厚度，且不小于 120mm，板在端部支座的锚固构造如图 3-45 所示。

3.2.2　钢筋混凝土单向板

1. 钢筋混凝土板的计算规则

混凝土板按下列原则进行计算：

两对边支承的板应按单向板计算。

四边支承的板应按下列规定计算：当长边与短边长度之比不大于 2.0 时，应按双向板计算；当长边与短边长度之比大于 2.0，但小于 3.0 时，宜按双向板计算；当长边与短边长度之比不小于 3.0 时，宜按沿短边方向受力的单向板计算，并应沿长边方向布置构造钢筋。

2. 钢筋混凝土单向板的计算

单跨单向板的承载力计算与 3.1.3 中介绍的钢筋混凝土矩形截面简支梁的正截面承载力计算方法一致。需要注意的是在计算中取 1m 板宽为计算单元，即 $b=1000$mm。其他不再赘述。

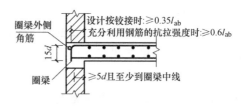

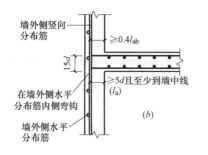

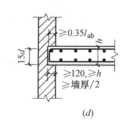

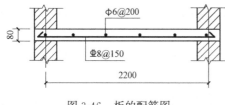

图 3-45　板在端部支座的锚固构造

（括号内的锚固长度 l_a 用于梁板式转换层的板）

（a）端部支座为梁；（b）端部支座为剪力墙（当用于屋面处，板上部钢筋锚固要求与图示不同时由设计明确）；（c）端部支座为砌体墙的圈梁；（d）端部支座为砌体墙

例 3-5：已知一单跨简支板，配筋如图 3-46 所示，计算跨度为 $l=2.20$m，承受均布活荷载 $q_k=6.0$kN/m²，混凝土强度等级 C30，采用 HRB500 级钢筋，环境类别为一类。板厚取为 80mm，求纵向受拉钢筋截面面积 A_s（$r_L=1.0$）。

图 3-46　板的配筋图

解：①确定计算参数

C30 级混凝土：查表 2-5 得 $f_c=14.3$N/mm²，$f_t=1.43$N/mm²；

HRB500 级钢筋：查表 2-3 得 $f_y=435/$mm²；

查表 3-7 得 $\alpha_{s,max}=0.366$；

由环境类别为一类，查表 3-1 得：$h_0=80-20=60$mm；

查表 3-6 得 $\alpha_1=1.0$。

②确定板的跨中截面弯矩设计值

取板宽 $b=1000$mm 的板带为计算单元，板厚 80mm；

则板自重 $g_k=25\times0.08\times1=2.0$kN/m；

$$M_{gk}=\frac{1}{8}g_kl^2=\frac{1}{8}\times2.0\times2.2^2=1.21\text{kN}\cdot\text{m}$$

$$M_{qk}=\frac{1}{8}q_kl^2=\frac{1}{8}\times6.0\times1.0\times2.2^2=3.63\text{kN}\cdot\text{m}$$

一般构件 $\gamma_0=1.0$；

$$M=\gamma_0(\gamma_G M_{gk}+r_Q r_L M_{qk})=1.0\times(1.3\times1.21+1.5\times1\times3.63)=7.018\text{kN}\cdot\text{m}$$

取较大值为截面控制弯矩设计值，即 $M=6.534\text{kN}\cdot\text{m}$。

③ 确定截面计算系数 α_s 和 γ_s

$$\alpha_s=\frac{M}{\alpha_1 f_c bh_0^2}=\frac{7.018\times10^6}{1.0\times14.3\times1000\times60^2}=0.136<\alpha_{s,max}=0.366，不会发生超筋破坏。$$

$$\gamma_s=0.5(1+\sqrt{1-2\alpha_s})=0.5\times(1+\sqrt{1-2\times0.136})=0.927$$

④ 确定板的钢筋面积 A_s

$$A_s=\frac{M}{f_y h_0 r_s}=\frac{7.018\times10^6}{435\times60\times0.927}=290.06\text{mm}^2$$

⑤ 选择钢筋

查表 3-16 得：选用 $\Phi8@160$，$A_{s实}=314\text{mm}^2$。

⑥ 验算最小配筋率：

$$\rho_{min}=\max\left(0.2\%,0.45\frac{f_t}{f_y}\right)=\max\left(0.2\%,0.45\times\frac{1.43}{435}\right)=0.2\%$$

$$\rho=\frac{A_s}{bh}\times100\%=\frac{314}{1000\times80}\times100\%=0.393\%>0.2\%，不会少筋破坏。$$

⑦ 绘制配筋图，如图 3-46 所示，分布筋选用 $\Phi6@200$。

各种钢筋按一定间距排列时每米板宽内的钢筋截面面积表　　　　　　表 3-16

钢筋间距(mm)	当钢筋直径(mm)为下列数值时的钢筋截面面积(mm²)													
	3	4	5	6	6/8	8	8/10	10	10/12	12	12/14	14	14/16	16
70	101.0	179	281	404	561	719	920	1121	1369	1616	1908	2199	2536	2872
75	94.3	167	262	377	524	671	859	1047	1277	1508	1780	2053	2367	2681
80	88.4	157	245	354	491	629	805	981	1198	1414	1669	1924	2218	2513
85	83.2	148	231	333	462	592	758	924	1127	1331	1571	1811	2088	2365
90	78.5	140	218	314	437	559	716	872	1064	1257	1484	1710	1972	2234
95	74.5	132	207	298	414	529	678	826	1008	1190	1405	1620	1868	2116
100	70.6	126	196	283	393	503	644	785	958	1131	1335	1539	1775	2011
110	64.2	114.0	178	257	357	457	585	714	871	1028	1214	1399	1614	1828
120	58.9	105.0	163	236	327	419	537	654	798	942	1112	1283	1480	1676
125	56.5	100.6	157	226	314	402	515	628	766	905	1068	1232	1420	1608
130	54.4	96.6	151	218	302	387	495	604	737	870	1027	1184	1366	1547
140	50.5	89.7	140	202	281	359	460	561	684	808	954	1100	1268	1436
150	47.1	83.8	131	189	262	335	429	523	639	754	890	1026	1183	1340
160	44.1	78.5	123	177	246	314	403	491	599	707	834	962	1110	1257
170	41.5	73.9	115	166	231	296	379	462	564	665	786	906	1044	1183
180	39.2	69.8	109	157	218	279	358	436	532	628	742	855	985	1117
190	37.2	66.1	103	149	207	265	339	413	504	595	702	810	934	1058
200	35.3	62.8	98.2	141	196	251	322	393	479	565	668	770	888	1005
220	32.1	57.1	89.3	129	178	228	292	357	436	514	607	700	807	914
240	29.4	52.4	81.9	118	164	209	268	327	399	471	556	641	740	838
250	28.3	50.2	78.5	113	157	201	258	314	383	452	534	616	710	804
260	27.2	48.3	75.5	109	151	193	248	302	368	435	514	592	682	773
280	25.2	44.9	70.1	101	140	180	230	281	342	404	477	550	634	718
300	23.6	41.9	65.5	94	131	168	215	262	320	377	445	513	592	670
320	22.1	39.2	61.4	88	123	157	201	245	299	353	417	481	554	628

3.2.3 钢筋混凝土双向板

1. 双向板的受力分析

板在荷载作用下沿两个正交方向受力都不可忽略时称为双向板。双向板可以为四边支承、三边支承或两邻边支承板，但在肋梁楼盖中每一区格板的四边一般都有梁或墙支承，是四边支承板，板上的荷载主要通过板的受弯作用传到四边支承的构件上。

四边简支的钢筋混凝土双向板（方板和矩形板），双向板在弹性工作阶段，板的四角有翘起的趋势，若周边没有可靠固定，将产生如图 3-47（a）所示犹如碗形的变形，板传给支座的压力沿边长不是均匀分布的，而是在每边的中心处达到最大值，因此，在双向板肋形楼盖中，由于板顶面实际会受墙或支承梁约束，破坏时就会出现如图 3-47（b、c）所示的板底及板顶裂缝。

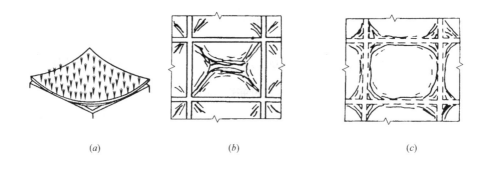

(a) (b) (c)

图 3-47 肋形楼盖中双向板的变形及裂缝分布

(a) 双向板的变形；(b) 板底面裂缝分布；(c) 板顶面裂缝分布

2. 双向板的构造要求

双向板在两个方向的配筋都应按计算确定。考虑短跨方向的弯矩比长跨方向的大，因此应将短跨方向的跨中受拉钢筋放在长跨方向的外侧，以得到较大的截面有效高度。截面有效高度 h_0 通常分别取值如下：短跨方向 $h_0 = h - 20$（mm），长跨方向 $h_0 = h - 30$（mm）。

1）双向板的厚度

一般不宜小于 80mm，也不大于 160mm。为了保证板的刚度，板的厚度 h 还应符合：

简支板 $h > l_0/45$；连续板，$h > l_0/50$，l_0 是较小跨度。

2）钢筋的配置

受力钢筋沿纵横两个方向设置，此时应将短向的钢筋设置在外侧，长向的钢筋设置在内侧。如图 3-48 所示，其中图 3-48b 为双向板的传统配筋图和平法配筋图及钢筋明细表。

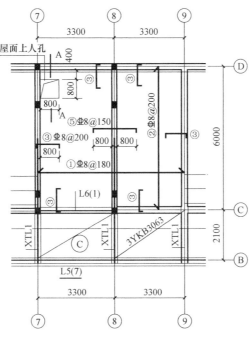

(a)

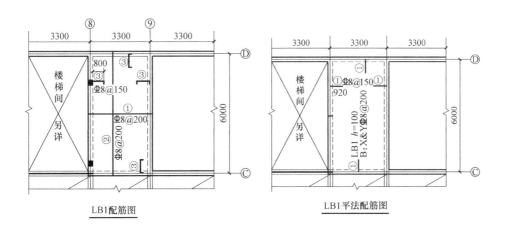

LB1配筋图　　　　　　　　　　　　LB1平法配筋图

(b)

钢筋明细表

构件名称	钢筋编号	简图	直径	长度(mm)	数量	总长度(m)
LB1	①	3300	Φ8	3300	29	95.7
	②	6000	Φ8	6000	16	105.6
	③	120 997 80	Φ8	1197	120	143.64

注：此处钢筋显示尺寸均为外包尺寸；表中显示长度为钢筋计算长度。

图 3-48　现浇双向板配筋图

(a) 双跨双向板楼盖；(b) LB1 配筋图

说明：图 (a) 中①号筋是短向钢筋，②号筋是长向钢筋。

3.3 钢筋混凝土楼（屋）盖

楼（屋）盖是建筑结构中的重要组成部分，在混合结构房屋中，楼（屋）盖的造价约占房屋总造价的 30%～40%，因此，楼（屋）盖造型和布置的合理性，以及结构计算和构造的正确性，对建筑物的安全使用和技术经济指标有着非常重要的意义。

ZY3.12
钢筋混凝土楼盖

在实际工程中，不管是多层砌体房屋，还是高层建筑，楼（屋）盖多采用由钢筋混凝土梁和板共同组成的钢筋混凝土梁板结构，即钢筋混凝土楼（屋）盖。

> **特别提示**
>
> 楼盖是指在建筑物楼面的梁板结构，屋盖则是指建筑物屋面处的梁板结构，两者在结构平面布置、截面设计等方面就方法而言是完全相同的，所以在介绍本节内容时就不再写钢筋混凝土楼（屋）盖，而只写钢筋混凝土楼盖。

3.3.1 钢筋混凝土楼盖的分类

1. 按施工方法可将楼盖分成现浇式、装配式和装配整体式三种。

1）现浇式楼盖

现浇式楼盖的整体性好、刚度大、抗震性能好、适应性强，遇到板的平面形状不规则或板上开洞较多的情况，更可显示出现浇式楼盖的优越性。但现浇式楼盖现场工程量大、模板需求量大、工期较长。

2）装配式楼盖

装配式楼盖的楼板采用混凝土预制构件，便于工业化生产，在多层民用建筑和多层工业厂房中得到广泛应用。但是，这种楼面由于整体性、防水性和抗震性较差，不便于开设孔洞，故对于高层建筑、有抗震设防要求以及使用上要求防水和开设孔洞的楼面，均不宜采用。

3）装配整体式楼盖

装配整体式楼盖，其整体性较装配式的好，又较现浇式的节省模板和支撑。但这种楼盖需要进行混凝土的二次浇筑，有时还须增加焊接工作量，故对施工进度和造价都带来一些不利影响。因此，这种楼盖仅适用于荷载较大的多层工业厂房、高层民用建筑及有抗震设防要求的建筑。

2. 在现浇式楼盖中，按梁、板的布置情况不同，还可将楼盖分为以下四种类型。

1）肋梁楼盖

　　肋梁楼盖由板和梁组成。梁将板分成多个区格，根据板区格长边尺寸和短边尺寸的比例不同，又可将肋梁楼盖分成为单向板肋梁楼盖（图 3-49a）和双向板肋梁楼盖（图 3-49b）。判断单双向板，还应考虑支承条件，若区格板是长边与短边的比小于 2 的双向板，但只有一对边支承时，该板还是单向板。在肋梁楼盖中，荷载的传递路线为板→次梁→主梁→支承（墙或柱）→基础→地基。肋梁楼盖是楼盖中应用最为广泛的一种。

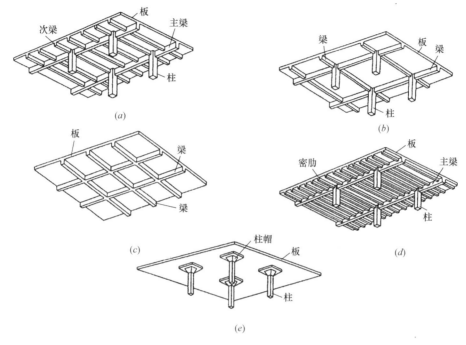

图 3-49　楼盖的结构形式

（a）单向板肋梁楼盖；（b）双向板肋梁楼盖；（c）井式楼盖；（d）密肋楼盖；（e）无梁楼盖

2）井式楼盖

　　如图 3-49（c）所示，井式楼盖通常是由于建筑上的需要，用梁把楼板划分成若干个正方形或接近正方形的小区格，两个方向的梁截面相同，不分主次，都直接承受板传来的荷载，整个楼盖支承在周边的柱、墙或更大的边梁上，类似一块大双向板。

ZY3.13

井字梁

3）密肋楼盖

　　如图 3-49（d）所示，密肋楼盖是由排列紧密，肋高较小的梁单向或双向布置形成。由于肋距小，板可做得很薄，甚至不设钢筋混凝土板，用充填物充填肋间空间，形成平整顶棚，板或充填物承受板面荷载。密肋楼盖由于肋间的空气隔层或填充物的存在，其隔热隔声效果良好。

ZY3.14

无梁楼盖

4）无梁楼盖

　　如图 3-49（e）所示，建筑物柱网接近正方形，柱距小于 6m，且楼面荷载不大的情况下，可完全不设梁，楼板与柱直接整浇，若采用升板施工，可将柱与板焊接，楼面荷载直接由板传给柱（省去梁），形成无梁楼盖。无梁楼盖柱顶处的板承受较大的集中力，可设置柱帽来扩大柱板接触面积，改善受力。

由于楼盖中无梁，可增加房屋的净高，而且模板简单，施工可以采用先进的升板法，使用中可提供平整顶棚，建筑物具有良好的自然通风、采光条件，所以在厂房、仓库、商场、冷藏库、水池顶、片筏基础等结构中应用效果良好。

> **特别提示**
>
> 1. 主梁：直接支撑在竖向承重构件（柱子、墙体等）的梁；次梁：支撑在主梁上的梁。
>
> 2. 框架结构中两端支承在柱子上的梁称为主梁（又称框架梁，用 KL 表示），支承在主梁的梁称为次梁（又称一般梁，用 L 表示）；砖混结构中两端支承在墙体上的梁称为主梁，支承在主梁的梁称为次梁（砖混结构中主、次梁均用 L 表示）。

在具体的实际工程中究竟采用何种楼盖形式，应根据房屋的性质、用途、平面尺寸、荷载大小、采光以及技术经济等因素进行综合考虑。

3.3.2 现浇肋梁楼盖

实际工程中的楼盖多采用现浇楼盖，并且视建筑、结构等方面来选择现浇楼盖的形式。现浇楼盖中以肋梁楼盖最常见。下面就以案例一砖混结构和案例二钢筋混凝土框架结构中的楼盖为例介绍肋梁楼盖中梁、板的布置。

1. 砖混结构中的肋梁楼盖

在砖混结构中，肋梁楼盖中板的支座为梁或墙体，两端直接支承在墙体上的梁称为主梁，支承在主梁的梁被称为次梁，主、次梁布置应符合下面的原则：

1）当房间规则且墙间距较小（开间或进深较小）时，可直接铺设现浇板；当房间规则但墙间距较大（开间或进深较大）时，应先根据建筑和结构的要求设置主梁、次梁将平面划分成较小区格，然后再铺设现浇板；当房间不规则时，也应先设置主、次梁将平面划分规则后再铺设现浇板。

2）如果肋梁楼盖选择单向板肋梁楼盖，那么次梁的间距决定了板的跨度，主梁的间距决定了次梁的跨度，柱距则决定了主梁的跨度。在进行结构平面布置时，应综合考虑建筑功能、造价及施工条件等，合理确定梁的平面布置。根据工程实践，单向板、次梁和主梁的常用跨度为：板的跨度 1.7～2.7m，荷载较大时取较小值，一般不宜超过 3m；次梁的跨度一般为 4～6m；主梁的跨度一般为 5～8m。

2. 框架结构的肋梁楼盖

框架结构中，先沿定位轴线设置框架梁，然后再根据柱网尺寸、建筑功能、框架梁间距沿纵向或横向布置次梁（非框架梁），次梁布置时要注意板的跨度，尽量使板、次梁和主梁在常用跨度范围内。

特别提示

框架-剪力墙结构、剪力墙结构等结构的楼盖布置可参考框架结构。

3. 现浇肋梁楼盖计算简介

现浇肋梁楼盖中的板、次梁与主梁大多是多跨连续板和多跨连续梁，下面就以单向板肋梁楼盖为例做简单介绍。

1）计算简图

在现浇单向板肋梁楼盖中，板、次梁和主梁的计算模型一般为连续板或连续梁。其中，板一般可视为以次梁和边墙（或梁）为铰支承的多跨连续板；次梁一般可视为以主梁和边墙（或梁）为铰支承的多跨连续梁；对于支承在混凝土柱上的主梁，其计算模型应根据梁柱线刚度比而定。当主梁与柱的线刚度比大于等于 3 时，主梁可视为以柱和边墙（或梁）为铰支承的多跨连续梁，否则应按梁、柱刚接的框架模型（框架梁）计算主梁。

（1）受荷范围

当楼面承受均布荷载时，板所承受的荷载即为板带（$b=1m$）自重（包括面层及顶棚抹灰等）及板带上的均布活荷载。在确定板传递给次梁的荷载和次梁传递给主梁的荷载时，一般均忽略结构的连续性而按简支进行计算。所以对于次梁，取相邻跨中线所分割出来的面积作为它的受荷面积，次梁所受的荷载为次梁自重及其受荷面积上板传来的荷载。对于主梁，则承受主梁自重及由次梁传来的集中荷载，但由于主梁自重与次梁传来的荷载相比往往较小，故为了简化计算，一般可将主梁均布自重简化为若干集中荷载，加上次梁传来的集中荷载合并计算。如图 3-50 所示。

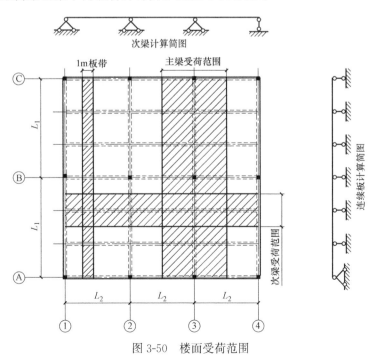

图 3-50　楼面受荷范围

（2）跨数与计算跨度

当连续板、梁的某跨受到荷载作用时，它的相邻各跨也会受到影响，并产生变形和内力，但这种影响是距该跨越远越小，当超过两跨以上时，影响已很小。因此，对于多跨连续板、梁（跨度相等或相差不超过 10%），若跨数超过五跨时，可按五跨来计算。此时，除连续板、梁两边的第一、二跨外，其余的中间跨度和中间支座的内力值均按五跨连续板、梁的中间跨度和中间支座采用。如果跨数未超过五跨，则计算时应按实际跨数考虑。如图 3-51 所示。

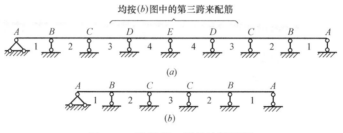

图 3-51　连续梁、板的计算简图

（a）实际计算简图；（b）简化后计算简图

2）计算等跨连续梁、板的内力

（1）钢筋混凝土连续梁、板的内力计算方法

钢筋混凝土连续梁、板的内力计算方法有弹性计算方法和按塑性内力重分布计算方法。

按弹性计算方法，计算连续板、梁的内力时，将钢筋混凝土梁、板视为理想弹性体，以结构力学的一般方法来进行结构的内力计算。用弹性方法计算的结果，支座配筋量大，施工困难。

按塑性内力重分布来计算梁的内力时，是考虑钢筋混凝土材料实际上是一种弹塑性材料，在钢筋屈服后其塑性有较为明显的体现，此时连续梁的内力与荷载不再是线性关系，而是非线性的，连续梁的内力发生了重分布。考虑塑性内力重分布，可调整支座配筋，方便施工，同时，可发挥结构的潜力，有强度储备可利用，能提高结构的极限承载力，具有经济效益。

特别提示

从钢筋屈服到混凝土被压碎，构件截面不断绕中和轴转动，类似于一个铰，并且由于此铰是在截面发生明显的塑性形变后形成的，故称其为塑性铰。

1. 塑性铰的存在条件是因截面上的弯矩达到塑性极限弯矩，并由此产生转动；当该截面上的弯矩小于塑性极限弯矩时，则不允许转动。因此，塑性铰可以传递一定的弯矩。

2. 塑性铰的转动方向必须与塑性弯矩的方向一致，不允许与塑性铰极限弯矩相反的方向转动，否则出现卸载使塑性铰消失。所以塑性铰为单向铰。

（2）塑性内力重分布计算连续梁、板的内力

为了方便计算，对工程中常用的承受均布荷载的等跨连续梁或等跨连续单向板，设计时可根据控制截面的内力系数并按下列公式计算弯矩设计值 M 和剪力设计值 V。

$$M = \alpha_M (g+q) l_0^2 \tag{3-20}$$

$$V = \alpha_V (g+q) l_n \tag{3-21}$$

式中　α_M——连续梁、板的弯矩计算系数；

　　　α_V——连续梁的剪力计算系数；

　　　g、q——分别为作用在梁、板上的均布恒荷载和活荷载设计值；

　　　l_0——计算跨度；

　　　l_n——净跨度。

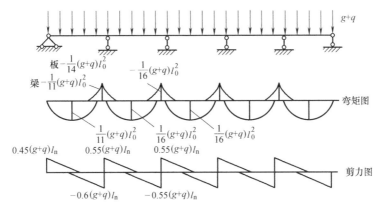

图 3-52　弯矩设计值 M 和剪力设计值 V 的计算图形

弯矩设计值 M 和剪力设计值 V 的计算可由图 3-52 查出。

3）板的配筋构造

（1）受力钢筋的配筋方式：由于板在跨中一般承受正弯矩而在支座处承受负弯矩，因此在板跨中须配底部受力钢筋，而在支座处往往配板面负筋，从而有两种配筋方式。

分离式配筋：跨中正弯矩钢筋宜全部伸入支座锚固；而在支座处另配负弯矩钢筋，其范围应能覆盖负弯矩区域并满足锚固要求，如图 3-53 所示。由于施工方便，分离式配筋已成为工程中主要采用的配筋方式。

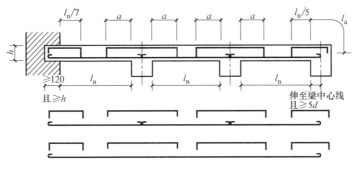

图 3-53　板中受力钢筋的布置

弯起式配筋：将一部分跨中正弯矩钢筋在适当的位置（反弯点附近）弯起，并伸过支座后作负弯矩钢筋使用，由于施工比较麻烦，目前已很少应用。

（2）支座负筋的截断：对承受均布荷载的等跨连续单向板或双向板，受力钢筋的截断位置一般可按图 3-53 和图 3-54 直接确定。

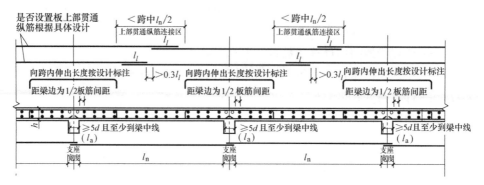

图 3-54　楼面板 LB 和屋面板 WB 钢筋构造

（括号内的锚固长度 l_a 用于梁板式转换层的板）

说明：1. 当相邻等跨或不等跨的上部贯通纵筋配置不同时，应将配置较大者越过其标注的跨数终点或起点伸出至相邻跨的跨中连接区域连接。

2. 除本图所示搭接连接外，板纵筋可采用机械连接或焊接连接。接头位置：上部钢筋见本图所示连接区，下部钢筋宜在距支座 1/4 净跨内。

3. 图中板的中间支座均按梁绘制，当支座为混凝土剪力墙、砌体墙或圈梁时，其构造相同。

4. 纵筋在端支座应伸至支座（梁、圈梁或剪力墙）外侧纵筋内侧后弯折，当直段长度 $\geqslant l_a$ 时可不弯折。

当 $q/g \leqslant 3$ 时，$a = l_n/4$；当 $q/g > 3$ 时，$a = l_n/3$。

式中　g，q——恒荷载及活荷载设计值；

　　　　l_n——板的净跨度。

4）非框架梁计算中的注意事项

（1）次梁的内力计算一般按塑性方法计算，主梁的内力计算一般按塑性方法计算。

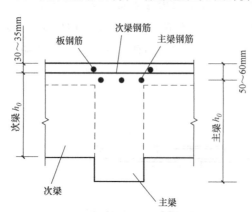

图 3-55　主梁支座处截面的有效高度

（2）梁按正截面受弯承载力确定纵向受拉钢筋时，通常跨中按 T 形截面计算，支座因翼缘位于受拉区，按矩形截面计算。

（3）主梁支座截面的有效高度 h_0：在主梁支座处，由于板、次梁和主梁截面的上部纵向钢筋相互交叉重叠，图 3-55，且主梁负筋位于板和次梁的负筋之下，因此主梁支座截面的有效高度减小。在计算主梁支座截面纵筋时，截面有效高度 h_0 可取为：

当负弯矩钢筋为一排布置时：$h_0 = h - (50 \sim 60)$ mm；

当负弯矩钢筋为两排布置时：$h_0 = h - (70 \sim 80)$ mm。

（4）非框架梁 L 配筋构造（图 3-56）

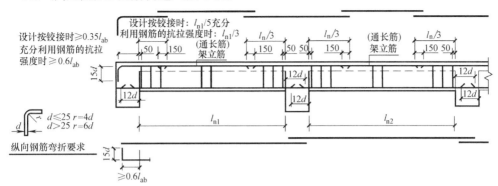

图 3-56　非框架梁 L 配筋构造

说明：1. 跨度值 l_n 为左跨 l_{n1} 和右跨 l_{n2} 的较大值，其中 $i=1$，2，3…；

　　2. 当梁上部有通长钢筋时，连接位置宜位于跨中 $l_n/3$ 范围内；梁下部钢筋连接位置宜位于支座 $l_n/4$ 范围内；且在同一连接区段内钢筋接头面积百分率不宜大于 50%；

　　3. 当梁配有受扭纵向钢筋时，梁下部筋锚入支座的长度应为 l_a，在端支座直锚长度不足时可弯锚。当梁纵筋兼做温度应力筋时，梁下部钢筋锚入支座长度由设计确定；

　　4. 纵筋在端支座应伸至主梁外侧纵筋内侧后弯折，当直段长度不小于 l_a 时可不弯折。

3.3.3　无梁楼盖

1. 无梁楼盖概述

无梁楼盖是一种板、柱结构体系。钢筋混凝土楼板直接支承在柱上，所以与肋梁楼盖相比，其板厚要大。为了改善板的受力条件，提高柱顶处板的抗冲切能力以及降低板中的弯矩，通常在每层柱的上部设置柱帽、托板，如图 3-57 所示。柱与柱帽的截面形状一般为矩形，当柱网尺寸较小以及荷载较小时，也可以不用柱帽。

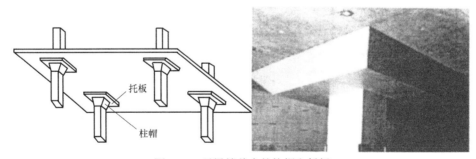

图 3-57　无梁楼盖中的柱帽和托板

按施工方法不同无梁楼盖可以分为现浇整体式无梁楼盖和装配整体式无梁楼盖。装配整体式是在现场浇筑基础、预制柱，然后将柱插入基础杯口并固定、浇筑地坪，再分层浇筑楼板和屋面板，然后逐层将屋面板和楼板阶段提升至相应标高，临时固定后浇筑柱帽，使其粘结成整体，这种施工方法即为升板法。

特别提示

无梁楼盖的缺点是由于取消了肋梁，无梁楼盖的抗弯刚度减小、挠度增大；柱子周边的剪应力高度集中，可能会引起局部板的冲切破坏。

2. 无梁楼盖的一般规定

1）无梁楼盖的柱网通常布置成正方形或矩形，以正方形更为经济。

2）无梁楼盖每个方向不宜少于三跨，以保证有足够的侧向刚度。当楼面活荷载在 $5kN/m^2$ 以上时，跨度不宜大于 6m。

3）无梁楼盖的楼板通常采用等厚平板，板厚由受弯、受冲切计算确定，并不宜小于区格长边的 1/35～1/32，也不应小于 150mm。

4）为改善无梁楼盖的受力性能，节约材料，方便施工，可将沿周边的板伸出边柱外侧，伸出长度（从板边缘至外柱中心）不宜超过板缘伸出方向跨度的 0.4 倍。

5）当无梁楼板不伸出外柱外侧时，在板的周边应设置圈梁，圈梁截面高度不应小于板厚的 2.5 倍。圈梁与半个柱上板带共同承受弯矩和剪力外，还承受扭矩，因此应配置附加抗扭纵向钢筋和箍筋。

112   6）无梁楼盖的柱帽形式和尺寸，一般由建筑美观要求和板的冲切承载能力控制。柱帽扩大了板在柱上的支撑面积，减少了板的计算跨度，也增加了房屋的刚度。柱帽的宽度，一般为 $(0.2～0.3)l$，l 为板的跨度。常见的柱帽有三种形式，如图 3-58 所示。

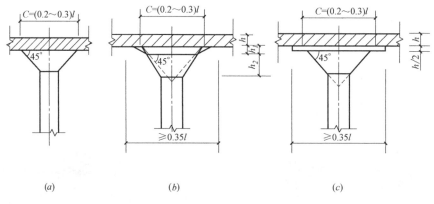

(a) (b) (c)

图 3-58　各种形式的柱帽和有效高度

(a) 台锥形柱帽；(b) 折线形柱帽；(c) 带托板柱帽

3. 无梁楼盖的配筋构造

1）箍筋的配置

箍筋数量应按计算确定，配置在与 45°冲切破坏锥体面相交的范围内，且从集中荷载集中面或柱截面边缘向外的分布长度不应小于 $1.5h_0$；箍筋应做成封闭式，箍筋直径不应小于 6mm，其间距不应大于 $h_0/3$，且不应大于 100mm，如图 3-59（a）所示。

2）弯起钢筋的配置

弯起钢筋数量应按计算确定，可配置一排或两排，弯起角度可根据板的厚度在 30°～45°之间选取；弯起钢筋的弯折段应与冲切破坏的斜截面相交，其交点应在集中荷载作用或柱截面边缘以外 1/2～2/3 板厚的范围内。弯起钢筋直径不宜小于 12mm，且每一方向不宜小于 3 根。如图 3-59（b）所示。板的厚度不应小于 150mm。

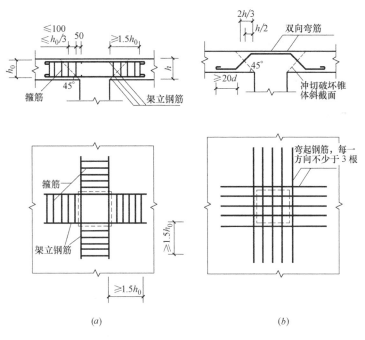

图 3-59　楼板中抗冲切钢筋布置

（a）用箍筋作抗冲切钢筋；（b）用弯起钢筋作抗冲切钢筋

3）柱帽钢筋的配置，如图 3-60 所示。

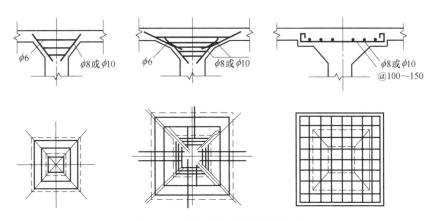

图 3-60　无梁楼盖柱帽的配筋构造

知识链接　现浇空心楼盖

1. 现浇混凝土空心楼盖是指按一定规则设置埋入式内模后，经现场浇筑混凝土而在楼板中形成空腔的楼盖（图 3-61），其利用预制空心楼板的概念，将空心圆管埋入混凝土板中，按一定方向排列，现场浇筑成型，将原实心混凝土板变成空心板。

ZY3.15-1、2

空心楼盖

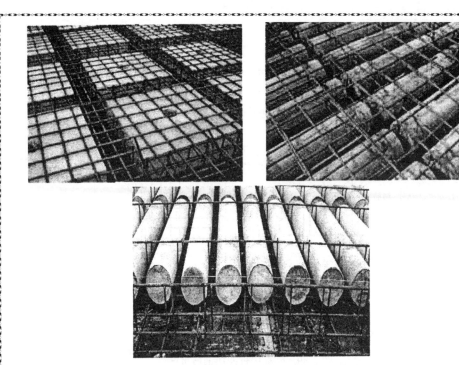

图 3-61　现浇混凝土空心楼盖施工图片

现浇混凝土空心楼盖结构根据楼盖的支承分为边支承板楼盖结构和柱支承板楼盖结构。前者是指楼盖的内区格板由现浇混凝土墙或周边现浇框架梁支承，后者是指楼盖的内区格板由现浇框架柱支承。

现浇混凝土空心楼盖与其他现浇混凝土楼盖的受力有很大的不同，其设计、施工与验收应符合《现浇混凝土空心楼盖结构技术规程》（CECS175：2004）的要求。

2. 工程中常见的埋入式内模有筒芯、箱体以及筒体、块体。筒芯、筒体是指空心、实心筒形内模；箱体、块体是指空心、实心箱形内模。

筒芯的外径 D（mm）可取为 100、120、150、180、200、220、250、280、300、350、400、450、500。筒芯的长度 L（mm）可取为 500、1000、1500、2000；筒芯筒壁应密实，筒芯两端封板应与筒体牢固连接；筒芯外表面不应有飞边、毛刺、孔洞及影响成孔效果的其他缺陷；筒芯的尺寸、偏差及物理力学性能应符合相关要求。

空心箱体应具有可靠的密封性，实心筒体、实心块体应具有满足施工要求的强度和韧性。

3. 现浇混凝土空心楼盖结构的主要施工工序：

模板安装→画线定位→梁和板底钢筋绑扎→预设电气及其他管线→搭设施工便道→铺设芯管及抗浮钢筋→芯管固定→铺设板顶钢筋→隐蔽验收→浇筑混凝土→养护→拆模。

4. 现浇混凝土空心楼盖的优点：与实心混凝土楼盖相比不仅增加了楼层的净高，而且保温、隔声性能良好，有效地降低了结构自重，使地震力减弱，支撑楼板的主梁、柱、墙和基础荷载也相应减少，大大减小了结构构件配筋量。适用于大跨度、大荷载、大空间的建筑。

3.3.4　装配式钢筋混凝土楼盖

装配式混凝土楼盖主要由搁置在承重墙或梁上的预制混凝土板组成，故又称为装配式铺板楼盖。装配式楼盖一方面应注意合理地进行楼盖结构布置和预制构件选型；另一方面要处理好预制构件间的连接以及预制构件和墙（柱）的连接。

1. 预制板的类型与特点

常用的预制板有实心板、空心板、槽形板、T形板等。

我国各地区或省一般均有自编的不同板型标准图集。随着建筑业的发展，预制的大型楼板（平板式或双向肋形板）也日益增多。

1）实心板

实心板（图 3-62a）上下表面平整，制作简单，但材料用量较多，适用于荷载及跨度较小的走道板、管沟盖板、楼梯平台板等。

常用板长 $l = 1.8 \sim 2.4\text{m}$，板厚 $h \geqslant l/30$，常用 $50 \sim 100\text{mm}$；板宽 $b = 500 \sim 1000\text{mm}$。

2）空心板

空心板自重比实心板轻，截面高度较实心板大，故其刚度较大，隔声、隔热效果亦较好，其顶棚或楼面均较槽形板易于处理，因而在装配式楼盖中应用甚为广泛。空心板的缺点是板面不能任意开洞，自重也较槽形板大。

空心板截面的孔型有圆形、方形、矩形或长圆形（图 3-62b），视截面尺寸及抽芯设

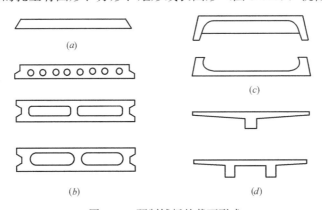

图 3-62　预制铺板的截面形式

备而定，孔数视板宽而定。扩大和增加孔洞对节约混凝土减轻自重和隔声有利，但若孔洞过大，其板面需按计算配筋时反而不经济，此外，大孔洞板在抽芯时，易造成尚未结硬的混凝土坍落。为避免空心板端部压坏，在板端应塞混凝土堵头。

空心板截面高度可取为跨度的 $1/20 \sim 1/25$（普通钢筋混凝土的）或 $1/30 \sim 1/35$（预应力混凝土的），其取值宜符合砖墙厚的模数。通常有 120mm、180mm、240mm 几种。空心板的宽度主要根据当地制作、运输和吊装设备的具体条件而定，常用 500mm、600mm、900mm、1200mm。应尽可能地采取宽板以加快安装进度。板的长度视开间或进深的大小而定，一般有 3.0m、3.3m、3.6m……6m，多数按 0.3m 进级。目前，非

预应力空心板的最大长度为 4.8m，预应力的可达 7.5m。

3）槽形板

槽形板有肋向下（正槽板）和肋向上（倒槽板）两种（图 3-62c）。正槽板可以较充分利用板面混凝土抗压，但不能直接形成平整的顶棚，倒槽板则反之。槽形板较空心板轻，但隔声隔热性能较差。

槽形板由于开洞较自由，承载能力较大，故在工业建筑中采用较多。此外，也可用于对天花板要求不高的民用建筑屋盖和楼盖结构中。

4）T 形板

T 形板有单 T 板和双 T 板两种（图 3-62d）。这类板受力性能良好，布置灵活，能跨越较大的空间，且开洞也较自由，但整体刚度不如其他类型的板。双 T 板比单 T 板有较好的整体刚度，但自重较大，对吊装能力要求较高。T 形板适用于板跨在 12m 以内的楼面和屋盖结构。T 形板的翼缘宽度为 1500～2100mm；截面高度为 300～500mm。视其跨度大小而定。另外，在装配式混凝土楼盖中，有时需设置楼盖梁。楼盖梁可为预制或现浇，视梁的尺寸和吊装能力而定。

一般混合结构房屋中的楼盖梁多为简支梁或带悬挑的简支梁，有时也做成连续梁。梁的截面多为矩形。当梁较高时，为满足建筑净空要求，往往做成花篮梁或十字形梁。此外，为便于布板和砌墙，还设计成 T 形梁和倒 T 形梁。如图 3-63 所示。

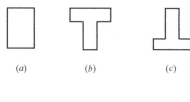

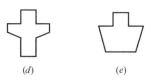

图 3-63　各种预制梁截面

（a）矩形梁；（b）T 形梁；（c）倒 T 形梁；

（d）十字形梁；（e）花篮梁

2. 装配式楼盖的连接构造

在装配式混凝土楼盖设计中，应处理好各构件之间的连接构造。板与板之间、板与墙之间以及板与梁之间的连接应能承受各种荷载的作用，以保证装配式楼盖在水平方向的整体性。此外，增强板之间的连接，也可增加楼盖在垂直方向受力时的整体性，改善各独立板的工作条件。

1）板与板的连接

预制板侧应为双齿边；拼接缝上口宽度不应小于 30mm；空心板端孔设置有堵头，深度不宜少于 60mm；拼缝中应浇灌强度不低于 C30 的细石混凝土或砂浆灌缝（图 3-64）。

预制板端宜伸出锚固钢筋互相连接，并宜与板的支承结构伸出的钢筋及板端拼缝中设置的通长筋连接。当楼面有振动荷载或房屋有抗震设防要求时，板缝内应设置拉接钢筋。此时，板间缝应适当加宽。

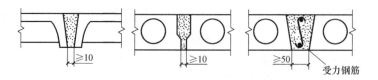

图 3-64　板与板的连接构造

2）板与墙和板与梁的连接

板与墙和梁的连接，分支承与非支承两种情况。

板与其支承墙和梁的连接，一般采用在支座上坐浆（厚度约为 10～20mm）。板在砖墙上支承宽应≥100mm，在钢筋混凝土梁上支承宽应≥60～80mm（图 3-65），方能保证可靠地连接。

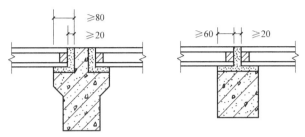

图 3-65 板与支承梁的连接构造

板与非支承墙和梁的连接，一般采用细石混凝土灌缝。当板长≥4.8m 时，应在板的跨中设置二根直径为 8mm 的锚拉钢筋或将钢筋混凝土圈梁设置于楼盖平面处，以增强其整体性，如图 3-66 所示。

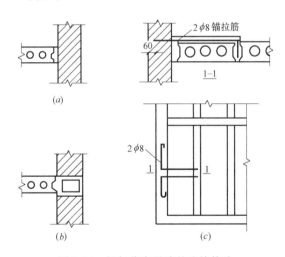

图 3-66 板与非支承墙的连接构造

3.4 现浇钢筋混凝土楼梯

3.4.1 楼梯的类型

楼梯是多层、高层房屋的竖向通道，由梯段和休息平台组成。为了满足承重和防火要求，通常采用钢筋混凝土楼梯，在有地震作用时楼梯还是重要的抗侧力构件和人员疏散通道。楼梯的形式，按照平面布置形式可分为单跑式、双跑式、三跑式楼梯；按施工方法可分为现浇整体式和预制装配式楼梯；按结构形式可分为梁式（图 3-67a）、板式（图 3-67b）、螺旋式（图 3-67c）、剪刀式楼梯（图 3-67d），其中前两种属于平面受力体系，后两种属于空间受力体系。

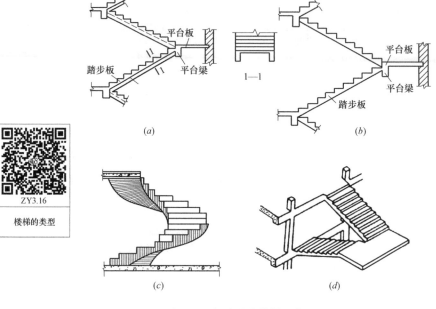

图 3-67　各种形式楼梯示意图

楼梯结构形式的选择，应考虑楼梯的使用要求、材料供应、施工方法等因素，本着安全、适用、经济、美观的原则确定。一般当楼梯使用荷载不大，且水平投影长度小于3m 时，采用板式楼梯；当使用荷载较大，且水平投影长度大于 3m 时，采用梁式楼梯较为经济。

楼梯的结构设计包括以下内容：

1. 根据建筑要求和施工条件，确定楼梯的结构形式和结构布置；

2. 确定计算荷载，楼梯荷载包括恒荷载（自重）和活荷载。楼梯活荷载可根据建筑类别，查表 1-10 确定的活荷载标准值；

3. 进行楼梯各部件的内力计算和截面设计；

4. 绘制施工图，特别应注意处理好连接部位的配筋构造。

3.4.2　现浇钢筋混凝土板式楼梯

板式楼梯由梯段板、休息平台和平台梁组成（图 3-67b）。梯段是斜放的齿形板，支承在平台梁上和楼层梁上，底层下端一般支承在地垄墙上。板式楼梯的优点是下表面平整，施工支模较方便，外观比较轻巧。缺点是梯段斜板较厚，约为梯段板斜长的1/30～1/25，其混凝土用量和钢材用量都较多。

板式楼梯的包括梯段斜板、平台板、平台梁等构件。

1. 梯段斜板

为保证梯段板具有一定的刚度，梯段板的厚度常取 80～120mm。

梯段板（图 3-68b）支承在平台梁及楼层梁上（底层下端支承在地垄墙上），一般取 1m 宽板带为计算单元，在进行内力计算时，可简化为两端简支的斜板，斜板又可化为水平板（图 3-68b）进行计算。考虑到平台梁及楼层梁对斜板的部分嵌固作用，斜板的跨中弯矩可近似按下式计算：

$$M=(q+g)l_0^2/10 \tag{3-22}$$

当斜板支承在平台梁和砖墙上时，嵌固作用差，跨中近似按下式计算：

$$M=(q+g)l_0^2/8 \tag{3-23}$$

式中　g、q——作用在梯段板上的沿水平投影方向的永久荷载和可变荷载设计值；

　　　l_0、l_n——梯段板的计算跨度及净跨的水平投影长度。

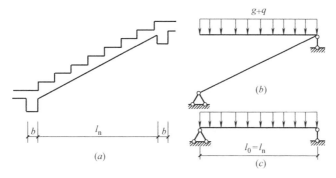

图 3-68　梯段板的内力计算

斜板的受力钢筋沿斜向布置，支座处板的上部应设置负钢筋，配筋常用分离式，分布钢筋与受力钢筋相垂直，且每个踏步范围内必须有一根，且直径≥8mm，如图 3-69 所示。

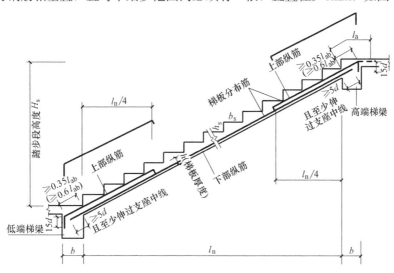

图 3-69　AT 型板式楼梯板的配筋

（当充分发挥钢筋抗拉强度时，采用括号内数值）

施工相关知识

梯段板在进行底板钢筋网片绑扎时，必须将钢筋交叉点全部绑扎，绑扎应牢固。

---

2. 平台板

平台板的厚度 $h = l_0/35$（l_0 为平台板的计算跨度），常取为 $60\sim100\text{mm}$；平台板一般均取 1m 宽板带作为计算单元。

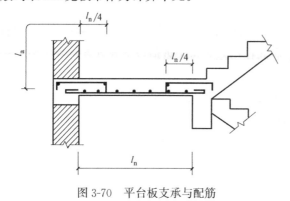

图 3-70　平台板支承与配筋

当平台板的一边与梁整体连接而另一边支承载墙上时，板的跨中弯矩应按 $M = 1/8(g+q)l_0^2$ 计算。

当平台板的两边均与梁整体连接时，考虑梁对板的弹性约束，板的跨中弯矩取可按 $M = 1/10(g+q)l_0^2$ 计算。

平台板与平台梁或过梁相交处，考虑到支座处有负弯矩作用，应配置承受负弯矩的钢筋，如图 3-70 所示。

当平台板的跨度远比梯段板的水平跨度小时，平台板中可能出现负弯矩的情况，此时板中负弯矩钢筋应通跨布置。

3. 平台梁

板式楼梯的平台梁，承受本身自重、平台板传来的均布荷载和斜板的均布荷载，当上下梯段等长，又忽略上下梯段斜板之间的空隙时，可按荷载满布于全跨的简支承梁计算。考虑平台梁两侧荷载不一致将引起扭矩，宜适当增加梁内的箍筋用量。

3.4.3　现浇钢筋混凝土梁式楼梯

梁式楼梯由踏步板，斜梁和平台板、平台梁组成（图 3-67a）。踏步板支承在斜梁及墙上，有时为使砌墙不受楼梯施工进度的影响，也可在靠墙加设斜边梁；斜梁支承在平台梁和层间楼面梁上（底层楼梯下端支承在地垄墙上）；平台板一端支承在平台梁上，另一端支承在砖墙上（或与过梁整体连结）。平台梁则支承在楼梯间两侧的墙上。

1. 踏步板

一般梁式楼梯的斜梁设置在踏步板的两侧。因此踏步板可以按两端简支于斜梁上的简支板计算，其计算单元可取一个踏步，如图 3-71 所示。板的高度可按折算高度，即 $h = c/2 + d/\cos\alpha$ 取用，d 为板厚，一般取 $\delta = 30\sim40\text{mm}$，每一踏步下一般需配置不少于 $2\Phi8$ 的受力钢筋，沿斜向布置间距不大于 300mm 的 $\Phi8$ 分布钢筋。

当踏步板一端与斜边梁整体连接，另一端支承在墙上时，如图 3-72（a）所示，可按简支板计算跨中弯矩，$M = 1/8(g+q)l_0^2$，式中 l_0 为计算跨度，$l_0 = l_n + a/2$，l_n 为踏步板的净跨，a 为踏步板在墙上的支承长度。

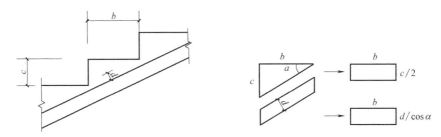

图 3-71　踏步板计算单元及截面换算

当踏步板两端均与斜梁整体连接时，如图 3-72（b）所示，考虑到斜梁对踏步板的部分嵌固作用，其跨中弯矩取为 $M = 1/10(g+q)l_0^2$。

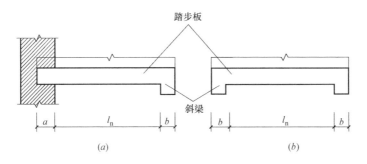

图 3-72　踏步板的支承情况

2. 斜梁

梯段斜梁通常支承于上、下平台梁上，底层支承于地垄墙上，一般按简支梁计算。斜梁的计算截面形式与斜梁和踏步板的相对位置有关，当踏步板在斜梁上部时，若仅有一根斜梁，可按矩形截面计算；若有两根斜梁，则按 L 形截面计算。

斜梁上所承受的荷载包括由踏步传来的恒荷载与活荷载、斜梁自重与粉刷层等重量。

在斜梁截面设计中，斜梁的截面高度取垂直于斜梁轴线的垂直高度，一般取 $h \geqslant l_0/20$，l_0 为斜梁水平投影的计算跨度。图 3-73 为斜梁的配筋构造图。

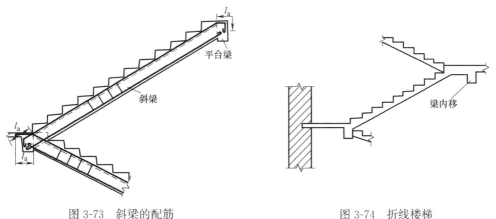

图 3-73　斜梁的配筋　　　　　　　　图 3-74　折线楼梯

当平台梁内移（图 3-74）时，斜梁应从倾斜梯段部分延伸到平台部分，这就形成了折线形斜梁。

3. 平台板与平台梁

梁式楼梯的平台梁按支承在楼梯间横墙上的简支梁计算。它承受的荷载有斜梁传来的集中荷载、平台板传来的均布荷载和自重等。由于平台梁两侧荷载的不对称性，平台梁还承受一定的扭矩作用，计算时往往不考虑该扭矩作用，但箍筋应适当加密。平台梁是倒 L 形截面，考虑其受弯工作时截面的不对称性，计算时可不考虑翼缘的作用，近似按宽为肋宽的矩形截面计算。

施工相关知识

梁式楼梯在施工中，应先绑扎梁筋，再绑扎板筋。

特别提示

当楼梯下净高不够，可将楼层梁向内移动，这样板式楼梯的梯段就成为折线形。对此设计中应注意两个问题：（1）梯段中的水平段，其板厚应与梯段相同，不能处理成和平台板同厚；（2）折角处的下部受拉纵筋不允许沿板底弯折，以免产生向外的合力将该处的混凝土崩脱，应将此处纵筋断开，各自延伸至上面再行锚固。若板的弯折位置靠近楼层梁，板内可能出现负弯矩，则板上面还应配置承担负弯矩的短钢筋（图 3-75）。

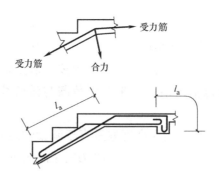

图 3-75　板内折角时的配筋

小　结

1. 本模块对钢筋混凝土梁、板构件的设计过程和内容进行了较为详细的阐述，包括混凝土结构所使用材料的选择，简支梁、简支板和外伸梁的设计计算以及相关混凝土构件的基本构造要求。

2. 建筑结构的设计内容，包括数值计算和构造措施两部分。混凝土结构设计的一般步骤是：选择材料、初步构件尺寸、确定构件计算简图、荷载计算、内力分析、截面设计、变形验算（必要时）、确定构造措施、按计算结果和构造要求绘制结构施工图。

3. 根据梁纵向钢筋的配筋率的不同，钢筋混凝土梁可以分为适筋梁、超筋梁和少筋梁三种类型。

根据适筋梁的破坏模型建立起钢筋混凝土梁的正截面承载力计算公式。钢筋混凝土梁的纵向受力钢筋的数量要通过钢筋混凝土正截面承载力计算完成，钢筋混凝土梁的正截面承载力计算包括了配筋计算和截面校核两种。

4. 随着箍筋数量和剪跨比的不同，钢筋混凝土梁的三种斜截面受剪破坏形态为斜压破坏、斜拉破坏和剪压破坏。斜压破坏通过限制截面尺寸来防止；斜拉破坏通过按最小配箍率配置箍筋来防止；剪压破坏要通过设计计算配置箍筋来避免。箍筋的数量则通过斜截面承载力计算完成。

5. 楼盖包括肋梁楼盖、井字楼盖、无梁楼盖、密肋楼盖和装配式楼盖，应根据不同的建筑要求和使用条件选择合适的结构类型。

6. 在现浇楼盖中，当板的长边与短边之比小于等于 2 时，板在荷载作用下，沿两个正交受力且都不可忽略，称为双向板。双向板需分别按计算确定长边与短边方向的内力及配筋。

7. 钢筋混凝土楼盖按施工方法可分为现浇式、装配式和装配整体式三种形式。

8. 现浇肋梁楼盖中的板和非框架梁的钢筋构造的构造要求。

9. 现浇钢筋混凝土楼梯按受力方式的不同分为：梁式楼梯和板式楼梯等。梁式楼梯和板式楼梯的主要区别，在于楼梯梯段是采用梁承重还是板承重。前者受力较合理，用材较省，但施工较复杂且欠美观，宜用于梯段较长的楼梯；后者反之。

123

习　题

一、填空题

1. 受弯构件正截面破坏的三种形态_____、_____、_____。

2. 楼盖（屋盖）按施工方法分为_____、_____、_____。

3. 板中分布钢筋应位于受力筋的_____，且应与受力筋_____。

4. 在主梁与次梁交接处设置的附加横向钢筋，包括_____和_____两种形式。

5. 当梁的腹板高度不小于_____ mm 时，在梁的两侧应设置纵向构造钢筋和相应的拉筋。

6. 我国《混凝土结构设计规范》提倡用_____级钢筋作钢筋混凝土结构的主受力钢筋。

7. 腹筋包括_____、_____。在钢筋混凝土梁中，宜优先采用_____作为受剪钢筋。

8. 钢筋混凝土楼梯按照受力方式不同可分为_____与_____。

二、选择题

1. 在混凝土各强度指标中，其设计值大小关系为（　　）。

A. $f_t > f_c > f_{cu}$　　　B. $f_{cu} > f_c > f_t$　　　C. $f_{cu} > f_t > f_c$　　　D. $f_c > f_{cu} > f_t$

2. 梁中下部纵向受力钢筋的净距不应小于（　　）。

A. 25mm 和 1.5d　　　B. 30mm 和 2d　　　C. 30mm 和 1.5d　　　D. 25mm 和 d

3. 抗剪公式适用的上限值，是为了保证（　　）。

A. 构件不发生斜压破坏　　　　　　　　B. 构件不发生剪压破坏

C. 构件不发生斜拉破坏　　　　　　　　D. 箍筋不致配的太多

4. 对于梁类、板类及墙类构件，位于同一连接区段内的受拉钢筋搭接接头面积百分率不宜大于（　　）。

A. 25%　　　B. 50%　　　C. 75%　　　D. 100%

5. 钢筋混凝土适筋梁的破坏形态属于（　　）。

A. 脆性破坏　　　B. 延性破坏　　　C. A、B 形式均有　　　D. 界限破坏

6. 有抗震要求的箍筋末端应做成135°弯钩，弯钩端头平直段长度不应小于（ ）。

A. 箍筋直径的5倍，且不小于100mm B. 箍筋直径的10倍，且不小于75mm

C. 箍筋直径的10倍，且不小于50mm D. 箍筋直径的10倍，且不小于100mm

7. 钢筋混凝土单筋矩形截面梁中的架立筋，（ ）。

A. 考虑其承担剪力 B. 考虑其协助混凝土承担压力

C. 不考虑其承担压力 D. 考虑其承担拉力

8. 板中纵向受力钢筋根据（ ）配置。

A. 构造 B. 正截面承载力计算 C. 斜截面承载力 D. A+B

9. 单向板肋梁楼盖板区格长边 l_1 与短边 l_2 的比值（ ）。

A. $l_2/l_1 = 2$ B. $l_2/l_1 \leqslant 2$ C. $l_1/l_2 > 3$ D. $l_2/l_1 < 3$

10. 提高梁的正截面抗弯承载力最有效的措施是（ ）。

A. 提高混凝土强度 B. 加大截面尺寸

C. 加大截面宽度 D. 加大截面高度

11. 梁的混凝土保护层厚度指（ ）。

A. 钢筋内边缘至混凝土表面的距离 B. 纵向受力钢筋外边缘至混凝土表面的距离

C. 箍筋外边缘至混凝土构件外边缘的距离 D. 纵向受力钢筋重心至混凝土表面的距离

三、判断题

1. 对于某一构件而言，混凝土强度等级越高，构件的混凝土保护层厚度越大。（ ）

2. 梁中箍筋的主要作用是承受弯矩。（ ）

3. 板中分布钢筋的主要作用是来承担弯矩的。（ ）

4. 梁中架立钢筋主要作用是承担支座产生的负弯矩。（ ）

5. 少筋梁正截面受弯破坏时，破坏弯矩小于同截面适筋梁的开裂弯矩。（ ）

6. 配置了受拉钢筋的钢筋混凝土梁，其极限承载力不可能小于同样截面、相同混凝土强度的素混凝土梁的承载力。（ ）

7. 受弯构件正截面的三种破坏形态均属脆性破坏。（ ）

8. 受弯构件斜截面的三种破坏形态均属脆性破坏。（ ）

9. 钢筋混凝土梁斜截面的剪压破坏，要通过设计配置箍筋来避免。（ ）

四、简答题

1. 钢筋混凝土梁和板中通常配置那几种钢筋，各起什么作用？

2. 混凝土保护层的作用是什么？室内正常环境中梁、板的保护层厚度一般取为多少？

3. 根据纵向受力钢筋配筋率的不同，钢筋混凝土梁可分为哪几种类型，不同类型梁的破坏特征有何不同，破坏性质分别属于什么？实际工程设计中如何防止少筋和超筋？

4. 钢筋混凝土受弯构件斜截面受剪破坏有哪几种形态，破坏特征各是什么？以哪种破坏形式作为计算的依据，如何防止斜压和斜拉？

5. 单向板和双向板的受力特点如何？

6. 板式楼梯和梁式楼梯的组成及荷载传递有什么不同？

五、计算题

1. 钢筋混凝土矩形截面梁，截面尺寸 $b \times h = 200mm \times 500mm$，弯矩设计值 $M = 120kN \cdot m$，混凝土强度等级为C35，用钢筋为HRB400，构件处于二 a 类环境，试计算纵向受力钢筋面积 A_s。

2. 矩形截面梁 $b \times h = 250mm \times 550mm$，混凝土强度等级 C35，钢筋 HRB500 级，受拉钢筋为 4

Φ18（$A_s=1017\text{mm}^2$），构件处于一类环境，弯矩设计值 $M=150\text{kN}\cdot\text{m}$，构件安全等级为 II 级。验算该梁的正截面承载力。

3. 一根承受均布荷载的钢筋混凝土矩形截面梁，其截面尺寸 $b\times h=250\text{mm}\times500\text{mm}$，配置一排纵筋。已求的支座边缘剪力设计值 $V=250\text{kN}$，该梁混凝土强度等级为 C30，HRB400 级，构件处于二 a 类环境，试确定箍筋数量。

4. 某教学楼现浇钢筋混凝土走道简支板，厚度 $h=80\text{mm}$，板面做 20mm 水泥砂浆面层，计算跨度 $l_0=2\text{m}$，构件处于二 a 类环境，采用 C30 级混凝土，HPB300 级钢筋。试确定纵向受力钢筋的数量。

YT3

云题

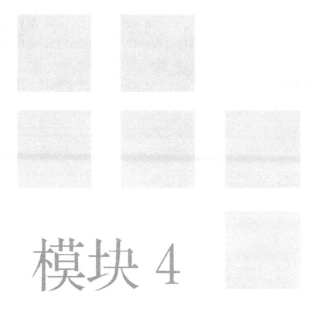

模块 4

钢筋混凝土柱及框架结构

教学目标

掌握钢筋混凝土柱的计算及构造要求，了解框架结构的类型和结构布置，掌握框架结构构造规定。

教学要求

能 力 目 标	相 关 知 识
了解框架结构的类型和结构布置	框架结构按施工方法不同可分为现浇式框架、装配式框架和装配整体式框架；框架结构的布置方案主要有横向布置、纵向布置和纵横向布置三种
掌握框架结构构造规定	抗震和非抗震设防钢筋混凝土框架梁、柱及其节点构造要求
掌握钢筋混凝土柱的计算及构造要求	钢筋混凝土柱的计算，轴心受压柱的承载力计算

引例

附录 A——案例为二层现浇钢筋混凝土框架结构教学楼，层高 3.6m，平面尺寸为 45m×17.4m。建筑抗震设防烈度为 7 度。其柱网布置图如图 4-1 所示。

思考：本建筑采用了现浇式钢筋混凝土框架结构，这种形式有何特点？本建筑采用了哪种平面布置方案？

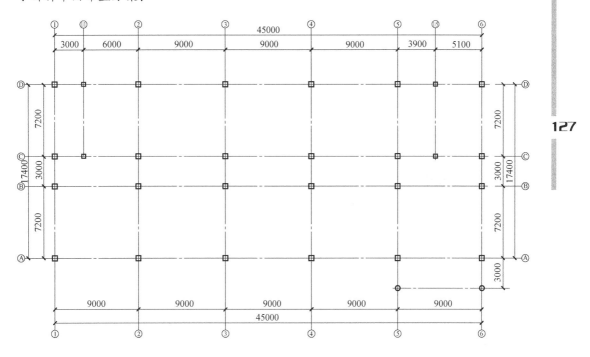

图 4-1　柱网布置示意图

框架结构是由框架梁和框架柱组成的，梁的承载力计算方法和构造要求见模块 3，本模块将介绍受压柱的承载力计算方法、构造要求及框架结构的构造要求。

4.1　钢筋混凝土柱

当构件上作用有纵向压力为主的内力时，称为受压构件。按照纵向力在截面上作用位置的不同，受压构件分为轴心受压构件和偏心受压构件。纵向力作用线与构件轴线重合的构件称为轴心受压构件，否则为偏心受压构件。偏心受压构件又可分为单向偏心受压构件和双向偏心受压构件（图 4-2）。建筑工程中，柱是最常见的受压构件之一。

本节只介绍轴心受压柱和单向偏心受压柱。

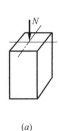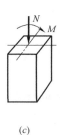

(*a*)　　　　　　(*b*)　　　　　　(*c*)　　　　　　(*d*)

图 4-2　轴心受压和偏心受压

（*a*）轴心受压；（*b*）单向偏心受压；（*c*）单向偏心受压；（*d*）双向偏心受压

特别提示

1. 在建筑工程中除柱外，桁架中的受压腹杆和弦杆、桥梁中的桥墩也属于受压构件；

2. 在实际结构中，理想的轴心受压构件几乎是不存在的。通常由于施工的误差、荷载作用位置的不确定性、混凝土质量的不均匀性等原因，往往存在一定的初始偏心距。但有些构件，如以恒载为主的等跨多层房屋的内柱、桁架中的受压腹杆等，主要承受轴向压力，可近似按轴心受压构件计算。

4.1.1　柱构造要求

1. 材料

合理选用材料，是结构设计的基础，其混凝土和钢筋的选用见模块 2。

2. 截面形式及尺寸要求

钢筋混凝土受压柱通常采用方形或矩形截面，以便制作模板。一般轴心受压柱以方形为主，偏心受压柱以矩形截面为主。当有特殊要求时，也可采用其他形式的截面，如轴心受压柱可采用圆形、多边形等，偏心受压柱还可采用 I 形、T 形等。

截面尺寸不宜小于 250mm×250mm，柱截面尺寸宜取整数，在 800mm 以下时以 50mm 为模数，在 800mm 以上以 100mm 为模数。

另外，有抗震要求的框架柱截面尺寸应按下述公式进行初步估算：

$$A \geqslant \frac{N}{\lambda f_c} \tag{4-1}$$

式中　N——柱中轴向压力设计值；

　　　f_c——混凝土轴心抗压强度设计值；

　　　λ——柱轴压比（$N/f_c A$）限值，见《混凝土结构设计规范》。

特别提示

为避免发生短柱的剪切破坏，框架柱净高与截面长边之比宜大于 4。

3. 纵向受力钢筋

1) 纵向受力钢筋宜采用直径较大的钢筋，以增大钢筋骨架的刚度、减少施工时可能产生的纵向弯曲和受压时的局部屈曲。

2) 纵向受力钢筋的直径不宜小于 12mm，通常在 16～32mm 范围内选用，方形和矩形截面柱中纵向受力钢筋不少于 4 根，圆柱中不宜少于 8 根且不应少于 6 根。

3) 纵向受力钢筋的净距不应小于 50mm，偏心受压柱中垂直于弯矩作用平面的侧面上的纵向受力钢筋及轴心受压柱中各边的纵向受力钢筋的中距不宜大于 300mm（图 4-3）。

4) 当偏心受压柱的截面高度 $h \geqslant 600$mm 时，在柱的侧面上应设置直径为 10～16mm 的纵向构造钢筋，并相应设置复合箍筋或拉筋。

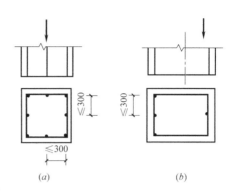

图 4-3　柱纵向钢筋布置
(a) 轴心受压；(b) 偏心受压

5) 受压构件纵向钢筋的配筋率 $\left(\rho = \dfrac{A'_s}{b \times h}\right)$ 不应小于表 3-5 中的数据。

特别提示

1. 轴心受压柱的纵向受力钢筋应沿截面四周均匀对称布置，偏心受压柱的纵向受力钢筋布置在弯矩作用方向的两对边，圆柱中纵向受力钢筋宜沿周边均匀布置。

2. 受压构件全部纵向钢筋的配筋率不宜大于 5%，从经济和施工方便（不使钢筋太密集）角度考虑，受压钢筋的配筋率一般不超过 3%，通常在 0.5%～2% 之间。

4. 箍筋

1) 箍筋直径不应小于 $d/4$，且不应小于 6mm（d 为纵向钢筋的最大直径）。

2) 箍筋间距不应大于 400mm 及构件截面的短边尺寸，且不应大于 15d（d 为纵向钢筋的最小直径）。

3) 当柱中全部纵向受力钢筋的配筋率超过 3% 时，箍筋直径不应小于 8mm，间距不应大于 10d，且不应大于 200mm；箍筋末端应做成 135° 弯钩且弯钩末端平直段长度不应小于 10d（d 为纵向受力钢筋的最大直径）。

4) 当柱截面短边尺寸大于 400mm，且各边纵向钢筋多于 3 根时，或当柱截面短边不大于 400mm，但各边纵向钢筋多于四根时，应设置复合箍筋，其布置要求是使纵向钢筋至少每隔一根位于箍筋转角处（图 4-4）。

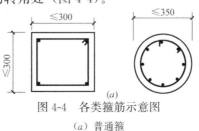

图 4-4　各类箍筋示意图
(a) 普通箍

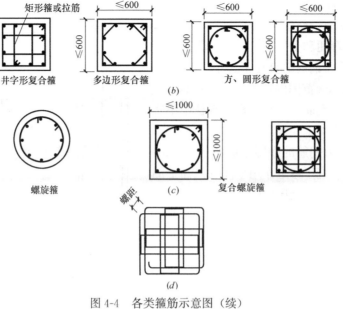

图 4-4　各类箍筋示意图（续）

（b）复合箍；（c）螺旋箍；（d）连续复合螺旋箍（用于矩形截面柱）

130

课堂讨论

柱中纵向受力钢筋和箍筋的作用分别是什么？

4.1.2　钢筋混凝土轴心受压柱

根据箍筋形式的不同，钢筋混凝土轴心受压柱可分为普通箍筋柱（图 4-5）和螺旋箍筋柱（图 4-6）。

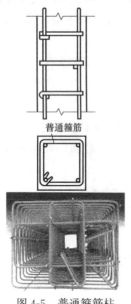

图 4-5　普通箍筋柱

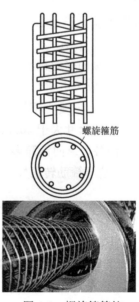

图 4-6　螺旋箍筋柱

> **课堂讨论**
> 　　在螺旋箍筋柱中箍筋的形状为圆形，且间距较密，其作用是什么？

1. 轴心受压构件的破坏特征

　　按照长细比 l_0/b 的大小，轴心受压柱可分为短柱和长柱两类。对方形和矩形柱，当 $l_0/b \leqslant 8$ 时属于短柱，否则为长柱。其中 l_0 为柱的计算长度，b 为矩形截面的短边尺寸。

　　配有普通箍筋的矩形截面短柱，在轴向压力 N 作用下整个截面的应变基本上是均匀分布的。N 较小时，构件的压缩变形主要为弹性变形。随着荷载的增大，构件变形迅速增大。与此同时，混凝土塑性变形增加，弹性模量降低，应力增长逐渐变慢，而钢筋应力的增加则越来越快，钢筋将先达到其屈服强度，此后增加的荷载全部由混凝土来承受，在临近破坏时，柱子表面出现纵向裂缝，混凝土保护层开始剥落，最后，箍筋之间的纵向钢筋压屈而向外凸出，混凝土被压碎崩裂而破坏图 4-7（a），破坏时混凝土的应力达到棱柱体抗压强度 f_c。

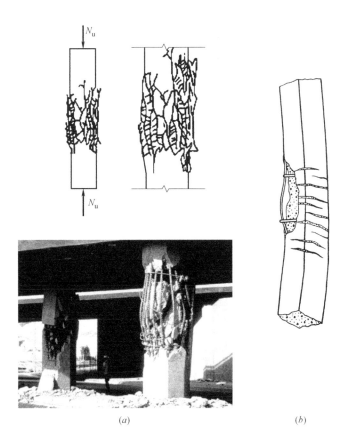

(a)　　　　　　　　　　　　　　(b)

图 4-7　轴心受压柱的破坏形态

（a）轴心受压短柱的破坏形态；（b）轴心受压长柱的破坏形态

试验表明，对于长细比较大的长柱，由于初始偏心距的影响，在同等条件下，即截面相同，配筋相同，材料相同的条件下，长柱承载力低于短柱承载力（其破坏形态如图4-7b所示）。在确定轴心受压构件承载力计算公式时，规范采用构件的稳定系数 φ 来表示长柱承载力降低的程度。试验结果表明，稳定系数主要和构件的长细比 l_0/b 有关，长细比 l_0/b 越大，φ 值越小（表4-1）。构件的计算长度 l_0 与构件两端支承情况有关，一般多层房屋中梁柱为刚接的框架结构，各层柱的计算长度 l_0 可按表4-2确定。

钢筋混凝土轴心受压构件的稳定系数 φ 表4-1

l_0/b	≤8	10	12	14	16	18	20	22	24	26	28
l_0/d	≤7	8.5	10.5	12	14	15.5	17	19	21	22.5	24
l_0/i	≤28	35	42	48	55	62	69	76	83	90	97
φ	1.0	0.98	0.95	0.92	0.87	0.81	0.75	0.70	0.65	0.60	0.56
l_0/b	30	32	34	36	38	40	42	44	46	48	50
l_0/d	26	28	29.5	31	33	34.5	36.5	38	40	41.5	43
l_0/i	104	111	118	125	132	139	146	153	160	167	174
φ	0.52	0.48	0.44	0.40	0.36	0.32	0.29	0.26	0.23	0.21	0.19

注：表中 l_0 为构件计算长度；b 为矩形截面的短边尺寸；d 为圆形截面的直径；i 为截面最小回转半径。

框架结构各层柱的计算长度 表4-2

楼 盖 类 型	柱 的 类 别	l_0
现浇楼盖	底层柱	$1.0H$
	其余各层柱	$1.25H$
装配式楼盖	底层柱	$1.25H$
	其余各层柱	$1.5H$

注：H——对底层柱为基础顶面到一层楼盖顶面之间的距离，其余各层为上下两层楼盖顶面之间的距离。

特别提示

1. 当应用表4-1查 φ 值时，如 l_0/b 为表格中没有列出的数值，可利用内插法来确定 φ 值；

2. 当 $l_0/b \leqslant 8$ 时，$\varphi = 1$；

3. 稳定系数 φ 也可按下式计算：

$$\varphi = \frac{1}{1 + 0.002(l_0/b - 8)^2} \tag{4-2}$$

---

2. 轴心受压构件正截面承载力计算基本公式

轴心受压柱的正截面承载力由混凝土及受压钢筋承载力两部分组成，短柱和长柱的承载力计算公式为：

$$N \leqslant 0.9\varphi(f_c A + f_y' A_s') \tag{4-3}$$

式中　N——轴向压力设计值，N；

　　　φ——钢筋混凝土构件的稳定系数，按表4-1采用；

　　　f_c——混凝土轴心抗压强度设计值，N/mm²；

f'_y——纵向钢筋的抗压强度设计值，N/mm²；

　A——构件截面面积，mm²；

　A'_s——全部纵向钢筋的截面面积，当纵向钢筋配筋率大于3%时，式中A应改用$(A-A'_s)$代替。

3. 计算方法

1）截面设计

已知：构件截面尺寸$b×h$，轴向力设计值N，构件的计算长度l_0，材料强度f_c、f'_y；求：纵向钢筋截面面积A'_s。

计算步骤如图4-8所示。

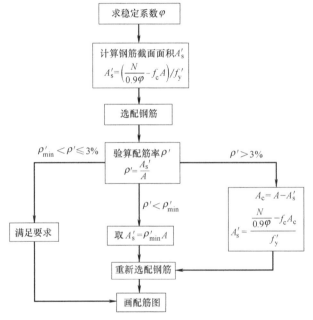

图4-8　轴心受压构件截面设计计算步骤

例4-1：某现浇多层钢筋混凝土结构，底层中柱按轴心受压构件计算，层高$H=6.4$m，柱截面面积$b×h=400\text{mm}×400\text{mm}$，承受轴向压力设计值$N=2450$kN，采用C30级混凝土（$f_c=14.3\text{N/mm}^2$），HRB400级钢筋（$f'_y=360\text{N/mm}^2$），求纵向钢筋截面面积，并配置纵向钢筋和箍筋。

解：$f_c=14.3\text{N/mm}^2$，$f'_y=360\text{N/mm}^2$，$\rho'_{min}=0.55\%$（查表3-5）。

（1）求稳定系数φ

由表4-2柱计算长度：$l_0=1.0H=1.0×6.4\text{m}=6.4$m。

长细比：$\dfrac{l_0}{b}=\dfrac{6400}{400}=16$，查表4-1得$\varphi=0.87$。

（2）计算纵向钢筋截面面积A'_s

由公式（4-3）得：

$$A'_s=\dfrac{\dfrac{N}{0.9\varphi}-f_cA}{f'_y}=\dfrac{\dfrac{2450×10^3}{0.9×0.87}-14.3×400^2}{360}=2336\text{mm}^2$$

（3）配置纵向钢筋

查表 3-9 得，纵向钢筋选用 8Φ20（$A'_s = 2513\text{mm}^2$）。

（4）验算配筋率

$$\rho' = \frac{A'_s}{b \times h} = \frac{2513}{400 \times 400} = 1.57\% > \rho'_{\min} = 0.55\%，且\ \rho' < 3\%，满足要求。$$

（5）由构造要求选取箍筋

$$直径\ d \begin{cases} \geq \dfrac{d}{4} = \dfrac{20}{4} = 5\text{mm} \\ \geq 6\text{mm} \end{cases} \qquad 取为\Phi 8$$

$$间距\ s \begin{cases} \leq 400\text{mm} \\ \leq b = 400\text{mm} \\ \leq 15d = 15 \times 20 = 300\text{mm} \end{cases} \qquad 取\ s = 200\text{mm}$$

箍筋选用Φ8@200。

（6）绘制截面配筋图

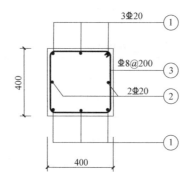

2）截面承载力复核

已知：柱截面尺寸 $b \times h$，计算长度 l_0，轴向力设计值 N，纵向钢筋数量 A'_s 及级别 f'_y，混凝土强度等级 f_c；判断截面是否安全。

计算步骤如图 4-9 所示。

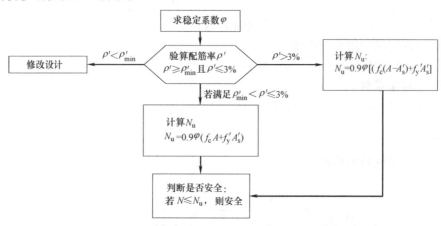

图 4-9　轴心受压构件截面承载力复核步骤

例 4-2：已知某钢筋混凝土轴心受压柱，截面尺寸 $b \times h = 400\text{mm} \times 400\text{mm}$，计算长度 $l_0 = 4.5\text{m}$，已配置 HRBF400 级纵向受力筋 $8\Phi^\text{F}22$（$A_s' = 3041\text{mm}^2$），混凝土强度等级为 C40，承受轴向力设计值为 3080kN，试对该柱进行承载力复核。

解： $f_y' = 360\text{N/mm}^2$，$f_c = 19.1\text{N/mm}^2$，$\rho_{min}' = 0.55\%$（查表 3-5）

（1）求稳定系数 φ

$$\text{长细比：} \frac{l_0}{b} = \frac{4500}{400} = 11.25\text{，查表 4-1 得 } \varphi = 0.961$$

（2）验算配筋率

$$\rho_{min}' = 0.55\% < \rho' = \frac{A_s'}{A} = \frac{3041}{400 \times 400} = 1.9\% < 3\%$$

（3）计算柱截面承载力

$$N_u = 0.9\varphi(f_c A + f_y' A_s')$$
$$= 0.9 \times 0.961 \times (19.1 \times 400 \times 400 + 360 \times 3041) \times 10^{-3}$$
$$= 3590\text{kN} > N = 3080\text{kN}$$

故此柱截面安全。

知识链接

螺旋箍筋柱的箍筋既是构造钢筋又是受力钢筋。由于螺旋筋或焊接环筋的套箍作用可约束核心混凝土（螺旋筋或焊接环筋所包围的混凝土）的横向变形，使得核心混凝土处于三向受压状态，从而间接地提高混凝土的纵向抗压强度，如图 4-10 所示。当混凝土纵向压缩产生横向膨胀时，将受到密排螺旋筋或焊接环筋的约束，在箍筋中产生拉力而在混凝土中产生侧向压力。当构件的压应变超过无约束混凝土的极限应变后，尽管箍筋以外的表层混凝土会开裂甚至剥落而退出工作，但核心混凝土尚能继续承担更大的压力，直至箍筋屈服。显然，混凝土抗压强度的提高程度与箍筋的约束力的大小有关。为了使箍筋对混凝土有足够大的约束力，箍筋应为圆形，当为圆环时应焊接。由于螺旋筋或焊接环筋间接地起到了纵向受压钢筋的作用，故又称为间接钢筋。

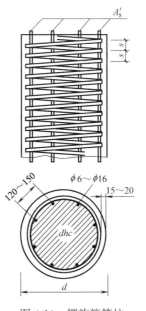

图 4-10　螺旋箍筋柱

需要说明的是，螺旋箍筋柱虽可提高构件承载力，但施工复杂，用钢量较大，一般仅用于轴力很大，截面尺寸又受限制，采用普通箍筋柱会使纵向钢筋配筋率过高，而混凝土强度等级又不宜再提高的情况。

4.1.3 钢筋混凝土偏心受压柱的破坏形态

偏心受压构件是轴向压力 N 和弯矩 M 共同作用或轴向压力 N 的作用线与重心线不重合的结果，截面出现部分受压和部分受拉或全截面不均匀受压的情况。

试验研究表明，偏心受压构件的破坏形态与轴向压力偏心距 e_0 的大小和配筋情况有关，分为大偏心受压破坏和小偏心受压破坏两种（图 4-11）。其破坏特征见表 4-3。

ZY4.1-1，2
偏心受压柱的破坏

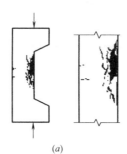
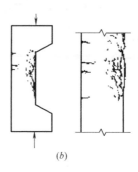

(a)   (b)

图 4-11 偏心受压构件的破坏形态

(a) 小偏心受压破坏；(b) 大偏心受压破坏

偏心受压构件破坏特征　　　　　　　　　　　　　　表 4-3

破坏特征	条 件	特 征	破坏性质	判别标准
大偏心受压破坏(受拉破坏)	偏心距 e_0 较大，且受拉钢筋 A_s 配置不太多	离 N 较远一侧的截面受拉，另一侧截面受压；首先在受拉区出现横向裂缝，裂缝处拉力全部由钢筋承担。荷载继续加大，受拉钢筋首先达到屈服，并形成一条明显的主裂缝，随后主裂缝明显加宽并向受压一侧延伸，受压区高度迅速减小。最后，受压区边缘出现纵向裂缝，受压区混凝土被压碎而导致构件破坏如图 4-11(b) 所示	有明显预兆，属于延性破坏	$\xi = \dfrac{x}{h_0} \leqslant \xi_b$
小偏心受压破坏(受压破坏)	偏心距 e_0 较小，或偏心距 e_0 虽然较大但配置的受拉钢筋过多	整个截面全部受压或大部分受压，随着荷载 N 逐渐增加，靠近轴 N 混凝土达到极限应变 ε_{cu} 被压碎，受压钢筋 A_s' 的应力也达到 f_y'，远离 N 一侧的钢筋 A_s 可能受压，也可能受拉，但因本身截面应力太小，或因配筋过多，都达不到屈服强度如图 4-11(a) 所示	无明显预兆，属脆性破坏	$\xi = \dfrac{x}{h_0} > \xi_b$

注：x——混凝土受压区高度；h_0——截面有效高度；ξ——相对受压区高度；ξ_b——界限相对受压区高度；A_s——离 N 较远一侧钢筋截面面积；A_s'——离 N 较近一侧钢筋截面面积。

特别提示

两种偏心受压破坏的界限条件是在破坏时纵向钢筋达到其屈服强度，同时混凝土达到极限压应变被压碎，称为界限破坏，此时其相对受压区高度称为界限相对受压区高度 ξ_b。

4.2 框架结构的类型

4.2.1 框架结构的组成

　　框架结构是由梁、柱、节点及基础组成的结构形式，横梁和立柱通过节点连成一体，形成承重结构，将荷载传至基础。梁柱交接处的框架节点通常为刚性连接，柱底一般为固定支座，如图 4-12 所示。

ZY4.2

框架结构的组成

　　框架结构可以是等跨或不等跨的，也可以是层高相同或不完全相同的，有时因工艺和使用要求，也可能在某层抽柱或某跨抽梁，形成缺梁柱的框架，如图 4-13 所示。

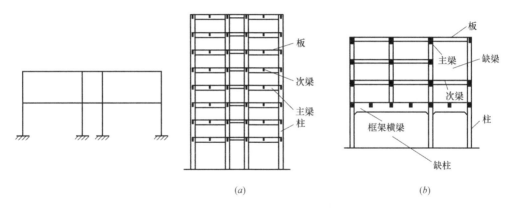

(a) (b)

图 4-12 框架结构的梁柱连接

图 4-13 框架结构

(a) 多层多跨框架的组成；(b) 缺梁缺柱的框架

　　框架结构广泛应用于多层工业厂房及多高层办公楼、医院、旅馆、教学楼、住宅等。框架结构的适用高度为 6～15 层，非地震区也可建到 15～20 层。框架结构是竖向承重体系，也作为水平承载体系承受侧向作用力，如风荷载或水平地震作用。一般情况下，填充墙只起围护、分隔作用，宜采用轻质材料，计算时通常不考虑填充墙对框架抗侧移的作用。

　　框架结构的优点：建筑平面布置灵活，可以形成较大的空间，平、立面布置设计灵活多变，如图 4-14 所示。

　　框架结构的缺点：框架结构的抗侧刚度较小，水平位移大，从而限制了框架结构的使用高度。同时高层框架结构在地震区，容易发生非结构构件的破坏。可以通过选用重量轻且能承受较大变形的隔墙材料，并通过合理的设计，使钢筋混凝土框架结构获得良好的延性，提高其抗震性能。在高度不大的高层建筑中，框架结构体系是一种较好的体

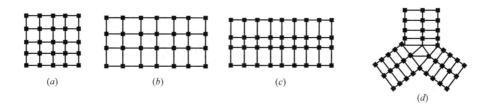

图 4-14　框架结构体系典型平面图

系。在我国目前的情况下，框架结构以建造 15 层以下为宜。

4.2.2　框架结构的类型

框架结构按施工方法可分为现浇式框架、装配式框架和装配整体式框架三种形式，如图 4-15 所示。

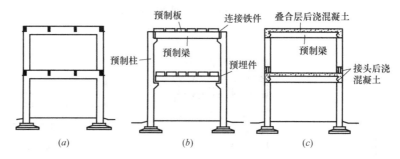

图 4-15　框架结构的类型
（a）现浇式框架；（b）装配式框架；（c）装配整体式框架

1. 现浇式框架

现浇式框架的梁、柱均为现浇钢筋混凝土，结构整体性及抗震性能好；但是有模板消耗量大，现场施工的工作量大，施工周期长，在寒冷地区冬期施工困难等缺点，目前应用最为广泛。

2. 装配式框架

装配式框架是指梁、柱均为预制，然后在现场进行装配、焊接而成的框架。

3. 装配整体式框架

装配整体式框架是将预制梁、柱和板在现场安装就位后，焊接或绑扎节点区钢筋，通过后浇混凝土形成框架节点，从而将梁、柱连成整体的框架结构。

特别提示

1. 现浇框架因抗震性好，整体性好而被广泛应用，装配式框架目前应用较少。

2. 底层为框架结构，上层为承重砖墙和钢筋混凝土楼板的混合结构房屋叫做底层框架砌体结构。这种结构是因为底层建筑需要较大平面空间而采用框架结构，上层为节省造价仍采用砌体结构，这类房屋上刚下柔，抗震性能差。

4.3 框架结构的结构布置

房屋结构布置是否合理，对结构的安全性、适用性、经济性影响很大。框架结构的布置既要满足生产工艺和建筑功能的要求，又要使结构受力合理，施工方便。

4.3.1 柱网布置

所谓柱网，就是柱在平面图上的位置，因其常形成矩形网格而得名。

1. 在多层工业厂房设计中，生产工艺的要求是厂房平面设计的主要依据，建筑平面布置主要有内廊式、等跨式、对称不等跨式等几种。

内廊式柱网常为对称三跨，边跨跨度（房屋进深）常为 6m、6.6m、6.9m，走廊跨度常用 2.4m、2.7m、3m，开间方向柱距为 3.6~8m。如图 4-16（a）所示。

等跨式柱网适用于厂房、仓库、商店，其进深常为 6m、7.5m、9m、12m 等，开间方向柱距常为 6m。如图 4-16（b）所示。

对称不等跨式柱网常用于生产要求有大空间、便于布置生产流水线的厂房，常用的柱网有（5.8+6.2+6.2+5.8）m×6.0m、（7.5+7.5+12+7.5+7.5）m×6.0m、（8.0+12.0+8.0）m×6.0m 等。如图 4-16（c）所示。

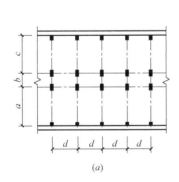 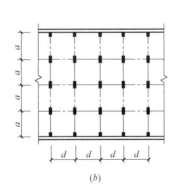 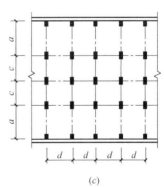

(a)	(b)	(c)

图 4-16 多层厂房柱网布置

（a）内廊式；（b）等跨式；（c）对称不等跨式

2. 柱网布置应满足建筑平面布置的要求

在旅馆、办公楼等民用建筑中，柱网布置应与建筑隔墙布置相协调，一般常将柱子设在纵横建筑隔墙交叉点上，以尽量减少柱网对建筑使用功能的影响。其柱网尺寸和层高一般按 300mm 进级，常用跨度为 4.8m、6.4m、6m、6.6m 等，常用柱距为 3.9m、4.5m、4.8m、5.1m、5.4m、5.7m、6m。采用内廊式时，走廊跨度一般为 2.4m、2.7m、3m。

3. 柱网布置要使结构受力合理

多层框架主要承受竖向荷载。柱网布置时，应考虑到结构在竖向荷载作用下内力分布均匀合理，各构件强度均能充分利用。如图 4-17 所示的两种框架，在竖向荷载作用下框架 A 的梁跨中最大弯矩、梁支座最大负弯矩及柱端弯矩均比框架 B 大。很显然，选用框架 B 比选用框架 A 更为经济、合理。

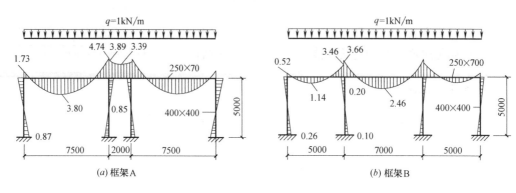

图 4-17 框架弯矩图（kN·m）

4. 柱网布置应使施工方便

建筑设计及结构布置时均应考虑到施工方便，以加快施工进度，降低工程造价。例如，对于装配式结构，既要考虑到构件的最大长度和最大重量，使之满足吊装、运输设备的限制条件，又要考虑到构件尺寸的模数化、标准化，并尽量减少规格种类，以满足工业化生产的要求，提高生产效率。现浇框架结构可不受建筑模数和构件标准的限制，但在结构布置时也应尽量使梁板布置简单规则，以方便施工。

4.3.2 结构平面布置

柱网确定以后，用梁把柱连起来，就形成了框架结构。在一般情况下柱在两个方向均应有梁拉结，即沿房屋纵横方向均应布置梁。因此，实际的框架结构是一个空间受力体系。但为计算分析方便起见，可把实际框架结构看成是纵横两个方向的平面框架。沿建筑物长向的称为纵向框架，沿建筑物短向的称为横向框架。

1. 横向框架承重方案

横向框架承重方案是指框架梁沿房屋横向布置，连系梁和楼（屋）面板沿纵向布置，如图 4-18（a）所示。横向框架往往跨数少，框架梁沿横向布置有利于提高建筑物的横向抗侧刚度。而纵向框架则往往跨数较多，所以在纵向仅按构造要求布置较小的连系梁，这有利于房屋室内的采光和通风。横向框架承重方案的缺点是由于梁截面尺寸较大，当房屋需要较大空间时，其净空较小。

2. 纵向框架承重方案

纵向框架承重方案是指在纵向布置框架承重梁，在横向布置连系梁，如图 4-18（b）所示。因为楼面荷载由纵向梁传至柱子，所以横梁高度较小，有利于设备管线的穿行；当在房屋开间方向需要较大空间时，可获得较高的室内净高；另外，当地基土的物理力学性能在房屋纵向有明显差异时，可利用纵向框架的刚度来调整房屋的不均匀沉降。纵向框架承重方案的缺点是横向抗侧刚度较差，进深尺寸受预制板长度的限制。

3. 纵横向框架承重方案

纵横向框架承重方案是在两个方向上均布置框架承重梁以承受楼面荷载。当采用预制板楼盖时其布置如图 4-18 (c) 所示，当采用现浇板楼盖时，其布置如图 4-18 (d) 所示。当楼面上作用有较大荷载，或楼面有较大开洞，或当柱网布置为正方形或接近正方形时，常采用这种承重方案。纵横向框架混合承重方案具有较好的整体工作性能，对抗震有利。

> **特别提示**
>
> 纵横向框架承重方案整体性能好，框架柱均为双向偏心受压构件，为空间受力体系，因此也称为空间框架。
>
> 在结构总体布置时，经常要根据不同的需要设置变形缝，变形缝包括伸缩缝、沉降缝和防震缝。

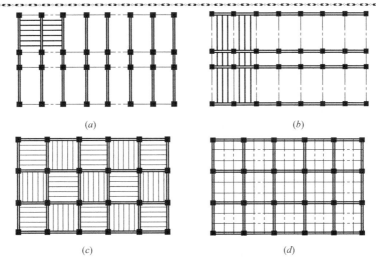

(a)　　　　　　　　　　　(b)

(c)　　　　　　　　　　　(d)

图 4-18　承重框架布置方案

(a) 横向框架承重；(b) 纵向框架承重；(c) 纵横向框架承重（预制板）；

(d) 纵横向框架承重（现浇板）

> **特别提示**
>
> 为了避免温度应力和混凝土收缩应力使房屋产生裂缝需设置伸缩缝。钢筋混凝土框架结构的沉降缝一般设置在地基土层压缩性有显著差异，或房屋高度、荷载有较大变化等处。当建筑平面过长、高度或刚度相差过大，以及各结构单元的地基条件有较大差异时，钢筋混凝土框架结构应考虑设置防震缝。
>
> 房屋既需要设置沉降缝又需设伸缩缝时，沉降缝可兼做伸缩缝，两缝合并设置。对有抗震设防要求的房屋，其沉降缝和伸缩缝应符合抗震缝的要求，并尽可能三缝合并设置。

4.4 框架结构的构造要求

框架结构的构造要求主要有：一般构造要求以及考虑抗震设防时构造要求两部分。

4.4.1 框架结构一般构造要求

1. 材料

框架结构中混凝土强度等级不应低于 C20，采用强度等级 400 MPa 及以上钢筋时，混凝土等级不应低于 C25。当按一级的抗震等级设计时，混凝土强度等级不应低于 C30，当按二、三级抗震等级设计时，混凝土等级不应低于 C20。设防烈度为 9 度时混凝土强度等级不宜超过 C60，设防烈度为 8 度时混凝土强度等级不宜超过 C70。纵向受力钢筋可采用 HRB400、HRB500、HRBF400、HRBF500、HRB335、RRB400、HPB300 钢筋；梁、柱和斜撑构件的纵向受力普通钢筋宜采用 HRB400、HRB500、HRBF400、HRBF500 钢筋。箍筋宜采用 HRB400、HRBF400、HRB335、HPB300。为了保证梁柱节点的承载力和延性，要求节点区的混凝土强度与柱的混凝土强度相同或接近。由于施工过程中，节点区的混凝土与梁同时浇筑，因此要求梁柱混凝土强度等级相差不宜大于 5MPa。

2. 框架梁截面形状和尺寸

框架梁的截面形状在现浇式框架中以 T 形和倒 L 形为主，如图 4-19（a）所示；在装配式框架中除矩形外还可做成 T 形和花篮形，如图 4-19（b）所示；在装配整体式框架中常做成花篮形，如图 4-19（c）所示。

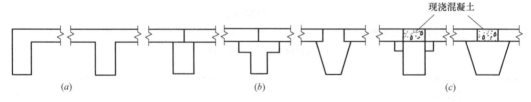

图 4-19　框架梁截面形状

框架梁的截面尺寸可根据梁的跨度、约束条件及荷载大小进行选择。一般取梁高 $h=(1/8\sim1/12)l$，其中 l 为梁的跨度。为防止梁发生剪切破坏，梁高 h 不宜大于 1/4 净跨。框架梁的截面宽度可取 $b=(1/2\sim1/3)h$。为了使端部节点传力可靠，梁宽不宜小于柱宽的 1/2，且不宜小于 200mm。为了降低楼层高度或便于管道铺设，也可将框架梁设计成宽度较大的扁梁，扁梁的截面高度可取 $h=(1/15\sim1/18)l$。框架连系梁的截面高度可按 $h=(1/12\sim1/15)l$ 确定，宽度不宜小于梁高的 1/4。

3. 框架柱截面形状和尺寸

框架柱截面多采用长方形或正方形，也可采用圆形。柱截面高度可取 $h=(1/15\sim 1/10)H$，H 为柱高；柱截面宽度可取 $b=(2/3\sim 1)h$。矩形柱的截面宽度和高度均不宜小于 300mm，圆柱的截面直径不宜小于 350mm。

4.4.2 考虑抗震设防时框架结构的构造要求

1. 框架抗震等级

《建筑抗震设计规范》GB 50011—2010 根据建筑物的重要性、设防烈度、结构类型和房屋高度等因素要求以抗震等级表示，抗震等级分为四级，见表 4-4。一级抗震要求最高，四级抗震要求最低，对于不同抗震等级的建筑物采取不同的计算方法和构造要求，以利于做到经济合理的设计。现浇钢筋混凝土框架结构适用的最大高度应符合表 4-5 的要求。

现浇钢筋混凝土框架结构的抗震等级 表 4-4

结构类型		设 防 烈 度						
		6		7		8		9
框架结构	高度（m）	≤24	>24	≤24	>24	≤24	>24	≤24
	框架	四	三	三	二	二	一	一
	大跨度框架	三		二		一		一

注：1. 建筑场地为Ⅰ类时，除 6 度外应允许按表内降低一度所对应的抗震等级采取抗震构造措施，但相应的计算要求不应降低；
2. 接近或等于高度分界时，应允许结合房屋不规则程度及场地、地基条件确定抗震等级；
3. 大跨度框架指跨度不小于 18m 的框架。

现浇钢筋混凝土框架结构适用的最大高度（m） 表 4-5

结构类型	设 防 烈 度				
	6	7	8(0.2g)	8(0.3g)	9
框架结构	60	50	40	35	24

注：1. 房屋高度指室外地面到主要屋面板板顶的高度（不包括局部突出屋顶部分）；
2. 表中框架，不包括异形柱框架；
3. 乙类建筑可按本地区抗震设防烈度确定其适用的最大高度；
4. 超过表内高度的房屋，应进行专门研究和论证，采取有效的加强措施。

特别提示

1. 我国抗震设防烈度为 6～9 度，6 度及以上必须进行抗震计算和构造设计。

2. 在进行设计时，应根据建筑的重要性不同，采取不同的抗震设防标准。《建筑工程抗震设防分类标准》GB 50223—2008 将建筑按其使用功能的重要程度不同，分为特殊设防类、重点设防类、标准设防类、适度设防类四类。

3. 案例中现浇框架抗震等级为三级，但该项目为某中学教学楼，属重点设防类建筑，应按高于本地区抗震设防烈度一度的要求加强其抗震措施，即该框架采取二级抗震构造措施。

4. 框架结构体系是由梁、柱通过节点连接而成，抗震结构构件应具备必要的强度、适当的刚度、良好的延性和可靠的连接，并应注意强度、刚度和延性之间的合理匹配。目前抗震设计的指导思想是小震不坏、中震可修、大震不倒。对小震结构必须有足够的强度；面对大震，结构必须有足够的延性。遵循"强柱弱梁、强剪弱弯、强节点强锚固"的设计原则，有利于整个框架成为延性良好的结构。

5. 框架梁设计中控制先在梁端出现塑性铰，并使塑性铰具有足够的转动能力，同时遵循"强剪弱弯"的原则，要求梁的斜截面受剪承载力高于梁的正截面受弯承载力，防止梁端在延性的弯曲破坏前出现脆性的剪切破坏。

ZY4.3-1、2

框架梁

2. 框架梁的构造要求

1）截面尺寸

当考虑抗震设防时，框架梁截面宽度不宜小于 200mm，高宽比不宜大于 4，净跨与截面高度之比不宜小于 4。

特别提示

试验表明，梁的高宽比过大（或因梁高过大，或因梁宽偏小），梁截面的抗剪能力下降。同时梁高增大会使梁的刚度增加构成强梁，不利于形成塑性铰；梁宽过小也不利于梁对节点核芯区的约束。另外，对梁净跨与截面高度比值的限制，是因为在水平地震作用下，延性框架设计要求梁端产生塑性铰且具有较大的转动能力，若梁跨高比过小，则梁易产生脆性的剪切破坏，降低梁的延性。

2）纵向钢筋

（1）纵向受拉钢筋的配筋率不应小于表 4-6 规定的数值。

框架梁纵向受拉钢筋的最小配筋百分率（％）　　　　　　　　表 4-6

抗震等级	梁中位置	
	支 座	跨 中
一级	0.40 和 $80f_t/f_y$ 的较大值	0.30 和 $65f_t/f_y$ 的较大值
二级	0.30 和 $65f_t/f_y$ 的较大值	0.25 和 $55f_t/f_y$ 的较大值
三、四级	0.25 和 $55f_t/f_y$ 的较大值	0.20 和 $45f_t/f_y$ 的较大值

（2）梁端截面的底面和顶面纵向钢筋配筋量的比值，除按计算确定外，一级不应小于 0.5，二、三级不应小于 0.3。

（3）梁端纵向受拉钢筋的配筋率不宜大于 2.5％。沿梁全长顶面和底面的配筋，一、二级不应小于 2φ14，且分别不应小于梁两端顶面和底面纵向钢筋中较大截面面积的 1/4，三、四级不应小于 2φ12。

（4）框架中间层中间节点处，框架梁的上部纵筋应贯穿中间节点。

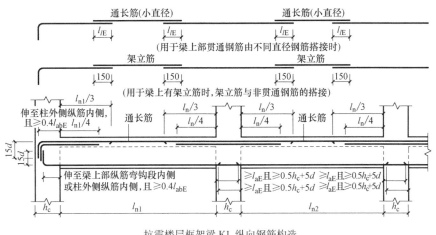

抗震楼层框架梁 KL 纵向钢筋构造

(a)

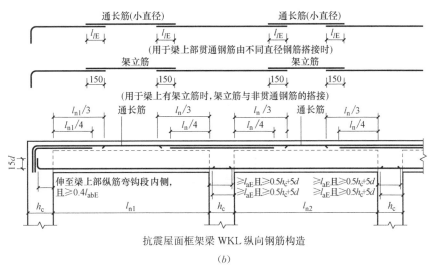

抗震屋面框架梁 WKL 纵向钢筋构造

(b)

图 4-20 框架梁中间层及顶层中间节点

应用案例 4.1

本书案例中 KL3 截面为 $250\text{mm} \times 600\text{mm}$，满足截面最小宽度、截面高宽比和跨高比的要求。梁端顶部所配钢筋为 2Φ22＋2Φ20，底部钢筋为 3Φ20；沿梁全长顶面钢筋为 2Φ22，底部为 3Φ20；纵筋均符合《混凝土结构设计规范》GB 50010—2010 中关于钢筋配筋率、钢筋直径、数量等构造要求。

3）箍筋

（1）梁端箍筋应加密，如图 4-21 所示。箍筋加密区的范围和构造要求应按表 4-7 采用，当梁端纵向受拉钢筋配筋率大于 2％时，表中箍筋最小直径数值应增大 2mm。

（2）框架梁纵向钢筋搭接长度范围内的箍筋间距，钢筋受拉时不应大于受拉钢筋较小直径的 5 倍，且不应大于 100mm；钢筋受压时不应大于受压钢筋较小直径的 10 倍，且不应大于 200mm；当受压钢筋直径大于 25mm 时，尚应在两个端面外 100mm 的范围内各设两道箍筋。

框架梁梁端箍筋加密区的长度、箍筋的最大间距和最小直径　　表 4-7

抗震等级	加密区长度 （采用较大值） （mm）	箍筋最大间距 （采用最小值） （mm）	箍筋最小直径 （mm）
一	$2h_b$，500	$h_b/4$，$6d$，100	10
二	$1.5h_b$，500	$h_b/4$，$8d$，100	8
三	$1.5h_b$，500	$h_b/4$，$8d$，150	8
四	$1.5h_b$，500	$h_b/4$，$8d$，150	6

注：1. d 为纵向钢筋直径，h_b 为梁截面高度；

2. 箍筋直径大于 12mm、数量不少于 4 肢且肢距不大于 150mm 时，一、二级的最大间距应允许适当放宽，但不得大于 150mm。

（3）框架梁非加密区箍筋最大间距不宜大于加密区箍筋间距的 2 倍，并应满足抗剪要求。

（4）框架梁端部箍筋加密区箍筋肢距应满足表 4-8 的要求。

框架梁端部箍筋加密区箍筋肢距的要求　　表 4-8

抗震等级	箍筋最大肢距(mm)
一级	不宜大于 200mm 和 20 倍箍筋直径的较大值，且≤300
二、三级	不宜大于 250mm 和 20 倍箍筋直径的较大值，且≤300
四级	不宜大于 300mm

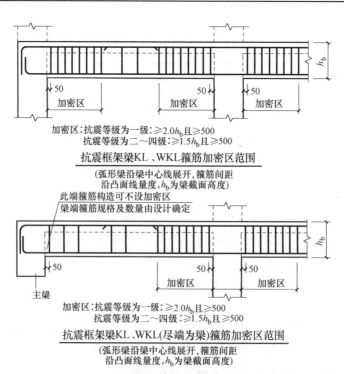

图 4-21　抗震框架梁 KL、WKL 箍筋加密区范围

应用案例 4.2

某框架梁中所用箍筋为 $\phi8@100$ （4）/150 （2），该梁箍筋具体应如何布置？

146

案例解读

该梁箍筋采用 HPB300 级钢筋，直径为 8mm，梁端箍筋加密区箍筋间距为 100mm，四肢箍；中部非加密区箍筋间距为 150mm，双肢箍。由于加密区采用了四肢箍，施工中应用大箍套小箍的形式。如图 4-22 所示。

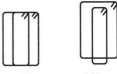

图 4-22 四肢箍

> **特别提示**
>
> 在以往四肢箍施工中，很多采用"等箍互套"的方法，即采用两个形状、大小一样的双肢箍，通过把其中一段水平边重合起来，构成一个四肢箍。而对于框架梁，当箍筋为多肢复合箍筋时，应采用大箍套小箍的形式。这种形式能够更好地保证梁的整体性，同时材料用量并不增加，是目前广泛采用的形式。

应用案例 4.3 验算案例中框架梁 KL3 的配筋是否符合框架的构造要求。

案例为某教学楼二层全现浇钢筋混凝土框架结构，层高 3.6m，平面尺寸为45m×17.4m。建筑抗震设防等级为 7 度。建筑平立剖见附录 A 中图纸。该框架建筑抗震设防类别为乙类，采取二级抗震构造措施。

案例解读

以 KL3 为例，该框架梁有 3 跨，两端跨截面尺寸 250mm×600mm，中跨 250mm×400mm，符合抗震框架梁截面尺寸不宜小于 200mm，高宽比不宜大于 4 的要求。

该梁上部，A 支座 2Φ22＋2Φ20，B 支座 4Φ22，C 支座 6Φ22(4/2)，在 D 支座 4Φ22，通长筋为③号钢筋 2Φ22。梁下部第一跨纵筋 3Φ20，第二跨纵筋 3Φ18。下部第三跨纵筋 2Φ25＋2Φ22。符合二级框架应配置不少于 2Φ14 通长纵向钢筋的要求。

KL3 的 C 支座上部钢筋为两排，第二排钢筋应在伸出支座后 $l_n/4$ 处切断，即 $l_n/4＝6700/4＝1675$mm，取 1700mm；第一排钢筋应在伸出支座后 $l_n/3$ 处切断，即 $l_n/3＝6700/3＝2233$mm，取 2250mm。l_n 为左跨 2500mm 和右跨 6700mm 两者中的较大值。

该梁 AB 跨箍筋为Φ8@100/200（2），中跨、CD 跨为Φ8@100(2)。根据表 4-4 规定，抗震等级二级时，箍筋最小直径为 8mm，最大间距为 $h_b/4$，$8d$，100 中的较小值。$h_b/4＝600/4＝150$mm；$8d＝8×22＝176$mm；100mm；采用Φ8@100 符合要求。加密取长度应取 $1.5h_b＝1.5×600＝900$mm 和 500mm 的较大值，即 900mm。

该梁两端跨截面尺寸 250mm×600mm，截面腹板高度大于 450mm，在梁的两侧沿高度配置纵向构造钢筋 4Φ12（CD 跨 4Φ14 为抗扭钢筋），用于防止在梁的侧面产生垂直于梁轴线的收缩裂缝，同时也可增强钢筋骨架的刚度。并用拉筋Φ8@400 联系纵向构造钢筋。

KL3 配筋图如图 4-23 所示。

> **施工相关知识**
>
> 由于受到钢筋网、钢筋骨架运输条件和变形控制的限制，须采用现场进行绑扎安装钢筋的方法。现场绑扎安装钢筋时，要根据不同构件的特点和现场条件，确定绑扎顺序。在框架结构中总是先绑柱，其次是主梁、次梁、边梁，最后是楼板钢筋。图 4-24 为框架结构中梁、板钢筋的施工现场。

147

148

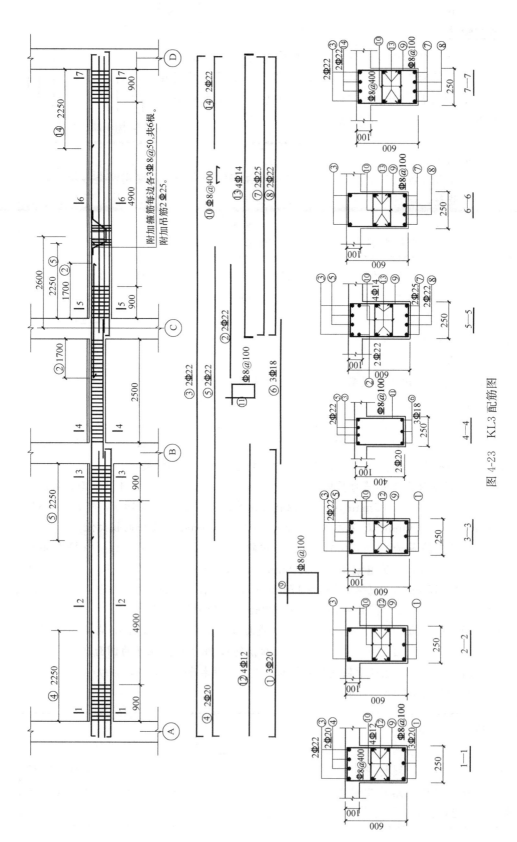

图 4-23 KL3 配筋图

图 4-24　框架结构梁、板钢筋

（a）楼面板钢筋（双层双向）；（b）楼面梁钢筋；（c）框架梁上部受力钢筋的切断；

（d）框架梁受力钢筋与架立筋搭接；（e）框架梁非加密区箍筋；（f）框架梁加密区箍筋

1. 框架梁绑扎工艺流程

（1）在下铁钢筋下垫木方；

（2）铺设下铁通长钢筋；

（3）确定起步箍筋、左右两侧箍筋加密区分界箍筋位置；

（4）确定钢筋绑扎搭接区段分界箍筋位置；

（5）套梁箍筋；

（6）穿梁上铁通长钢筋；

ZY4.4

框架梁、板的配筋

（7）将箍筋与梁主筋固定、绑扎；

（8）穿梁下铁非通长钢筋；

（9）非通长钢筋与梁箍筋绑扎；

（10）穿梁腰筋；

（11）梁腰筋与箍筋绑扎。

2. 框架梁钢筋绑扎施工要点

（1）先穿主梁的下部纵向受力钢筋及弯起钢筋，在铺设好的通长下铁上，按图纸要求用粉笔画箍筋间距线，特别注意标识出起步箍筋、抗震加密区分界箍筋及搭接区分界箍筋位置，摆放箍筋。

（2）将箍筋按已画好的间距逐个分开；穿次梁的下部纵向受力钢筋及弯起钢筋，并套好箍筋；放次梁的架立筋；隔一定距离将架立筋与箍筋绑扎牢固；调整箍筋间距，使间距符合设计要求，绑扎立筋，再绑主筋，主次梁同时配合进行。

（3）框架梁上部纵向钢筋应贯穿中间节点，梁下部纵向钢筋伸入中间节点锚固长度及伸过中心线的长度要符合设计要求。框架梁纵向钢筋在端节点内的锚固长度也要符合设计要求。

（4）梁箍筋绑扎节点：

① 绑梁上部纵向筋的箍筋宜用套扣法绑扎。如图4-25所示。

② 箍筋弯钩在梁中宜交错绑扎。

图4-25　梁箍筋套扣法绑扎

③ 梁端第一个箍筋应设置在距离柱节点边缘50mm处。在不同配筋要求的箍筋区域分界处应绑扎分界箍筋，分界箍筋应按相邻区域配置要求较高的箍筋配置。

④ 梁两侧腰筋联系，绑扎拉筋时，应同时勾住腰筋与箍筋。当梁侧向拉筋多于一排时，相邻上下排拉筋应错开绑扎。

⑤ 施工时，梁箍筋加密区的设置、纵向钢筋搭接区箍筋的配置应以设计要求为准。

⑥ 梁上部纵筋、下部纵筋及复合箍筋排布时应遵循对称均匀原则。

⑦ 梁复合箍筋肢数宜为双数，当复合箍筋的肢数为单数时，设一个单肢箍。

3. 框架柱的构造要求

1）截面尺寸

矩形截面柱，抗震等级为四级或层数不超过2层时，其最小截面尺寸不宜小于300mm，一、二、三级抗震等级且层数超过2层时不宜小于400mm；圆柱的截面直径，抗震等级为四级或层数不超过2层时不宜小于350mm，一、二、三级抗震等级且层数超过 2 层时不宜小于 450mm；柱的剪跨比宜大于 2；截面长边与短边的边长比不宜大于 3；错层处框架柱的截面高度不应小于 600mm。

2）纵向钢筋

（1）柱中纵筋宜对称配置。

（2）截面尺寸大于 400mm 的柱，纵向钢筋间距不宜大于 200mm。

ZY4.5-1～3

框架柱

（3）柱纵向钢筋的最小总配筋率应按表 4-9 采用，同时每一侧配筋率不应小于 0.2%；对建造于 Ⅳ 类场地且较高的高层建筑，表中最小总配筋率应增加 0.1%。

（4）柱总配筋率不应大于 5%。

（5）一级且剪跨比不大于 2 的柱，每侧纵向钢筋配筋率不宜大于 1.2%。

（6）边柱、角柱在地震作用组合产生小偏心受拉时，柱内纵筋总截面面积应比计算值增加 25%。

柱全部纵向受力钢筋最小配筋百分率（%）　　　　　　　　　　表 4-9

柱类型	抗 震 等 级			
	一	二	三	四
中柱、边柱	0.9(1.0)	0.7(0.8)	0.6(0.7)	0.5(0.6)
角柱、框支柱	1.1	0.9	0.8	0.7

注：1. 表中括号内数值用于框架结构的柱；

2. 采用 335MPa 级、400MPa 级纵向受力钢筋时，应分别按表中数值增加 0.1 和 0.05 采用；

3. 当混凝土强度等级为 C60 以上时，应按表中数值增加 0.1 采用。

（7）柱纵向钢筋的绑扎接头应避开柱端的箍筋加密区。

框架柱纵向钢筋的接头可采用绑扎搭接、机械连接或焊接连接等方式，宜优先采用焊接或机械连接。柱相邻纵筋连接接头应相互错开，在同一截面内的钢筋接头面积百分率不宜大于 50%。轴心受拉及小偏心受拉柱内的纵向钢筋不得采用绑扎搭接接头。

抗震框架柱的纵筋连接构造如图 4-26 所示。当上下柱中纵筋直径或根数不同时，纵筋连接构造如图 4-27 所示。当上柱钢筋比下柱多时，采用图 4-27（a）；上柱钢筋直径比下柱钢筋直径大时采用图 4-27（b）；下柱钢筋比上柱多时采用图 4-27（c），下柱钢筋直径比上柱大时采用图 4-27（d）。由于结构中竖向荷载是由上至下逐级传递的，因此框架柱经常会出现变截面的情况。当框架柱截面尺寸改变时钢筋构造如图 4-28 所示。

3）箍筋

震害表明，箍筋的设置直接影响到柱子延性。在满足承载力要求的基础上对柱采取箍筋加密措施，可以增强箍筋对混凝土的约束作用，提高柱的抗震能力。

（1）柱的箍筋加密范围，如图 4-29 所示。

① 柱端，取截面高度（圆柱直径），柱净高的 1/6 和 500mm 三者的最大值。

② 底层柱的下端不小于柱净高的 1/3。

③ 刚性地面上下各 500mm。

④ 剪跨比不大于 2 的柱、因设置填充墙等形成的柱净高与柱截面高度之比不大于 4 的柱、框支柱、一级和二级框架的角柱，取全高。

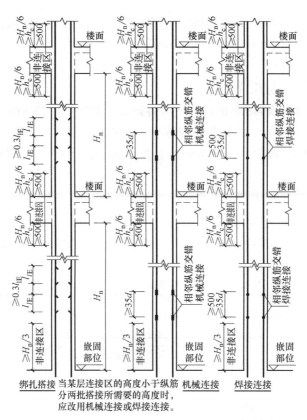

图 4-26　抗震框架柱纵向钢筋连接

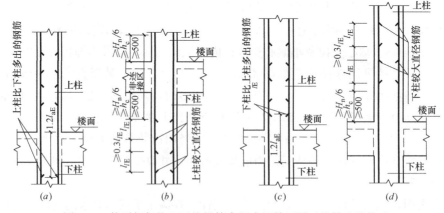

图 4-27　抗震框架柱上下柱纵筋直径或根数不同时纵筋连接构造

（2）加密区箍筋间距、直径和肢距

一般情况下，柱梁端加密区的范围和构造要求应按表 4-10 采用。一级框架柱的箍筋直径大于 12mm 且箍筋肢距不大于 150mm 及二级框架柱的箍筋直径不小于 10mm 且箍筋肢距不大于 200mm 时，除底层柱下端外，最大间距应允许采用 150mm；三级框架柱的截面尺寸不大于 400mm 时，箍筋最小直径应允许采用 6mm；四级框架柱剪跨比不大于 2 时，箍筋直径不应小于 8mm。框支柱和剪跨比不大于 2 的柱，箍筋间距不应大于 100mm。

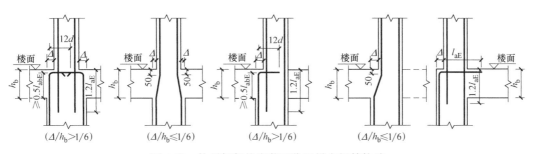

$(\Delta/h_b>1/6)$　　$(\Delta/h_b>1/6)$　　$(\Delta/h_b>1/6)$　　$(\Delta/h_b\leqslant1/6)$　　$(\Delta/h_b\leqslant1/6)$

图 4-28　抗震框架柱变截面位置纵向钢筋构造

柱箍筋加密区的箍筋最大间距和最小直径　　表 4-10

抗震等级	箍筋最大间距(采用最小值,mm)	箍筋最小直径(mm)
一级	$6d$,100	10
二级	$8d$,100	8
三级	$8d$,150(柱根 100)	8
四级	$8d$,150(柱根 100)	6(柱根 8)

注：1. d 为柱纵筋最小直径；

　　2. 柱根指底层柱下端箍筋加密区。

柱箍筋加密区箍筋肢距，一级不宜大于 200mm，二、三级不宜大于 250mm 和 20 倍箍筋直径的较大值，四级不宜大于 300mm。至少每隔一根纵向钢筋宜在两个方向有箍筋或拉筋约束；采用拉筋复合箍时，拉筋宜紧靠纵向钢筋并钩住箍筋。柱复合箍筋形式如图 4-30 所示。

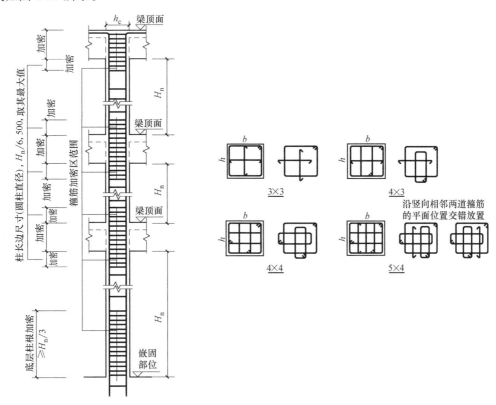

图 4-29　抗震框架柱箍筋加密区范围　　　　　　图 4-30　柱复合箍筋形式

（3）柱箍筋非加密区的箍筋配置

① 柱箍筋非加密区的体积配箍率不宜小于加密区的50%。

② 箍筋间距，一、二级框架柱不应大于10倍纵向钢筋的直径，三、四级框架柱不应大于15倍纵向钢筋直径。

知识链接

ZY4.6
框架柱的破坏

1. 框架柱的破坏一般均发生在柱的上下端。由于柱端弯矩、剪力、轴向力都比较大，柱头箍筋如配置不足或锚固不好，在弯、剪、压共同作用下先使柱头保护层剥落，箍筋失效，而后纵筋压屈，如图4-31（a）所示。

2. 角柱的破坏比中柱和边柱严重，这是因为角柱在两个主轴方向的地震作用下，为双向偏心受压构件，并受有扭矩的作用，而横梁的约束作用又小，所以震害重于内柱，如图4-31（b）所示。

3. 短柱的剪切破坏在地震中也是十分普遍的。所谓短柱，一般是指柱的长细比小于4的柱子，由于它的线刚度大，在地震作用下会产生较大的剪力，容易产生斜向或交叉的剪切裂缝，有时甚至错断，其破坏是脆性的，延性极小的，如图4-31（c）所示。

(a)　　　　　　(b)　　　　　　(c)

图 4-31　框架柱的破坏

（a）柱端破坏；（b）角柱破坏；（c）短柱破坏

应用案例 4.4

案例中框架柱 KZ3 截面 500mm×500mm，柱中纵向受力钢筋 12Φ16，箍筋Φ10@100/200，柱高度自基顶到7.200。

案例解读

该框架柱采用对称配筋，沿柱边均匀布置有12Φ16钢筋，纵筋间距不大于200mm。纵筋采用搭接连接，搭接位置在楼层梁顶标高以上1000mm范围内，且该范围箍筋加密间距为100mm。顶层柱纵筋伸至柱顶并向外弯折锚固于梁内。箍筋为复合箍筋，采用4×4的形式。具体做法可参考图4-30所示。

施工相关知识

　　因为工程施工是分楼层进行的，在进行基础施工的时候，有柱纵筋的基础插筋；以后，在进行每一楼层施工的时候，楼面上都要伸出柱纵筋的插筋。因此，柱中纵向钢筋的连接就成为框架柱构造的核心内容。图 4-32 为框架柱施工现场图例。

图 4-32　框架柱钢筋施工现场

(a) 柱插筋外包塑料膜，防止混凝土污染；(b) 清理浮浆，弹四线；(c) 柱箍筋绑扎；(d) 使用塑料卡保证混凝土保护层厚度；(e) 柱箍筋加密区；(f) 柱纵筋直螺纹套筒连接接头

　　1. 框架柱钢筋绑扎工艺流程：

　　(1) 弹柱截面位置线、模板外控制线；

　　(2) 剔除柱顶混凝土软弱层至全部露出石子；

（3）清理柱筋污染；

（4）对下层伸出的柱顶预留钢筋位置进行调整；

（5）将柱箍筋叠放在预留钢筋上；

（6）绑扎（焊接或机械连接）柱子竖向钢筋；

（7）确定起步钢筋、最上一组箍筋及柱箍筋加密区上下分界箍筋及位置；

（8）确定钢筋绑扎搭接及上下分界箍筋区段位置；

（9）确定每一区段箍筋数量；

（10）在柱顶绑扎定距框；

（11）绑扎起步箍筋及分界箍筋；

（12）分区段从上到下将箍筋与柱子竖向钢筋绑扎。

2. 框架柱钢筋绑扎施工要点：

（1）套柱箍筋：按图纸要求间距，计算好每根柱子箍筋数量（注意抗震加密和绑扎加密），先将箍筋套在下层伸出的搭接钢筋上，然后绑扎柱钢筋。柱纵筋在搭接长度内，绑扣不少于3个，绑扣朝向柱中心。

ZY4.7-1~3

框架柱的施工

（2）画箍筋间距线：在柱竖向钢筋上，按图纸要求用粉笔画箍筋间距线（或使用皮数杆控制箍筋间距），并注意标识出起步钢筋、最上一组箍筋及抗震加密区分界箍筋。搭接区分界箍筋位置，机械连接时应尽量避开连接套筒。

（3）柱箍筋绑扎节点

① 按已画好的箍筋位置线，将已套好的箍筋往下移动，由上而下绑扎，宜采用缠扣绑扎。详见图4-33。

② 箍筋与主筋垂直且密贴，箍筋转角处与主筋交点均要绑扎，主筋与箍筋非转角部分的相交点成梅花交错绑扎。

③ 箍筋的弯钩处宜沿柱纵筋顺时针或逆时针方向顺序排布，并绑扎牢固。

④ 柱纵向钢筋、复合箍筋排布应遵循对称均匀原则，箍筋转角处应与纵向钢筋绑扎。

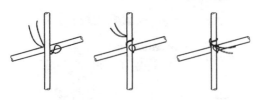

图4-33 柱箍筋缠扣绑扎方式

⑤ 柱复合箍筋应采用截面周边外封闭大箍筋加内封闭小箍筋的组合方式（大箍套小箍），内部复合箍筋的相邻两肢形成一个内封闭小箍，当复合箍筋的肢数为单数时，设一个单肢箍。沿外封闭箍筋周边箍筋局部重叠不宜多于两层。

⑥ 若在同一组内复合箍筋各肢位置不能满足对称性要求，钢筋绑扎时，沿柱竖向相邻两组箍筋位置应交错对称排布。

⑦ 柱内部复合箍筋采用拉筋时，拉筋需同时勾住纵向钢筋和外封闭箍筋。

4. 框架节点的构造要求

节点设计是框架结构设计中极重要的一环。在地震的反复作用下，节点的破坏机理很复杂，主要表现为：节点核芯区产生斜向的 X 形裂缝，当节点区域剪压比较大时，箍筋未屈服混凝土就被剪、压而破坏，导致整个框架破坏。破坏的主要原因大都是混凝土强度不足，节点处的箍筋配置量过小，节点处钢筋太稠密使得混凝土浇捣不密实。因此，抗震区节点处构造要求的保证就显得尤为重要。节点设计应保证整个框架结构安全可靠，经济合理且便于施工。现浇框架节点一般均为刚接节点，框架节点处梁的混凝土强度等级宜与柱相同或不低于柱混凝土强度等级 5MPa 以上。

施工相关知识

1. 当柱混凝土强度高于梁混凝土强度不超过 5MPa 时，梁柱节点处的混凝土可与梁一同浇灌。当柱混凝土强度高于梁混凝土强度不超过 10MPa，且柱子四边皆有梁时，梁柱节点处的混凝土，可与梁一同浇灌。当柱混凝土强度高于梁混凝土强度超过 10MPa 时，梁柱节点处的混凝土可按柱混凝土单独浇灌，但此方法会在梁支座处形成施工缝，成为薄弱环节。为避免此问题，也可将梁柱节点处的混凝土随梁一同浇灌，但在节点处应增加柱子纵向钢筋或设置型钢。

2. 浇筑混凝土多要求整体浇筑，如因技术或组织上的原因不能连续浇筑，且停顿时间有可能超过混凝土的初凝时间，则应先确定在适当的位置留置施工缝，如图4-34（b）所示。施工缝是结构的薄弱环节，宜留在结构受剪力较小且便于施工的部位。肋形楼盖的施工缝宜顺着次梁方向浇筑，施工缝应留置在次梁跨度的中间 1/3 范围内。在留置施工缝处继续浇筑混凝土时，已浇筑混凝土的抗压强度应不小于 1.2MPa。应清除已硬化的混凝土表面的水泥薄膜和松动石子以及软弱混凝土层，并加以充分湿润和冲洗干净，不得积水。在浇筑混凝土前宜先铺抹水泥浆或与混凝土成分相同的水泥砂浆一层。浇筑时混凝土应细致捣实，使新旧混凝土紧密结合。图 4-34 为现场浇筑混凝土及留置施工缝示例。

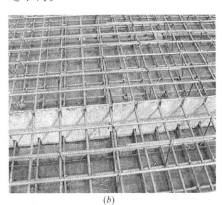

(a)   (b)

图 4-34 混凝土浇筑

(a) 浇筑混凝土；(b) 留设施工缝

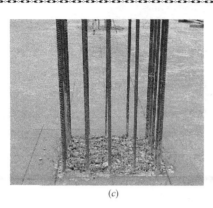

（c）　　　　　　　　　　　（d）

图 4-34　混凝土浇筑（续）

（c）施工缝处理（柱头凿毛）；（d）施工缝处理（弹线切割）

1）中间层端节点

（1）框架梁上部纵向钢筋在端节点的锚固长度应满足：

① 采用直线锚固形式时，不应小于 l_{aE}，且伸过柱中心线不小于 $5d$。

② 当柱截面尺寸不满足直线锚固要求时，可采用钢筋端部加机械锚头的锚固方式。梁上部纵筋宜伸至柱外侧纵向钢筋内边，包括机械锚头在内的水平投影锚固长度不应小于 $0.4l_{abE}$，如图 4-35（a）所示。

③ 梁上部纵筋也可采用 90°弯折锚固的形式，梁上部纵筋应伸至柱外侧纵向钢筋内边并向节点内弯折，包括弯弧在内的水平投影锚固长度不应小于 $0.4l_{abE}$，弯折钢筋在弯折平面内包含弯弧段的投影长度不应小于 $15d$，如图 4-35（b）所示。

（2）框架梁下部纵向钢筋伸入端节点范围内的锚固：

① 当计算中充分利用该钢筋的抗拉强度时，钢筋的锚固方式及长度应与上部钢筋的规定相同。

② 当计算中不利用该钢筋的强度或仅利用该钢筋的抗压强度时，伸入节点的锚固长度同中间节点梁下部纵向钢筋锚固的规定。

2）中间层中间节点

（1）框架梁上部纵向钢筋应贯穿中间节点，如图 4-35（c）所示。

（2）框架梁下部纵向钢筋伸入中间节点范围内的锚固长度应按下列要求取用：

① 当计算中不利用其强度时，伸入节点的锚固长度对带肋钢筋不应小于 $12d$，对光面钢筋不应小于 $15d$，d 为钢筋的最大直径。

② 当计算中充分利用钢筋的抗压强度时，钢筋应按受压钢筋锚固在中间节点或中间支座内，其伸入节点的直线锚固长度不应小于 $0.7l_{aE}$。

③ 当计算中充分利用钢筋的抗拉强度时，应锚固在节点内。可采用直线锚固形式，钢筋的锚固长度不应小于 l_{aE}，如图 4-35（c）所示；当柱截面尺寸不足时，宜采用钢筋端部加锚头的机械锚固措施，也可采用 90°弯折锚固的形式。

④ 钢筋可在节点或支座以外梁中弯矩较小部位设置搭接接头，如图 4-35（d）所示，搭接长度的起始点至节点或支座边缘的距离不应小于 $1.5h_0$。

（3）框架柱的纵向钢筋应贯穿中间层的中间节点和中间层的端节点，柱纵向钢筋的接头应在节点区以外，弯矩较小的区域。

> **特别提示**
>
> 图 4-35（b）中梁上部钢筋为了满足锚固长度向下弯折 $15d$，其弯折前的水平投影长度应不小于 $0.4l_{abE}$。有一个错误的观点，即有些人认为当柱宽度较小时，纵筋直锚水平段不足，则把不足部分长度进行弯折，也就是说水平段和直钩长度的总和大于锚固长度就可以了。应当注意保证水平段 $\geq 0.4l_{abE}$ 是非常必要的，如果不能满足，应将较大直径的钢筋以"等强或等面积"代换为直径较小的钢筋予以满足，而不应采用加长直钩长度使总锚固长度等于 l_{abE} 的错误方法。

159

3）顶层中间节点

（1）柱纵向钢筋应伸至柱顶，且自梁底算起的锚固长度不应小于 l_{aE}。

（2）当截面尺寸不满足直线锚固要求时，可采用 90°弯折锚固措施。此时，包括弯弧在内的钢筋垂直投影锚固长度不应小于 $0.5l_{abE}$，在弯折平面内含弯弧段的水平投影长度不宜小于 $12d$，如图 4-35（e）所示。

ZY4.8
框架节点钢筋构造

（3）当截面尺寸不足时，也可采用带锚头的机械锚固措施。此时，包含锚头在内的竖向锚固长度不应小于 $0.5l_{abE}$，如图 4-35（f）所示。

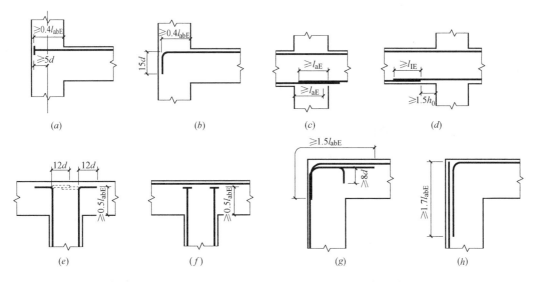

图 4-35　抗震框架梁、柱的纵向受力钢筋在节点区的锚固和搭接

（a）中间层端节点梁筋加锚头（锚板）锚固；（b）中间层端节点梁筋 90°弯折锚固；（c）中间层中间节点梁筋在节点内直锚固；（d）中间层中间节点梁筋在节点外搭接；（e）顶层中间节点柱筋 90°弯折锚固；（f）顶层中间节点柱筋加锚头（锚板）锚固；（g）钢筋在顶层端节点外侧和梁端顶部变折搭接；（h）钢筋在顶层端节点外侧直线搭接

（4）当柱顶有现浇楼板且板厚不小于 100mm 时，柱纵向钢筋也可向外弯折，弯折后的水平投影长度不宜小于 12d。

特别提示

图 4-35（e）为顶层中间节点柱纵向钢筋的锚固，其中柱纵筋的弯钩朝内弯折或弯钩朝外弯折，显然，弯钩朝外弯折的做法更有利些。当然向外弯折这种做法需要满足一定的条件：顶层为现浇混凝土板，板厚不小于 100mm，但是这样的条件一般的框架结构都能够符合。

4）顶层端节点

顶层端节点柱外侧纵向钢筋可弯入梁内作梁上部纵向钢筋使用；也可将梁上部纵向钢筋与柱外侧纵向钢筋在节点及附近部位搭接。搭接可采用下列方式：

（1）搭接接头可沿顶层端节点外侧及梁端顶部布置，搭接长度不应小于 1.5l_{abE}。其中深入梁内的柱外侧钢筋截面面积不宜小于其全部面积的 65%；梁宽范围以外的外侧柱筋宜沿节点顶部伸至柱内边锚固。当柱外侧纵向钢筋位于柱顶第一层时，钢筋伸至柱内边后宜向下弯折不小于 8d 后截断；当柱筋位于柱顶第二层时，可不向下弯折，如图 4-35（g）所示。当现浇板板厚不小于 100mm 时，梁宽范围以外的柱外侧纵向钢筋可伸入现浇板内，其长度与伸入梁内的柱筋相同。

（2）当外侧柱筋配筋率大于 1.2% 时，伸入梁内的柱纵向钢筋除应满足以上规定外，宜分两批截断，其截断点之间的距离不宜小于 20d。梁上部纵筋应伸至节点外侧并向下弯至梁下边缘高度位置截断。

（3）纵向钢筋搭接接头也可沿柱顶外侧直线布置，如图 4-35（h）所示。此时，搭接长度自柱顶算起不应小于 1.7l_{abE}。当梁上部纵筋配筋率大于 1.2% 时，弯入柱外侧的梁上部纵筋除应满足以上规定的搭接长度外，宜分两批截断，其截断点之间的距离不宜小于 20d（d 为梁上部纵向钢筋的直径）。

（4）当梁的截面高度较大，梁、柱纵向钢筋相对较小，从梁底算起的直线搭接长度未延伸至柱顶已满足 1.5l_{abE} 的要求时，应将搭接长度延伸至柱顶并满足搭接长度 1.7l_{abE} 的要求；或者从梁底算起的弯折长度未延伸至柱内侧边缘已满足 1.5l_{abE} 的要求时，其弯折后包括弯弧在内的水平段的长度不应小于 15d，d 为柱纵向钢筋的直径。

（5）柱内侧纵向钢筋的锚固应符合关于顶层中间节点的规定。

5）节点箍筋设置

在框架节点内应设置必要的水平箍筋，以约束柱的纵向钢筋和节点核心区混凝土。为保证节点核芯区的抗剪承载力，使框架梁、柱纵向钢筋有可靠的锚固条件，对节点核芯区混凝土应进行有效地约束。框架节点核芯区箍筋的最大间距和最小直径应按表 4-10 采用。

施工相关知识

框架节点在实际施工中常常出现节点区箍筋缺少绑扎、数量不足、间距不分，或者几个箍筋全堆在一起，或者空空的一长段没有箍筋；而纵筋也经常可能会锚固长度不够，不能满足规范要求。在验收钢筋时，有关方面发现和提出节点区钢筋问题要求施工班组整改。此时往往模板都已安装完毕，如果不拆除节点区模板，根本是不可能整改到符合规范要求的。遗憾的是：实际上不少工程最后都是在"尽可能整改"中马虎过去。实践证明：只有细分工艺流程，合理安排工作顺序，木工和钢筋工紧密配合，才可能保证节点区钢筋符合设计及规范要求。图 4-36 为施工现场框架节点示例。

1. 框架梁柱节点钢筋绑扎工艺流程：

（1）摆放框架柱箍筋，先不绑扎；

（2）绑扎 X 方向梁主要钢筋（在下铁钢筋下垫木方；铺设下铁通长钢筋；套梁箍筋；穿梁上铁通长钢筋；将箍筋与梁主筋固定、绑扎；穿下铁非通长钢筋；非通长钢筋与梁箍筋绑扎）；

（3）绑扎 Y 方向梁主要钢筋（在下铁钢筋下垫木方；铺设 Y 方向下铁通长钢筋；位置在 X 方向下铁上；套梁箍筋；穿梁上铁通长钢筋，位置在 X 方向上铁上；将箍筋与梁主筋固定、绑扎；穿下铁非通长钢筋；非通长钢筋与梁箍筋绑扎）；

（4）固定、绑扎框架柱钢筋；

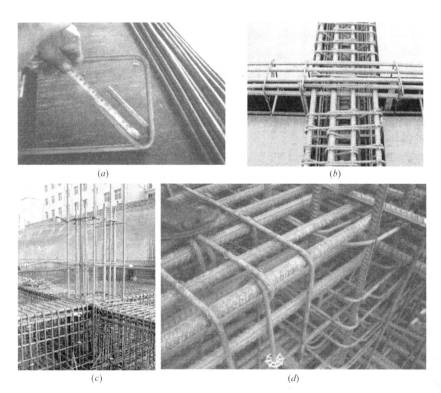

(a)　　　　　　　　　　　　　　　(b)

(c)　　　　　　　　　　　　　　　(d)

图 4-36　框架节点钢筋

(a) 检查箍筋尺寸；(b) 节点钢筋；(c) 节点钢筋；(d) 节点核心区箍筋不足

ZY4.9

施工现场框架
节点钢筋

（5）穿 X、Y 方向梁腰筋、绑扎；

（6）撤出木方，同时加保护层垫块。

2. 框架梁柱节点钢筋绑扎施工要点：

（1）梁柱同宽或梁与柱一侧平齐时，梁外侧纵向钢筋按1∶12缓斜向弯折排布于柱外侧纵筋内侧，梁纵向钢筋弯起位置箍筋应紧贴纵向钢筋。

（2）在绑扎节点处平面相交叉、底部标高相同的框架梁时，可将一方向的梁下部纵向钢筋在支座处按1∶12缓斜向弯折排布于另一方向梁下部同排纵向钢筋之上，梁下部纵向钢筋保护层厚度不变。在梁下部纵向钢筋弯起位置箍筋应紧贴纵向钢筋，并绑扎牢固。

（3）梁纵向钢筋在节点处绑扎时，可适当排布躲让，但同一根梁，其上部纵筋向下躲让与下部纵筋向上躲让不应同时进行；当无法避免时，应由设计单位对该梁按实际截面有效高度进行核算。

（4）钢筋排布躲让时，梁上部纵筋向下（或梁下部纵筋向上）竖向位移距离不得大于需躲让的纵筋直径。

（5）当梁上部（或下部）纵向钢筋多于一排时，其他排纵筋在节点内的构造要求与第一排纵筋相同。

（6）节点内锚固或贯通的钢筋，当钢筋交叉时，可点接触，但节点内平行的钢筋不应线状接触，应保持最小净距（25mm）。

（7）框架顶层端节点外角需绑扎角部附加钢筋。角部附加筋应与柱纵筋可靠绑扎。

知识链接

框架结构施工，一般是先施工框架主体，然后再砌筑填充墙。为保证框架柱与填充墙间的有效连接，提高结构整体性，应采取必要的连接措施。目前框架柱与填充墙的连接多采用设置拉结筋的方法。拉结筋主要起到增加房屋整体性和协同工作的作用，对防止房屋由于不均匀沉降和温度变化引起裂缝也有一定作用。传统的设置拉结筋的方法多为预埋，目前施工中越来越多地采用后锚固的方式进行设置。预埋方法有柱上预留贴膜筋、柱上预留贴膜埋件，还可以考虑模板开洞留甩筋；后锚固的方法主要有植筋和使用锚栓锚固。如图4-37所示。植筋是在框架柱上打孔、清孔、注入锚固剂将拉结筋插入孔内养护的一种方法，它是近来推广使用的一种安全便捷的施工工艺。随着科技的进步，价格的降低，植筋得到了越来越广泛的应用。

近年来采用框架结构的住宅建筑日见增多。但是，传统的框架结构柱子多采用矩形截面，

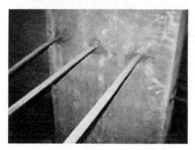

图4-37　框架柱植筋

所以不能完全被墙体所包围，柱角很大一部分露在房间内部，使得家具摆设、室内布置受到一定限制。人们普遍希望框架结构的住宅也能像砖混结构一样，房间内部四角平整光滑、整齐美观、空间使用不受限制。为了把柱子与墙体结合起来，设计中越来越多地采用了异形柱。异形柱是指在满足结构刚度和承载力等要求的前提下，根据建筑使用功能，建筑设计布置的要求而采取不同几何形状截面的柱，诸如：T、L、十字形等形状截面的柱（图 4-38），且截面各肢的高厚比不大于 4 的柱。异形柱的延性比普通矩形柱的差，轴压比、高长比（即柱净高与截面肢长之比）是影响异形柱破坏形态及延性的两个重要因素。在设计中应根据异形柱的受力特点，充分了解其破坏的各种机理，选用合理的结构形式，正确进行截面配筋，其结构才能有可靠的安全保证。

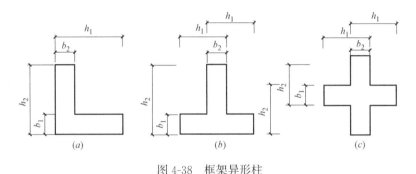

图 4-38　框架异形柱

（a）L 形截面柱；（b）T 形截面柱；（c）十字形截面柱

4.5　钢筋混凝土框架结构施工图识读

4.5.1　结构施工图的内容与作用

1. 结构施工图的内容

结构施工图主要表示承重构件（基础、墙体、柱、梁、板）的结构布置，构件种类、数量，构件的内部构造、配筋和外部形状大小，材料及构件间的相互关系。其内容包括：

1）结构设计总说明。

2）基础图：包括基础（含设备基础、基础梁、地圈梁）平面图和基础详图。

3）结构平面布置图：包括楼层结构平面布置图和屋面结构布置图。

4）柱（墙）、梁、板的配筋图：包括梁、板结构详图。

5）结构构件详图：包括楼梯（电梯）结构详图和其他详图（如预埋件、连接件等）。上述顺序即为识读结构施工图顺序。

特别提示

1. 结构施工图必须和建筑施工图密切配合，它们之间不能产生矛盾。

2. 根据工程的复杂程度，结构说明的内容有多有少，一般设计单位将内容详列在一张"结构设计说明"图纸上。

3. 基础断面详图应尽可能与基础平面图布置在同一张图纸上，以便对照施工，读图方便。

---

2. 结构施工图的作用

结构施工图主要作为施工放线，开挖基槽，安装梁、板构件，浇筑混凝土，编制施工预算，进行施工备料及做施工组织计划等的依据。

3. 常用结构构件代号和钢筋的画法

房屋结构中的承重构件往往是种类多、数量多，而且布置复杂，为了图面清晰，把不同的构件表达清楚，便于施工，在结构施工图中，结构构件的位置用其代号表示，每个构件都应有个代号。《建筑结构制图标准》GB/T 50105—2010 中规定这些代号用构件名称汉语拼音的第一个大写字母表示。要识读结构施工图，必须熟悉各类构件代号，常用构件代号见表4-11。普通钢筋的一般表示方法见表4-12的规定。钢筋的画法见表4-13。

常用结构构件代号 表4-11

序号	名称	代号	序号	名称	代号
1	板	B	16	梯梁	TL
2	屋面板	WB	17	框支梁	KZL
3	空心板	KB	18	框架梁	KL
4	槽形板	CB	19	屋面框架梁	WKL
5	折板	ZB	20	框架	KJ
6	梯板	AT～HT、ATa、ATb 、ATc	21	刚架	GJ
7	平台板	PTB	22	柱	Z
8	预应力空心板	YKB	23	梯柱	TZ
9	屋面梁	WL	24	构造柱	GZ
10	吊车梁	DL	25	承台	CT
11	梁	L	26	桩	ZH
12	圈梁	QL	27	雨篷	YP
13	过梁	GL	28	阳台	YT
14	连系梁	LL	29	预埋件	M-
15	基础梁	JL	30	基础	J

普通钢筋的一般表示方法　　　　　　　　　　　　　　　　表 4-12

序号	名称	图例	说明
1	钢筋横断面	•	—
2	无弯钩的钢筋端部		下图表示长、短钢筋投影重叠时，短钢筋的端部用15°斜划线表示
3	带半圆形弯钩的钢筋端部		—
4	带直钩的钢筋端部		—
5	带丝扣的钢筋端部		—
6	无弯钩的钢筋搭接		—
7	带半圆弯钩的钢筋搭接		—
8	带直钩的钢筋搭接		—
9	花篮螺丝钢筋接头	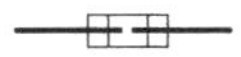	—
10	机械连接的钢筋接头		用文字说明机械连接的方式（如冷挤压或直螺纹等）

165

钢筋的画法　　　　　　　　　　　　　　　　　　　　　　表 4-13

序号	说　明	图例
1	在结构平面图配置双层钢筋时，底层钢筋的弯钩应向上或向左，顶层钢筋的弯钩向下或向右	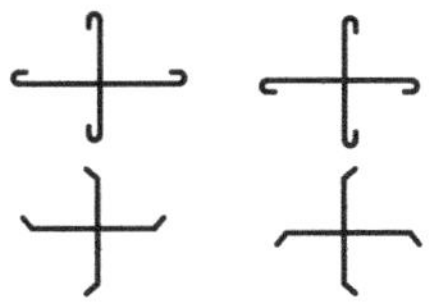 （底层，顶层）
2	钢筋混凝土墙体配置双层钢筋时，在配筋立面图中，远面钢筋的弯钩应向上或向左，而近面钢筋的弯钩向下或向右	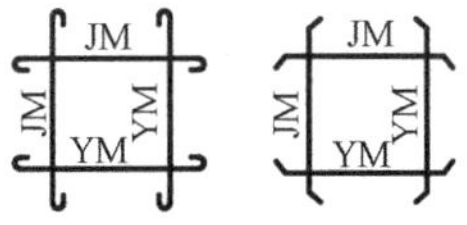 （JM 近面，YM 远面）
3	若在断面图中不能表达清楚的钢筋布置，应在断面图外增加钢筋大样图（如：钢筋混凝土墙、楼梯等）	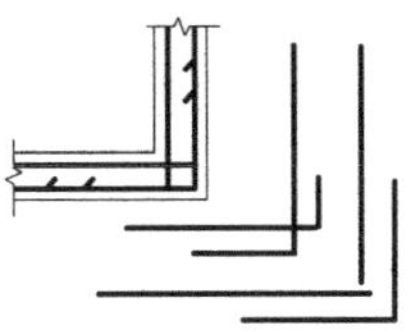
4	图中所表示的箍筋、环筋等布置复杂时，可加画钢筋大样及说明	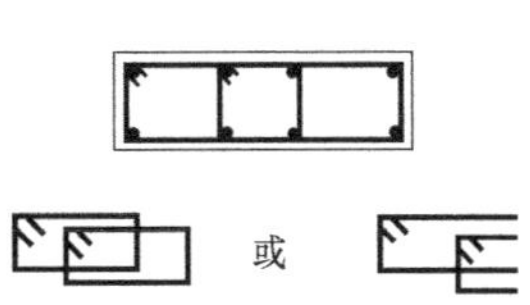 或
5	每组相同的钢筋、箍筋或环筋，可用一根粗实线表示，同时用一两端带斜短划线的横穿细线，表示其余钢筋及起止范围	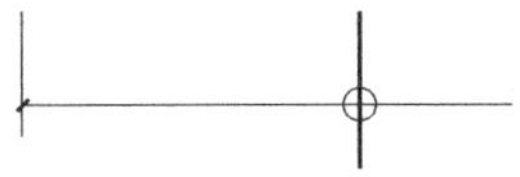

> **特别提示**
>
> 1. 钢筋代号：Φ——HPB300 钢筋；Φ——HRB335 钢筋；Φ——HRB400 钢筋。
>
> 2. 如：Φ8@200 表示 HPB300 钢筋，直径 8mm，间距 200mm。4Φ18 表示 4 根直径 18mm，HRB400 钢筋。
>
> 3. 在阅读结构施工图前，必须先阅读建筑施工图，建立起立体感，并且在识读结构施工图期间，先看文字说明后看图样；应反复查核结构与建筑对同一部位的表示，这样才能准确地理解结构图中所表示的内容。

4.5.2　框架结构施工图识读

1. 框架结构施工图内容

以案例为例，框架结构施工图包括：

（1）结构设计总说明和图纸目录（结施-1）。

（2）基础平面图和基础详图（结施-2）。

（3）柱平法配筋图（结施-3）。

（4）楼面板模板配筋图（结施-4）。

（5）楼面梁平法施工图（结施-5）。

（6）屋面板模板配筋图（结施-6）。

（7）屋面梁平法施工图（结施-7）。

（8）楼梯结构详图（结施-8）。

2. 结构施工图的识读

1）结构设计总说明和图纸目录

结构设计总说明一般放在第一张，内容包括：结构类型，抗震设防情况，地基情况，结构选用材料的类型、规格、强度等级，构造要求，施工注意事项，选用标准图集情况等。很多设计单位已将上述内容一一详列在一张"结构说明"图纸上，供设计者选用。

案例分析

案例中结施-1 即为该框架结构的结构设计总说明，由图可知：

（1）该工程为二层框架结构，采用天然地基上的独立基础，抗震等级为二级，7 度抗震设防；

（2）墙体材料的类型、规格、强度等级，混凝土及钢筋的等级，构造要求，施工注意事项，选用标准图集等情况均有说明。

2）基础平面图和基础详图

基础是建筑物地面以下承受建筑全部荷载的构件，基础的形式取决于上部承重结构的形式和地基情况。框架结构常采用的基础形式包括柱下独立基础、柱下条形基础、十字交叉基础、筏板基础等，案例所采用的是柱下独立基础。基础图主要是表示建筑物在相对标高±0.000 以下基础结构的图纸，一般包括基础平面图和基础详图，它是施工时在地基上放灰线、开挖基槽、砌筑基础的依据。

基础平面图是假想用一个水平面沿房屋底层室内地面附近将整幢建筑物剖开后，移去上层的房屋和基础周围的泥土向下投影所得到的水平剖面图。基础平面图的主要内容包括：

（1）图名、比例；

（2）纵横向定位轴线及编号、轴线尺寸；

（3）基础墙、柱的平面布置，基础底面形状、大小及其与轴线的关系；

（4）基础梁的位置、代号；

（5）基础编号、基础断面图的剖切位置线及其编号；

（6）施工说明，即所用材料的强度等级、防潮层做法、设计依据以及施工注意事项等。

> **特别提示**
>
> 1. 在基础平面图中只画出基础墙、柱及基础底面的轮廓线，基础的细部轮廓（如大放脚）可省略不画；
>
> 2. 凡被剖切到的基础墙、柱轮廓线，应画成中实线，基础底面的轮廓线应画成细实线；
>
> 3. 基础平面图中采用的比例及材料图例与建筑平面图相同；
>
> 4. 基础平面图应注出与建筑平面图相一致的定位轴线编号和轴线尺寸；
>
> 5. 当基础墙上留有管洞时，应用虚线表示其位置，具体做法及尺寸另用详图表示；
>
> 6. 当基础中设基础梁和地圈梁时，用粗单点长画线表示其中心线的位置。

在基础的某一处用铅垂剖切平面切开基础所得到的断面图称为基础详图，常用 1：10、1：20、1：50 的比例绘制。基础详图表示了基础的断面形状、大小、材料、构造、配筋、埋深及主要部位的标高等。基础详图的主要内容包括：

（1）图名、比例；

（2）轴线及其编号；

（3）基础断面形状、大小、材料以及配筋；

（4）基础断面的详细尺寸和室内外地面标高及基础底面的标高；

（5）防潮层的位置和做法；

（6）施工说明等。

> **特别提示**
>
> 1. 钢筋混凝土独立基础除画出基础的断面图外，有时还要画出基础的平面图，并在平面图中采用局部剖面表达底板配筋；
>
> 2. 基础断面除钢筋混凝土材料外，其他材料宜画出材料图例符号；
>
> 3. 基础详图的轮廓线用中实线表示，钢筋符号用粗实线绘制。

案例分析

结施-2 中基础平面图，局部如图 4-39 所示，由图可知：基础类型为柱下独立基础，共有三种基础形式，JC-1、JC-2、JC-3，基底标高为－1.5m，平面图中表示了各自的尺寸、定位。JC-1~JC-3 的基础详图和配筋见 JC-X、A—A 剖面、单柱柱基参数表，JC-3 为圆柱（直径 500mm）下的基础，尺寸 2200mm×2200mm，JC-2 正方形，尺寸 2500mm×2500mm，板底钢筋网片⏀12@150，钢筋直径 12mm，间距 150mm；JC-1 为正方形，尺寸 2000mm×2000mm，板底钢筋网片⏀12@150，两个方向钢筋均为直径 12mm，间距 150mm。

墙下基础分布在各道轴线上，外墙剖面 1-1，墙下条形基础定位轴线两侧的线是基础墙的断面轮廓线，墙线外侧的细线是可见的墙下基础底部轮廓线，宽度 600m。所有墙墙体厚度均为 240mm，轴线居中（距内、外侧均为 120mm）。内墙剖面 2-2，宽度 600mm，元宝基础。

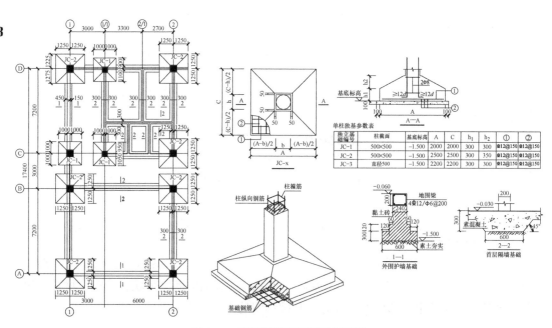

单柱独基参数表

独立基础编号	柱截面	基底标高	A	C	h_1	h_2	①	②
JC-1	500×500	-1.500	2000	2000	300	300	⏀12@150	⏀12@150
JC-2	500×500	-1.500	2500	2500	300	350	⏀12@150	⏀12@150
JC-3	直径500	-1.500	2200	2200	300	300	⏀12@150	⏀12@150

图 4-39　基础局部平面图及剖面图

特别提示

1. ①号筋、②号筋均为受力钢筋，网状配置；

2. 基坑尺寸和标高不包括垫层宽和厚度，实际开挖时注意考虑垫层。

施工相关知识 独立基础施工

1. 独立基础施工工艺流程：

放线、挖土方、验槽 → 混凝土垫层浇筑 → 恢复基础轴线、边线、校正标高 → 基础、柱、墙钢筋安装 → 基础模板及支撑安装 → 钢筋、模板验收 → 混凝土浇筑 → 养护、拆模

2. 施工要点：

（1）柱、墙钢筋插入基础时其位置应正确，并保证在混凝土浇筑时不偏斜，一般底部应与基础钢筋电焊固定（防雷接地处应增强焊接），上部则应绑扎一定的箍

筋以增加骨架刚度，并间隔一定距离用钢管支撑牢牢夹住；

（2）雨后施工应保证钢筋不粘泥；

（3）涂刷模板隔离剂时不得污染钢筋；

（4）当基础台阶有多阶时，应将下阶混凝土浇筑满后再浇筑上阶混凝土，避免混凝土出现脱节现象，每阶台阶较高时混凝土应分层浇筑。

图 4-40　柱下独立基础施工图

3. 柱平法施工图

柱平法施工图是指在柱平面布置图上采用列表注写方式或截面注写方式表达柱构件的截面形状、几何尺寸、配筋等设计内容，并用表格或其他方式注明包括地下和地上各层的结构层楼（地）面标高、结构层高及相应的结构层号（与建筑楼层号一致）。

1）柱编号方式

柱列表方式见表 4-14。

柱编号　　　　　　　　　　　　　　　　　　　　　　　　　　表 4-14

柱类型	代号	序号	柱类型	代号	序号
框架柱	KZ	xx	梁上柱	LZ	xx
框支柱	KZZ	xx	剪力墙上柱	QZ	xx
芯柱	XZ	xx			

注：编号时当柱的总高、分段截面尺寸和配筋均对应相同，仅分段截面与轴线的关系不同时，仍可将其编为同一柱号，但应在图中注明截面与轴线的关系。

特别提示

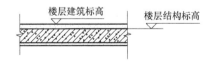

图 4-41　结构层楼面标高示例

结构层标高指扣除建筑面层及垫层做法厚度后的标高，如图 4-41 所示。结构层应含地下及地上各层，同时应注明相应结构层号（与建筑楼层号一致）。

2）截面注写方式

截面注写方式，系在分标准层绘制的柱平面布置图的柱截面上，分别在同一编号的柱中选择一个截面，以直接注写截面尺寸和配筋具体数值的方式来表达柱平法施工图（图 4-42）。首先对所有柱截面进行编号，从相同编号的柱中选择一个截面，按另一种比例在原位放大绘制柱截面配筋图，并在各配筋图上继其编号后再注写截面尺寸 $b \times h$、角筋或全部纵筋（当纵筋采用一种直径且能够图示清楚时，如图 4-42 中 KZ3）、箍筋的具体数值，并在柱截面配筋图上标注柱截面与轴线关系的具体数值。当纵筋采用两种直径时，须再注写截面各边中部筋的具体数值，如图 4-42 中 KZ2。

特别提示

结构层楼面标高、结构层高及相应结构层号，此项内容可以用表格或其他方法注明，用来表达所有柱沿高度方向的数据，方便设计和施工人员查找、修改。表 4-15 为案例结构层楼面标高及层高，层号为 2 的楼层，其结构层楼面标高为 3.57m，层高为 3.6m。

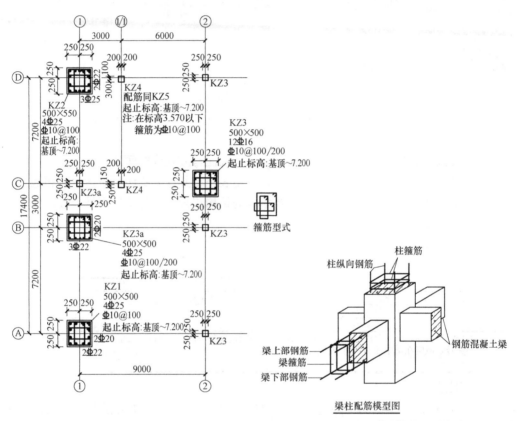

图 4-42 柱平法施工图截面注写方式（结施-3 局部）

结构层标高及结构层高示例   表 4-15

层　号	结构标高(m)	层高(m)
屋面	+7.200	
2	+3.570	3.630
1	−0.030	3.600

案例分析

在案例中，结施-3 即为柱的平法施工图（基顶～7.200），现以 KZ3 为例进行解读。KZ3 有边柱有中柱，以中柱为例，其平法图解读、配筋图、抽筋图及钢筋用量表如图

4-43 所示，同学们可以对照阅读。

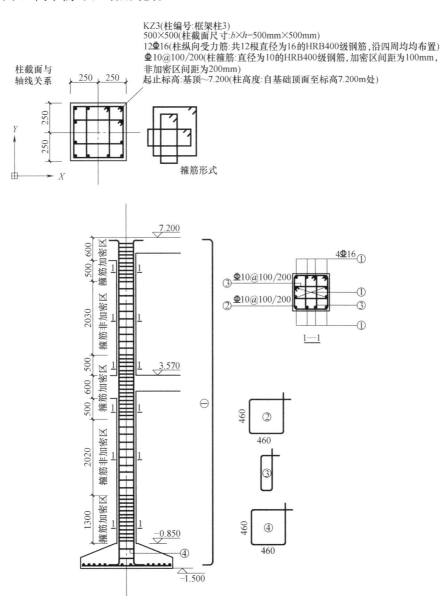

KZ3(柱编号:框架柱3)
500×500(柱截面尺寸:$b×h$=500mm×500mm)
12Φ16(柱纵向受力筋:共12根直径为16的HRB400级钢筋,沿四周均布置)
Φ10@100/200(柱箍筋:直径为10的HRB400级钢筋,加密区间距为100mm,非加密区间距为200mm)
起止标高:基顶~7.200(柱高度:自基础顶面至标高7.200m处)

KZ3 钢筋用量表

构件名称	钢筋编号	简 图	直径(mm)	等级	计算长度(mm)	钢筋根数	总重量(kg)
KZ3	①	150 8616 192	16	Φ	8958	12	169.84
	②	460 / 460	10	Φ	2040	62	78.04

续表

构件名称	钢筋编号	简　图	直径(mm)	等级	计算长度(mm)	钢筋根数	总重量(kg)
KZ3	③	460 / 181	10	Φ	1482	124	113.38
	④	460 / 460	8	Φ	2040	2	1.61
钢筋合计		Φ16:3169.84kg，Φ10:191.42kg，Φ8:1.61kg					

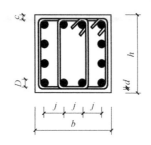

说明：

（1）柱纵筋插入基础的长度＝基础底板厚度－保护层厚度－基础底板钢筋直径＋锚固长度（锚固长度≥12d 且≥150）。

（2）箍筋的长度计算，如上图所示：

$$外箍筋长度＝(b-2×c+h-2×c)×2+\max(10d，75)×2$$
$$内箍筋长度＝(j+D+2d+h-2×c)×2+\max(10d，75)×2$$

b—柱子的宽度；h—柱子的高度；c—钢筋的保护层厚度；D—柱纵筋直径；d—箍筋直径；j—柱纵筋间距。

（3）箍筋数量的计算：

加密区根数＝加密区长度/加密区箍筋间距(取整)

非加密区根数＝非加密区长度/非加密区箍筋间距(取整)

（4）简图中所标示的尺寸为钢筋的计算长度，钢筋的下料长度应在计算长度的基础上加上钢筋搭接长度，除去钢筋加工的伸长量。

图 4-43　KZ3 解读

3）列表注写方式

列表注写方式，就是在柱平面布置图上，分别在不同编号的柱中各选择一个（有时需几个）截面，标注柱的几何参数代号；另在柱表中注写柱号、柱段起止标高、几何尺寸与配筋具体数值；同时配以各种柱截面形状及其箍筋类型图的方式，来表达柱平法施工图。一般情况下，一张图纸便可以将本工程所有柱的设计内容（构造要求除外）一次性表达清楚。

（1）柱平面布置图。在柱平面布置图上，分别在不同编号的柱中各选择一个（或几个）截面，标注柱的几何参数代号：b_1、b_2、h_1、h_2，用以表示柱截面形状及其与轴线的关系。

（2）柱表。柱表内容包含以下六部分：

① 编号：由柱类型代号（如：KZ…）和序号（如：1、2…）组成，应符合表4-11的规定。给柱编号一方面使设计和施工人员对柱的种类、数量一目了然；另一方面，在必须与之配套使用的标准构造详图中，也按构件类型统一编制了代号，这些代号与平法图中相同类型的构件的代号完全一致，使二者之间建立明确的对应互补关系，从而保

证结构设计的完整性。

②各段柱的起止标高：自柱根部往上，以变截面位置或截面未变但配筋改变处为界分段注写。框架柱和框支柱的根部标高系指基础顶面标高；梁上柱的根部标高系指梁顶面标高；剪力墙上柱的根部标高分两种：当柱纵筋锚固在墙顶部时，其根部标高为墙顶面标高；当柱与剪力墙重叠一层时，其根部标高为墙顶面往下一层的结构层楼面标高，如图 4-44 所示。

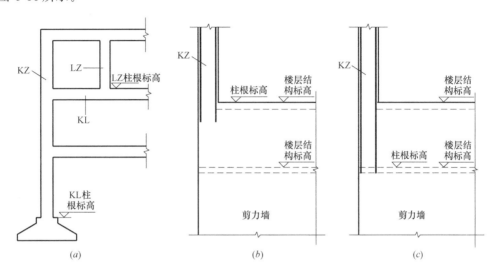

图 4-44 柱的根部标高起始点示意图

(a) 框架柱，框支柱，梁上柱；(b) 剪力墙上柱（1）；(c) 剪力墙上柱（2）

③ 柱截面尺寸 $b \times h$ 及与轴线关系的几何参数代号：b_1、b_2 和 h_1、h_2 的具体数值，须对应各段柱分别注写。其中 $b=b_1+b_2$，$h=h_1+h_2$。当截面的某一边收缩变化至与轴线重合或偏离轴线的另一侧时，b_1、b_2、h_1、h_2 中的某项为零或为负值，如图 4-45 所示。

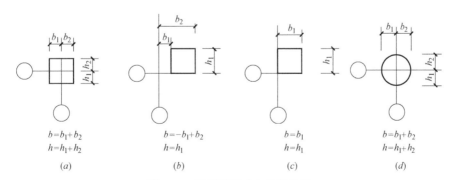

图 4-45 柱截面尺寸与轴线关系

④ 柱纵筋：分角筋、截面 b 边中部筋和 h 边中部筋三项。当柱纵筋直径相同，各边根数也相同时，可将纵筋写在"全部纵筋"一栏中。采用对称配筋的矩形柱，可仅注写一侧中部筋，对称边省略。

⑤ 箍筋种类型号及箍筋肢数，在箍筋类型栏内注写。具体工程所设计的箍筋类型

图及箍筋复合的具体方式，须画在表的上部或图中的适当位置，并在其上标注与表中相对应的 b、h 和类型号。各种箍筋的类型如图 4-46 所示。

⑥ 柱箍筋：包括钢筋级别、直径与间距。当为抗震设计时，用斜线"/"区分柱端箍筋加密区与柱身非加密区长度范围内箍筋的不同间距。例如：$\Phi 8@100/200$，表示箍筋为 HRB400 级钢筋，直径 8mm，加密区间距为 100mm，非加密区间距为 200mm。当柱纵筋采用搭接连接，且为抗震设计时，在柱纵筋搭接长度范围内（应避开柱端的箍筋加密区）的箍筋，其加密区间距均不应小于 $5d$（d 为柱纵筋较小直径）及 100mm。

案例分析

上述框架若用柱列表注写方式表达如下：

柱　表

柱号	标高(m)	$b \times h$(mm) D(mm)	b_1 (mm)	b_2 (mm)	h_1 (mm)	h_2 (mm)	角筋	b 边一侧	h 边一侧	箍筋类型号	箍筋	备注
KZ1	基顶～7.200	500×500	250	250	250	250	4 Φ 25	2 Φ 22	2 Φ 20	1(4×4)	Φ 10@100	起止标高：基顶～7.200
KZ2	基顶～7.200	500×550	250	250	300	250	4 Φ 25	3 Φ 25	2 Φ 22	1(4×4)	Φ 10@100	起止标高：基顶～7.200
KZ3	基顶～7.200	500×500	250	250	250	250	4 Φ 16	2 Φ 16	2 Φ 16	1(4×4)	Φ 10@100/200	起止标高：基顶～7.200
KZ5	基顶～7.200	500					12 Φ 20			2(4×4)	Φ 10@100/200	起止标高：基顶～3.570

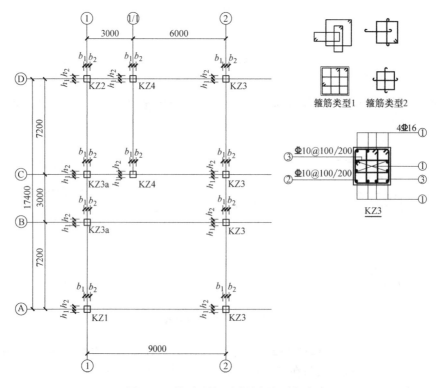

图 4-46　柱平法施工图列表注写方式

课堂讨论

柱平法施工图可以采用列表注写方式或截面注写方式来表达，二者各有什么优缺点，对于制图者来说哪个更方便？而对于识图者来说哪个更方便？

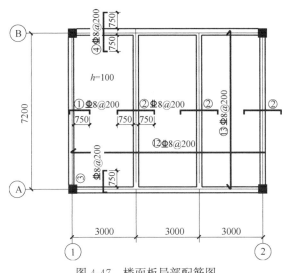

图 4-47　楼面板局部配筋图

4. 楼面（屋面）板施工图

结施-4 和结施-6 为楼面板、屋面板模板配筋图，局部如图 4-47 所示。其中，板下部短边方向钢筋为⑫号筋Φ8@200，长边方向钢筋为⑬号筋Φ8@200；板上部短边方向一边支座钢筋为①号筋Φ8@200，中间支座钢筋为②号筋Φ8@200，梁边缘伸出长度为 750mm；板上部沿长边方向边支座钢筋为③号筋Φ8@200，梁边缘伸出长度 750mm，中间支座钢筋为④号筋Φ8@200，梁边缘伸出长度为 750mm。

特别提示

1. 如图 4-47 所示板是连续单向板，板跨中下部受拉，支座上部受拉，受力钢筋配在受拉侧。

2. 支座上部钢筋的内侧还有分布钢筋Φ8@200（图中未标出）。

3. 短向钢筋⑫放在长向钢筋⑬的外侧。

4. 板上负筋离支座边长度 $\frac{1}{4}$ 净跨，即 $\frac{1}{4} \times (3000 - 250) = 688$mm，近似取 750mm。

施工相关知识　板的钢筋绑扎

1. 现浇板钢筋绑扎顺序为：清理模板→模板上划线→绑扎下层钢筋→安放电线管等→安放上层钢筋撑脚→绑扎上层钢筋→垫好砂浆垫块。

2. 要先摆受力钢筋，再放分布筋；绑扎楼板钢筋时，一般用顺扣或八字扣绑扎；除外围两排钢筋的交叉点全部绑扎外，其余各点可交错绑扎（双向板的钢筋交叉点应全部绑扎）。

5. 梁的平法施工图

梁平法施工图，系在梁平面布置图上采用平面注写方式或截面注写方式表达。在梁平法施工图中，也应注明结构层的顶面标高及相应的结构层号（同柱平法标注）。通常情况下，梁平法施工图的图纸数量与结构楼层的数量相同，图纸清晰简明，便于施工。

平面注写方式，系在梁平面布置图上，分别在不同编号的梁中各选一根梁，在其上注写截面尺寸和配筋具体数值的方式来表达梁平法施工图，如图 4-48 所示。

平面注写包括集中标注和原位标注，集中标注表达梁的通用数值，即梁多数跨都相同的数值，原位标注表达梁的特殊数值，即梁个别截面与其不同的数值。

> **特别提示**
>
> 1. 在柱、剪力墙和梁平法施工图中分别注明的楼层结构标高及层高必须保持一致，以保证用同一标准竖向定位。
>
> 2. 当集中标注中的某项数值不适用于梁的某部位时，则将该项数值原位标注，施工时，原位标注取值优先。既有效减少了表达上的重复，又保证了数值的唯一性。

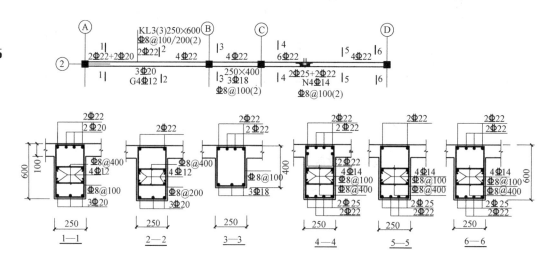

图 4-48　平法 KL3 梁平面注写方式对比示例

(注：本图中六个梁截面采用传统方法绘制，用于对比平面注写方式表达的同样内容，

实际采用平面注写方式表达方式时，不需要绘制梁截面配筋图和相应截面号)

1）梁集中标注的内容，有五项必注值及一项选注值，规定如下：

（1）梁编号，该项为必注值。由梁类型代号、序号，跨数及有无悬挑代号组成。根据梁的受力状态和节点构造的不同，将梁类型代号归纳为六种，见表 4-16 的规定。

梁编号　　　　　　　　　　　　　　　　　表 4-16

梁类型	代号	序号	跨数、是否带悬挑
楼层框架梁	KL	××	(××)、(××A)或(××B)
楼层框架扁梁	KBL	××	(××)、(××A)或(××B)
屋面框架梁	WKL	××	(××)、(××A)或(××B)
框支梁	KZL	××	(××)、(××A)或(××B)
托柱转换梁	TZL	××	(××)、(××A)或(××B)
非框架梁	L	××	(××)、(××A)或(××B)
悬挑梁	XL	××	
井字梁	JZL	××	(××)、(××A)或(××B)

注：(××A) 为一端有悬挑，(××B) 为两端有悬挑，悬挑不计入跨内。

（2）梁截面尺寸，该项为必注值。等截面梁时，用 $b \times h$ 表示；当为竖向加腋梁时，用 $b \times h$、$Yc_1 \times c_2$ 表示，其中 c_1 为腋长，c_2 为腋高（图 4-49）；当为水平加腋梁时，用 $b \times h$、$PYc_1 \times c_2$ 表示，其中 c_1 为腋长，c_2 为腋宽，加腋部位应在平面图中绘制（图 4-50）；当有悬挑梁且根部和端部的高度不同时，用斜线分隔根部与端部的高度值，即 $b \times h_1 / h_2$（图 4-51）。

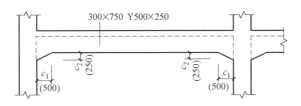

图 4-49 竖向加腋梁截面尺寸注写示意图

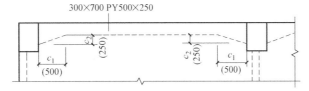

图 4-50 水平加腋梁截面尺寸注写示意图

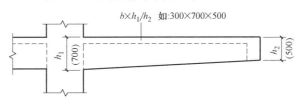

图 4-51 悬挑梁不等高截面尺寸注写示意图

（3）梁箍筋，包括钢筋级别、直径、加密区与非加密区间距及肢数，该项为必注值。箍筋加密区与非加密区的不同间距及肢数需用斜线"/"分隔；当梁箍筋为同一种间距及肢数时，则不需用斜线；当加密区与非加密区的箍筋肢数相同时，则将肢数注写一次；箍筋肢数应写在括号内。加密区范围见相应抗震级别的构造详图（模块 4 第 4 节）。

> **特别提示**
>
> 框架抗震级别分四级，相应的加密区范围亦有规定，详见模块 4。案例框架抗震等级为二级。

（4）梁上部通长筋或架立筋配置（通长筋可为相同或不同直径采用搭接连接、机械连接或对焊连接的钢筋），该项为必注值。应根据结构受力要求及箍筋肢数等构造要求而定。当同排纵筋中既有通长筋又有架立筋时，应采用加号"＋"将通长筋和架立筋相联。注写时须将角部纵筋写在加号的前面，架立筋写在加号后面的括号内，以示不同直径及与通长筋的区别。当全部采用架立筋时，则将其写入括号内。

当梁的上部和下部纵筋均为通长筋，且各跨配筋相同时，此项可加注下部纵筋的配筋值，用分号"；"将上部与下部纵筋的配筋值分隔开来，少数跨不同者，可取原位标注。

177

（5）梁侧面纵向构造钢筋或受扭钢筋配置，该项为必注值。

当梁腹板高度 $h_w \geq 450mm$ 时，须配置纵向构造钢筋，所注规格与根数应符合规范规定。此项注写值以大写字母 G 打头，接续注写设置在梁两个侧面的总配筋值，且对称配置。

当梁侧面需配置受扭纵向钢筋时，此项注写值以大写字母 N 打头，接续注写配置在梁两个侧面的总配筋值，且对称配置。受扭纵向钢筋应满足梁侧面纵向构造钢筋的间距要求，且不再重复配置纵向构造钢筋。

（6）梁顶面标高高差，该项为选注值。梁顶面标高高差，系指相对于该结构层楼面标高的高差值，有高差时，须将其写入括号内，无高差时不注。一般情况下，需要注写梁顶面高差的梁如：洗手间梁、楼梯平台梁、楼梯平台板边梁等。

2）梁原位标注的内容规定如下：

（1）梁支座上部纵筋，应包含通长筋在内的所有纵筋：

① 当上部纵筋多于一排时，用斜线"/"将各排纵筋自上而下分开。

如 KL3 梁支座上部纵筋注写为 6Φ22（4/2），则表示上一排纵筋为 4Φ22，第二排纵筋为 2Φ22（两侧）。

② 当同排纵筋有两种直径时，用加号"+"将两种直径的纵筋相连，注写时角部纵筋在前。

如：KL3 梁 A 支座上部纵筋注写为：2Φ22+2Φ20，表示有四根纵筋，2Φ22 放在角部，2Φ20 放在中部，在梁支座上部应注写。

③ 当梁中间支座两边的上部纵筋不同时，须在支座两边分别标注；当梁中间支座两边的上部纵筋相同时，可仅在支座的一边标注配筋值，另一边省去不注。

（2）梁下部纵筋：

① 当下部纵筋多于一排时，用斜线"/"将各排纵筋自上而下分开。

如梁下部纵筋注写为 6Φ25 2/4，则表示上一排纵筋为 2Φ25，下一排纵筋为 4Φ25，全部伸入支座锚固。

② 当同排纵筋有两种直径时，用加号"+"将两种直径的纵筋相连，注写时角筋写在前面。

如 KL3 梁右跨下部纵筋注写为 2Φ25+2Φ22，表示 2Φ25 放在角部，2Φ22 放在中部。

③ 当梁下部纵筋不全部伸入支座时，将梁支座下部纵筋减少的数量写在括号内。

例如：下部纵筋注写为 6Φ25 2（-2）/4，表示上一排纵筋为 2Φ25，且不伸入支座；下一排纵筋为 4Φ25，全部伸入支座。又如：梁下部纵筋注写为 2Φ25+3Φ22（-3）/5Φ25，则表示上一排纵筋为 2Φ25 和 3Φ22，其中 3Φ22 不伸入支座；下一排纵筋为 5Φ25，全部伸入支座。

（3）附加箍筋或吊筋，将其直接画在平面图中的主梁上，用线引注总配筋值（附加箍筋的肢数注在括号内），如图 4-27 所示。当多数附加箍筋或吊筋相同时，可在施工图中统一注明，少数不同值原位标注。

如 KL3 支撑梁，在支撑处设 2Φ25 吊筋和附加箍筋（每侧 3 根直径 8mm 间距 50mm 的箍筋），类型为图 4-52 中的 A 类。

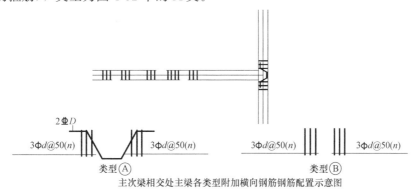

2ΦD
3Φd@50(n)
3Φd@50(n)
类型Ⓐ
3Φd@50(n)
3Φd@50(n)
类型Ⓑ
主次梁相交处主梁各类型附加横向钢筋钢筋配置示意图

图 4-52　附加箍筋和吊筋的画法示例

注：D为附加横向钢筋所在主梁下部下排较粗纵梁直径，D≤20mm。
d为附加箍筋所在主梁箍筋筋直径，n为附加箍筋所在主梁箍筋肢数。

特别提示

在主次梁交接处，主梁必须设附加横向钢筋，附加横向钢筋可以是箍筋或吊筋，也可以是箍筋加吊筋方案。

（4）其他

当在梁上集中标注的内容如：截面尺寸、箍筋、通长筋、架立筋、梁侧构造筋、受扭筋或梁顶面高差等，不适用某跨或某悬挑部分时，则将其不同数值原位标注在该跨或该悬挑部位，施工时应按原位标注数值取用。

课堂讨论

在梁平法施工图中，没有表示出钢筋的锚固长度、箍筋加密区的位置、支座负筋的截断位置，那么，施工时该如何处理？如果梁中配置弯起钢筋，能不能用平法表示？

案例分析

案例中结施-5 和结施-7 即为楼面梁和屋面梁的平法施工图，以 KL3 为例，其平法施工图的内容如图 4-53 所示。

框架梁 KL3 对应绘制的相应传统结构施工图如图 4-23 所示。

下文对 KL3 进行抽筋分析。见表 4-17。

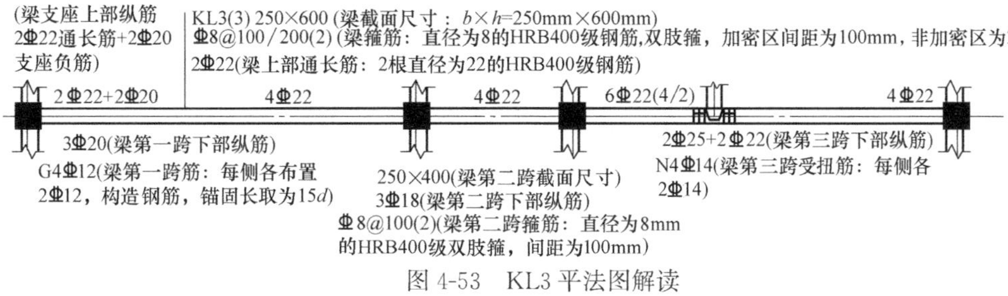

(梁支座上部纵筋
2Φ22通长筋+2Φ20
支座负筋)
KL3(3) 250×600 (梁截面尺寸：b×h=250mm×600mm)
Φ8@100/200(2) (梁箍筋：直径为8的HRB400级钢筋,双肢箍，加密区间距为100mm，非加密区为200mm)
2Φ22(梁上部通长筋：2根直径为22的HRB400级钢筋)
2Φ22+2Φ20
4Φ22
4Φ22
6Φ22(4/2)
4Φ22
3Φ20(梁第一跨下部纵筋)
G4Φ12(梁第一跨筋：每侧各布置
2Φ12，构造钢筋，锚固长取为15d)
250×400(梁第二跨截面尺寸)
3Φ18(梁第二跨下部纵筋)
Φ8@100(2)(梁第二跨箍筋：直径为8mm
的HRB400级双肢箍，间距为100mm)
2Φ25+2Φ22(梁第三跨下部纵筋)
N4Φ14(梁第三跨受扭筋：每侧各
2Φ14)

图 4-53　KL3 平法图解读

KL3 钢筋用量表　　　　　　　　　　　　　　　　　表 4-17

构件名称	钢筋编号	简　图	直径(mm)	等级	计算长度(mm)	钢筋根数	重量(kg)
KL3	①	300 ⌐ 7880 ⌐ 300	20	Φ	8260	3	61.21
	②	3900	22	Φ	3900	2	23.25
	③	330 ⌐ 17880 ⌐ 330	22	Φ	18520	2	110.38
	④	300 ⌐ 2730	20	Φ	3030	2	14.97
	⑤	8000	22	Φ	8000	2	47.68
	⑥	3940	18	Φ	3940	3	23.64
	⑦	375 ⌐ 7660 ⌐ 375	25	Φ	8410	2	64.76
	⑧	330 ⌐ 7660 ⌐ 330	22	Φ	8320	2	49.59
	⑨	560 × 210	8	Φ	1740	92	63.23
	⑩	226	8	Φ	426	72	12.12
	⑪	360 × 210	8	Φ	1340	25	13.23
	⑫	7060	12	Φ	7060	4	25.07
	⑬	210 ⌐ 7660 ⌐ 210	14	Φ	8080	4	39.11
合计		Φ8:88.58kg,Φ12:25.07kg,Φ14:39.11kg,Φ18:23.64kg,Φ20:76.18kg,Φ22:230.90kg,Φ25:64.76kg					

说明：

(1) 梁首跨钢筋的计算：

上部贯通筋长度＝通跨净跨长＋首尾端支座锚固值，例如钢筋③＝17400＋500－

$2\times20+15\times22\times2=18520$；

端支座负筋长度：第一排$=L_n/3+$端支座锚固值，例如钢筋④$=6700/3+500-20+15\times20=3030$；

第二排$=L_n/4+$端支座锚固值；

下部钢筋长度$=L_n+$左右支座锚固值，例如钢筋①$=6700+500\times2-2\times20+15\times20\times2=8260$；

腰筋$=L_n+2\times15d$，例如钢筋⑫$=6700+2\times15\times12=7060$；

拉筋长度$=($梁宽$-2c)+2d+\max(10d，100)\times2$，例如钢筋⑩$=250-2\times20+2\times8+2\times100=426$；

箍筋的计算同柱箍筋，扭筋的计算同下部纵筋。

（2）梁中间跨钢筋的计算

中间支座负筋：

第一排$=2\times L_n/3+$中间支座长度；

第二排$=2\times L_n/4+$中间支座长度；

其中，L_n为左跨L_{ni}和右跨L_{ni+1}之较大值，$i=1，2，3，\cdots$；

例如②号筋$=2\times\dfrac{1}{4}\times\max(2500,6700)+500$

$$=2\times\dfrac{1}{4}\times6700+500=3900\text{mm}$$

当中间跨两端的支座负筋延伸长度之和大于等于该跨的净跨长时，其钢筋长度：

第一排$=(L_{n1}/3+$前中间支座值$)+$该跨净跨长$+(L_{n2}/3+$后中间支座值$)$，例如钢筋⑤$=6700/3+500+2500+6700/3=8000$；

第二排$=(L_{n1}/4+$前中间支座值$)+$该跨净跨长$+(L_{n2}/4+$后中间支座值$)$；

其他钢筋计算同首跨钢筋计算。

（3）简图中所标示的尺寸为钢筋的计算长度，钢筋的下料长度应在计算长度的基础上加上钢筋搭接长度，除去钢筋加工伸长量。

知识链接　梁平法截面注写方式

截面注写方式，系在分标准层绘制的梁平面布置图上，分别在不同编号的梁中各选一根梁用剖面号引出配筋图，并在其上注写截面尺寸和配筋具体数值的方式来表达梁平法施工图。

对所有梁进行编号，从相同编号的梁中选择一根梁，先将"单边截面号"画在该梁上，再将截面配筋详图画在本图或其他图上。当某梁的顶面标高与该结构层的楼面标高不同时，尚应在其梁编号后注写梁顶面高差。

截面配筋详图上注写截面尺寸$b\times h$，上部筋、下部筋、侧面构造筋或受扭筋，以及箍筋的具体数值时，其表达形式与平面注写方式相同。

截面注写方式可以单独使用，也可以与平面注写方式结合使用。

181

施工相关知识　图纸会审

1. 图纸会审的定义：指工程各参建单位（建设单位、监理单位、施工单位）在收到设计院施工图设计文件后，对图纸进行全面细致的熟悉，审查出施工图中存在的问题及不合理情况并提交设计院进行处理的一项重要活动。图纸会审由建设单位组织并记录。通过图纸会审可以使各参建单位特别是施工单位熟悉设计图纸、领会设计意图、掌握工程特点及难点，找出需要解决的技术难题并拟定解决方案，从而将因设计缺陷而存在的问题消灭在施工之前。

2. 图纸会审的主要内容：

1) 是否无证设计或越级设计；图纸是否经设计单位正式签署。

2) 地质勘探资料是否齐全。

3) 设计图纸与说明是否齐全，有无分期供图的时间表。

4) 设计地震烈度是否符合当地要求。

5) 几个设计单位共同设计的图纸相互间有无矛盾；专业图纸之间、平立剖面图之间有无矛盾；标注有无遗漏。

6) 总平面与施工图的几何尺寸、平面位置、标高等是否一致。

7) 防火、消防是否满足要求。

8) 建筑结构与各专业图纸本身是否有差错及矛盾；结构图与建筑图的平面尺寸及标高是否一致；建筑图与结构图的表示方法是否清楚；是否符合制图标准；预埋件是否表示清楚；有无钢筋明细表；钢筋的构造要求在图中是否表示清楚。

9) 施工图中所列各种标准图册，施工单位是否具备。

10) 材料来源有无保证，能否代换；图中所要求的条件能否满足；新材料、新技术的应用有无问题。

11) 地基处理方法是否合理，建筑与结构构造是否存在不能施工、不便于施工的技术问题，或容易导致质量、安全、工程费用增加等方面的问题。

12) 工艺管道、电气线路、设备装置、运输道路与建筑物之间或相互间有无矛盾，布置是否合理，是否满足设计功能要求。

13) 施工安全、环境卫生有无保证。

14) 图纸是否符合监理大纲所提出的要求。

6. 楼梯结构施工图

1) 楼梯结构施工图的组成

（1）楼梯结构平面图，主要表明楼梯各构件，如楼梯梁、梯段板、平台板等的平面布置，代号，尺寸大小，平台板的配筋及结构标高。

（2）楼梯结构剖面图，主要表明构件的竖向布置与构造，梯段板和楼梯梁的配筋，截面尺寸等。

2) 现浇混凝土板式楼梯平面整体表示方法制图规则

（1）板式楼梯的类型

根据板式楼梯中梯板的组成、支承分成11种类型：AT～HT、ATa、ATb、ATc。各梯板截面形状和支座示意图如图4-54所示。

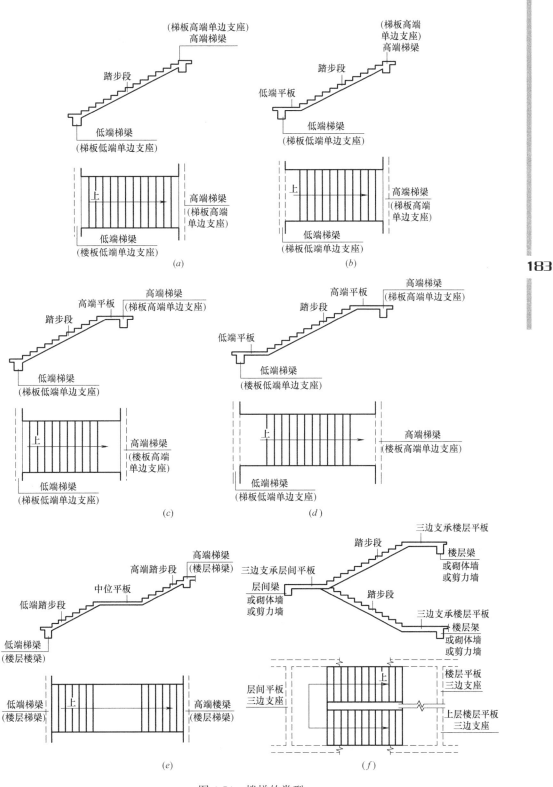

图 4-54　楼梯的类型

(a) AT 型；(b) BT 型；(c) CT 型；(d) DT 型；(e) ET 型 (f) FT 型

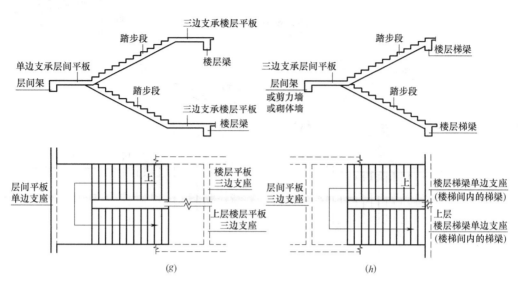

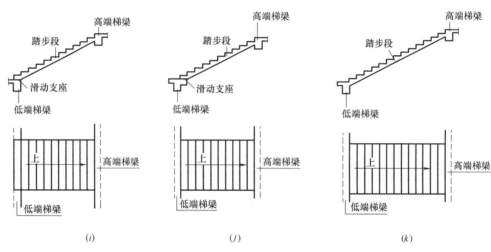

图 4-54　楼梯的类型（续）

（g）GT 型；（h）HT 型；（i）ATa 型；（j）ATb 型；（k）ATc 型

梯板的平法注写方式，主要有平面注写方式、剖面注写方式及列表注写方式；实际工程中常用前两种，列表注写方式就不再叙述。

（2）平面注写方式

平面注写方式，是指在楼梯平面布置图上注写截面尺寸和配筋具体数值的方式表达楼梯施工图。包括集中标注和外围标注。

① 集中标注内容

a. 梯板类型代号与序号，如 AT××。

b. 梯板厚度，注写为 $h=$××。当为带平板的梯板，梯段板和平板厚度不同时，可在梯段板厚度后面括号内字母 P 打头注写平板厚度。$h=-120$（P150），120 表示梯段板厚度，150 表示梯段平板的厚度。

c. 踏步板总高度和踏步级数，之间以"/"分隔。

d. 梯板支座上部纵筋，下部纵筋，之间以"；"分隔。

e. 梯板分布筋，以 F 打头注写分布钢筋具体值，该项也可在下图中统一说明。

例　平面图中梯板类型及配筋的完整标注示例如下（AT 型）：

AT1，h=120　楼梯类型及编号，梯板板厚

1800/13　踏步段总高度/踏步级数

Φ10@110；Φ10@110　上部纵筋；下部纵筋

Fϕ8@200　梯板分布筋（可统一说明）

② 楼梯外围标注的内容，包括楼梯间的平面尺寸、楼层结构标高、层间结构标高、楼梯的上下方向、梯板的平面几何尺寸、平台板配筋、梯梁及梯柱的配筋。

（3）剖面注写方式

剖面注写方式需在楼梯平法施工图中绘制楼梯平面布置图和楼梯剖面图，注写方式分平面注写、剖面注写两部分。

① 楼梯平面布置图注写内容，包括楼梯间的平面尺寸、楼层结构标高、层间结构标高、楼梯的上下方向、梯板的平面几何尺寸、梯板类型及编号、平台板配筋、梯梁及梯柱的配筋。

② 楼梯剖面图注写内容，包括梯板集中标注、梯梁、梯柱编号、梯板水平及竖向尺寸、楼层结构标高、层间结构标高等。

③ 梯板集中标注的内容有四项，同平面注写方式中集中标注 a、b、d、e 项。

【案例解读】

结施-8 为楼梯结构详图，由图 4-55 可知：梯段板 AT1，平台梁 LTL1、LTL2、LTL3、LTL4（另有配筋图）。底层结构标高分别为 -0.03m，休息平台结构标高为 1.77m，二层结构标高分别为 3.57m。

楼梯为板式楼梯，梯段板是 AT1，踏步宽 300mm，高 150mm，13 步，斜板厚 120mm，板下部受力筋为 Φ10@150，支座上部负钢筋为 Φ8@150，梯板分布筋为 Φ8@200。图中楼梯基础梁、楼层是 LTL1，平台梁是 LTL2、LTL3 及 LTL4。

平台板有 PTB1 和 PTB2 两种，PTB1 结构标高为 1770mm，尺寸为 1650mm×3000mm，板厚 h=100mm，上部支座配筋是①号筋 Φ8@200 且从梁边伸出 400mm，下部双向配筋是 Φ8@200；PTB2 结构标高分别为 3570mm，尺寸为 2250mm×3000mm，板厚 h=100mm，上部支座配筋是②号筋 Φ8@150 且从梁边伸出 550mm，下部双向配筋是 Φ8@200。

LTL1、LTL2 截面尺寸是 250mm×400mm，上部钢筋为 2Φ14，下部钢筋为 3Φ14，箍筋为 8@150，LTL1 梁顶标高是 1770mm，LTL2 梁顶标高是 3570mm。LTL3、LTL4 截面尺寸是 200mm×300mm，上部钢筋为 2Φ14，下部钢筋为 2Φ14，箍筋为 Φ8@200，LTL3、LTL4 梁顶标高是 1770mm。

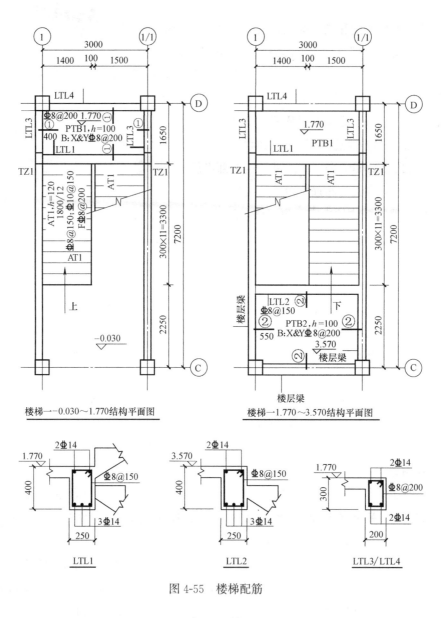

楼梯—-0.030～1.770结构平面图

楼梯—1.770～3.570结构平面图

图 4-55　楼梯配筋

小　结

1. 钢筋混凝土轴心受压构件按照纵向力在截面上作用位置的不同，分为轴心受压柱和偏心受压柱。

2. 钢筋混凝土柱截面尺寸不宜小于 250mm×250mm，柱截面尺寸宜取整数，在 800mm 以下时以 50mm 模数，在 800mm 以上以 100mm 模数。

3. 钢筋混凝土柱的纵向受力钢筋直径不宜小于 12mm，净距不应小于 50mm。

4. 根据箍筋形式的不同，钢筋混凝土轴心受压柱可分为普通箍筋柱和螺旋箍筋柱。

5. 框架结构房屋的柱网和层高，应根据生产工艺、使用要求、建筑材料、施工条件等因素综合考虑，并力求简单规则，有利于装配化、定型化和工业化。框架结构的承重框架布置方案有横向布置方案、纵向布置方案和横纵向布置方案。框架结构在抗震设计时应遵循强柱弱梁、强剪弱弯、强节点弱构件的基本原则。

6. 现浇框架的连接构造要求主要是梁与柱、柱与柱之间的配筋构造要求。梁、柱节点构造是保证框架结构整体空间性能的重要措施。钢筋混凝土框架结构房屋具有较好的抗震性能，采取适当的抗震构造措施，对于保证一般烈度区建造多层框架结构房屋是非常必要的。本章对于抗震措施的框架梁、柱、节点构造要求均进行了详细的阐述。

7. 钢筋混凝土框架结构施工图包括：结构设计总说明、基础施工图、楼层结构平面布置图、楼梯施工图及详图。

8. 基础施工图用来反映建筑物的基础形式、基础构件布置及构件详图的图样。在识读基础施工图时，应重点了解基础的形式、布置位置、基础地面宽度、基础埋置深度等。

9. 楼层结构平面图中，主要反映了墙、柱、梁、板等构件的型号、布置位置、现浇及预制板装配情况。

10. 构件详图主要反映构件的形状、尺寸、配筋、预埋件设置等情况。

187

习　　题

一、填空题

1. 钢筋混凝土轴心受压构件的承载力由_____和_____两部分抗压能力组成。

2. 钢筋混凝土柱中箍筋的作用之一是约束纵筋，防止纵筋受压后_____。

3. 钢筋混凝土柱中纵向钢筋净距不应小于_____ mm。

4. _____框架是将预制梁、柱和板在现场安装就位后，再在构件连接处现浇混凝土使之成为整体而形成的框架。

5. 框架结构平面布置常用的布置方案有_____方案、_____方案和_____方案。

6. 根据建筑物的重要性、设防烈度、结构类型和房屋高度等因素要求，以抗震等级表示框架可分为_____级。

7. 框架梁的箍筋沿梁全长范围内设置，第一排箍筋设置在距离节点边缘_____ mm 处。

8. 框架柱纵向钢筋的接头可采用绑扎搭接、机械连接和焊接连接等方式，宜优先采用_____和_____方式。

9. 抗震框架柱的箍筋末端应做成_____°弯钩，且弯钩末端平直段不应小于_____箍筋直径。

二、单项选择题

1. 轴心受压柱的最常见配筋形式为纵筋及横向箍筋，这是因为（　　　）。

Ⅰ. 纵筋能帮助混凝土承受压力，以减少构件的截面尺寸

Ⅱ. 纵筋能防止构件突然脆裂破坏及增强构件的延性

Ⅲ. 纵筋能减小混凝土的徐变变形

Ⅳ. 箍筋能与纵筋形成骨架，防止纵筋受力弯曲

A. Ⅰ、Ⅱ、Ⅲ　　　　　　B. Ⅱ、Ⅲ、Ⅳ　　　　　　C. Ⅰ、Ⅲ、Ⅳ　　　　　　D. Ⅰ、Ⅱ、Ⅲ、Ⅳ

2. 钢筋混凝土偏心受压构件，其大小偏心受压的根本区别是（　　　）。

A. 截面破坏时，受拉钢筋是否屈服

B. 截面破坏时，受压钢筋是否屈服

C. 偏心距的大小

D. 受压一侧的混凝土是否达到极限压应变的值

3. 纵向弯曲会使受压构件承载力降低，其降低程度随构件的（   ）增大而增大。

A. 混凝土强度　　　　B. 钢筋强度　　　　C. 长细比　　　　D. 配筋率

4.《混凝土结构设计规范》GB 50010—2010 规定的受压构件全部受力纵筋的配筋率不宜大于（   ）。

A. 4%　　　　　　　B. 5%　　　　　　　C. 6%　　　　　　　D. 4.5%

5. 某矩形截面轴心受压柱，截面尺寸 400mm×400mm，采用 HRB400 级钢筋经承载力计算纵向受力钢筋面积 $A_s=760mm^2$，实配钢筋以下哪一项是正确的？（   ）

A. 3Φ18　　　　　B. 4Φ16　　　　　C. 2Φ22　　　　　D. 5Φ14

6. 关于钢筋混凝土柱构造要求的叙述中，哪种是不正确的？（   ）

A. 纵向钢筋配置越多越好　　　　　　　B. 纵向钢筋沿周边布置

C. 箍筋应形成封闭　　　　　　　　　　D. 纵向钢筋净距不小于 50mm

7. 小偏心受压破坏的主要特征是（   ）。

A. 混凝土首先被压碎　　　　　　　　　B. 钢筋首先被拉屈服

C. 混凝土压碎时钢筋同时被拉屈服　　　D. 钢筋先被拉屈服然后混凝土被压碎

8. 当建筑平面过长、高度或刚度相差过大以及各结构单元的地基条件有较大差异时，钢筋混凝土框架结构应考虑设置（   ）。

A. 伸缩缝　　　　B. 沉降缝　　　　C. 防震缝　　　　D. 施工缝

9. 抗震等级为一级且层数超过 2 层的框架结构，框架柱截面尺寸不宜小于（   ）mm。

A. 100　　　　　　B. 200　　　　　　C. 300　　　　　　D. 400

10. 抗震楼层框架梁上部纵向受力钢筋采用直线锚固形式时，伸入端节点内长度不应小于 l_{aE}，且伸过柱中心线不应小于梁纵向钢筋直径的（   ）倍。

A. 2　　　　　　　B. 5　　　　　　　C. 10　　　　　　　D. 15

11. 当框架梁 $h_w \geq$（   ）mm 时，在梁的两个侧面应沿高度配置纵向构造钢筋。

A. 400　　　　　　B. 450　　　　　　C. 500　　　　　　D. 600

12. 框架梁上部纵向钢筋深入端支座并向下弯折时，包括弯弧段在内的竖直投影长度应取为下列长度中的（   ）。

A. 10d　　　　　B. 15d　　　　　C. 20d　　　　　D. 25d

13. 框架结构顶层中间节点，当柱顶有现浇楼板且板厚不小于（   ）mm 时，柱纵向钢筋可以向外弯折，弯折后的水平投影长度不宜小于（   ）d。

A. 80；10　　　　B. 80；12　　　　C.100；10　　　　D. 100；12

三、判断题

1. 大偏心受压破坏的截面特征是：受压钢筋首先屈服，最终受压边缘的混凝土也因压应变达到

极限值而破坏。（　　）

2. 一般柱中箍筋的加密区位于柱的中间部位。（　　）

3. 房屋有较大错层者，且楼面高差较大处宜设置沉降缝。（　　）

4. 梁纵向钢筋搭接接头范围内的箍筋应当加密。（　　）

5. 框架结构与剪力墙结构相比，更能抵抗地震作用。（　　）

四、问答题

1. 按照施工方法的不同，钢筋混凝土框架有哪几种形式？

2. 框架的抗震等级划分有几级？划分依据是什么？哪一级抗震要求最高？

3. 试简述抗震屋面框架梁端节点构造措施。

五、计算题

1. 某钢筋混凝土轴心受压柱，截面尺寸为 350mm×350mm，计算长度 $l_0 = 3.85$m，混凝土强度等级 C30，纵筋和箍筋 HRB400，承受轴心压力设计值 $N = 1800$kN。试根据计算和构造选配纵筋和箍筋。

2. 某轴心受压柱，截面尺寸为 300mm×300mm，已配置 4Φ18 纵向受力钢筋，混凝土为 C30，柱的计算长度为 4.6m，该柱承受的轴向力设计值 $N = 980$kN，试校核其截面承载力。

YT4

云题

模块 5

剪力墙结构与框架-剪力墙结构

教学目标

了解剪力墙结构的一般构造措施，了解框架-剪力墙结构的受力特点，掌握剪力墙结构的抗震构造措施，能看懂一般剪力墙结构施工图。

教学要求

能 力 目 标	相 关 知 识
能理解剪力墙结构构造措施	剪力墙结构抗震构造措施
能熟练识读平法剪力墙施工图	剪力墙结构平法制图规则
了解框架-剪力墙结构的受力特点	框架-剪力墙结构的受力特点
了解框架-剪力墙结构中的剪力墙的合理布置及构造要求	框架-剪力墙结构的构造要求

引例

随着房屋高度的增加，结构荷载也在增大，结构形式随之发生改变，高层建筑中通常采用框架剪力墙结构或剪力墙结构。图 5-1 为某框架-剪力墙结构平面示意图；图5-2为某高层住宅标准层平面建筑施工图的局部，其结构形式采用剪力墙结构，平面图中墙体涂黑部分为剪力墙，图 5-3 为与之配套的剪力墙结构施工图。本模块将简单介绍剪力墙结构及框架-剪力墙结构的构造要求。

ZY5.1

剪力墙结构施工图

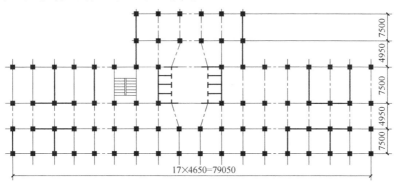

图 5-1　某框架-剪力墙结构平面示意图

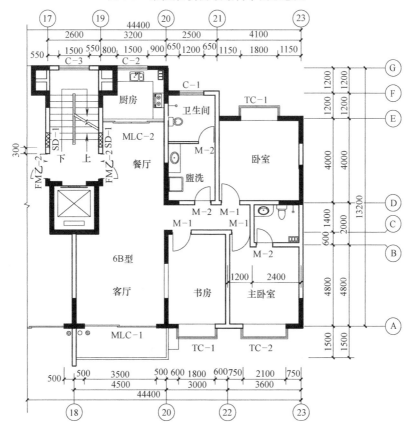

图 5-2　某高层住宅标准层建筑平面图（局部）

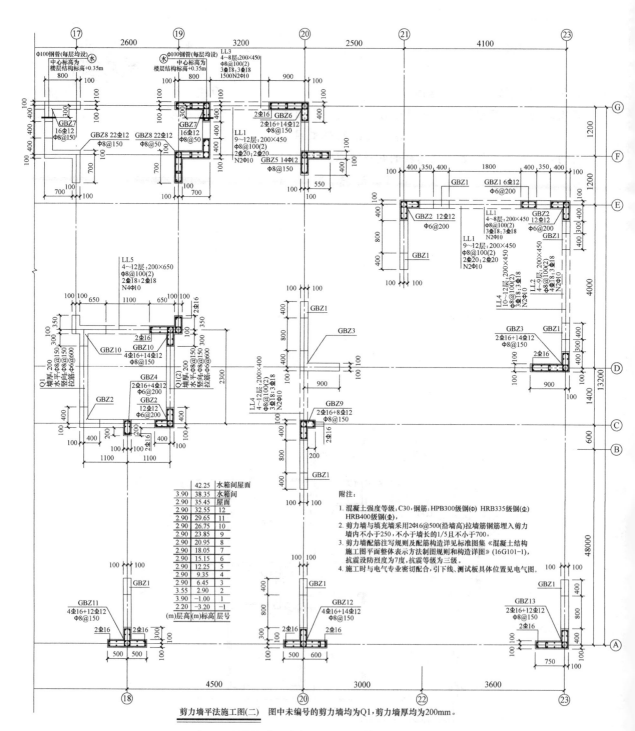

剪力墙平法施工图(二)　图中未编号的剪力墙均为Q1，剪力墙厚均为200mm。

图 5-3　某高层住宅标准层剪力墙平法施工图（局部）

5.1 剪力墙抗震构造措施

由钢筋混凝土墙体构成的承重体系称为剪力墙结构。剪力墙又称抗风墙、抗震墙或结构墙，是房屋中主要承受风荷载或地震作用引起的水平荷载的墙体，用以提高结构的抗侧力性能，防止结构发生剪切破坏。

在剪力墙内部，由于受力和配筋构造的不同，为方便表达，将剪力墙分为剪力墙身、剪力墙梁和剪力墙柱三部分。剪力墙身主要配置竖向和水平分布钢筋。剪力墙梁主要配置上部纵筋、下部纵筋和箍筋。剪力墙柱主要配置纵向钢筋和箍筋。

在整个高层剪力墙结构的底部，为保证出现塑性铰时有足够的延性，达到耗能的目的，剪力墙底部应设置加强区。从原则上来说，出现塑性铰的范围就是剪力墙的加强范围。

5.1.1 现浇钢筋混凝土抗震墙房屋的最大适用高度及抗震等级

1. 现浇钢筋混凝土抗震墙房屋的最大适用高度应符合表 5-1 的要求。

现浇钢筋混凝土抗震墙房屋的最大适用高度（m）　　　　表 5-1

结构类型	设防烈度				
	6	7	8(0.2g)	8(0.3g)	9
剪力墙结构	140	120	100	80	60

2. 钢筋混凝土房屋应根据设防类别、烈度、结构类型和房屋高度采用不同的抗震等级，并应符合相应的计算和构造措施要求。丙类抗震墙房屋的抗震等级应按表 5-2 确定。

现浇钢筋混凝土抗震墙房屋的抗震等级　　　　表 5-2

结构类型		设防烈度								
		6		7			8			9
剪力墙结构	高度(m)	≤80	>80	≤24	25～80	>80	≤24	25～80	>80	≤24	25～60
	剪力墙	四	三	四	三	二	三	二	一	二	一

5.1.2 剪力墙的厚度

1. 剪力墙的厚度，当结构抗震等级为一、二级时不应小于 160mm 且不宜小于层高或无支长度（图 5-4）的 1/20，三、四级不应小于 140mm 且不宜小于层高或无支长度的 1/25；无端柱或翼墙时，一、二级不宜小于层高或无支长度的 1/16，三、四级不宜小于层高或无支长度的 1/20。

底部加强部位的墙厚，一、二级不应小于 200mm 且不宜小于层高或无支长度的 1/16，三、四级不应小于 160mm 且不宜小于层高或无支长度的 1/20；无端柱或翼墙时，一、二级不宜小于层高或无支长度的 1/12，三、四级不宜小于层高或无支长度的 1/16。

图 5-4 剪力墙的层高
与无支长度示意

2. 剪力墙厚度大于 140mm 时，竖向和水平分布钢筋应双排布置；双排分布钢筋间拉筋的间距不应大于 600mm，直径不应小于 6mm；在底部加强部位，边缘构件以外的拉筋间距应适当加密。

5.1.3　剪力墙钢筋的锚固和连接

1. 剪力墙钢筋的锚固

非抗震设计时，剪力墙纵向钢筋最小锚固长度应取 l_a；抗震设计时，剪力墙纵向钢筋最小锚固长度应取 l_{aE}。l_a、l_{aE} 的取值见模块 2。

2. 剪力墙钢筋的连接

1）墙竖向分布钢筋可在同一高度搭接，搭接长度不应小于 $1.2l_a$。

2）墙水平分布钢筋的搭接长度不应小于 $1.2l_a$，同排水平分布钢筋的搭接接头之间以及上、下相邻水平分布钢筋的搭接接头之间，沿水平方向的净距不宜小于 500mm（图 5-5）。

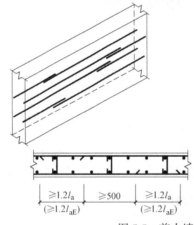

图 5-5　剪力墙内水平分布钢筋的连接

3）墙中水平分布钢筋应伸至墙端，并向内水平弯折 $10d$，d 为钢筋直径。

4）当剪力墙端部有翼墙（图 5-8c、图 5-9c）或转角墙（图 5-8d、图 5-9d）时，内墙两侧和外墙内侧的水平分布钢筋应伸至翼墙或转角墙外边，并分别向两侧水平弯折 $15d$。在转角墙处，外墙外侧的水平分布钢筋应在墙端外角处弯入翼墙，并与翼墙外侧的水平分布钢筋搭接。

5）带边框的墙，水平和竖向分布钢筋宜分别贯穿柱、梁或锚固在柱、梁内。

6）暗柱（图 5-8a、图 5-9a）、端柱（图 5-8b、图 5-9b）等剪力墙边缘构件内纵向钢筋连接和锚固要求宜与框架柱相同。

7）连梁内纵向钢筋连接和锚固要求宜与框架梁相同。

8）抗震设计时，墙水平及竖向分布钢筋搭接长度应取 $1.2l_{aE}$。一级、二级抗震等级剪力墙的加强部位，接头位置应错开，每次连接的钢筋数量不宜超过总数量的 50%，错开净距不宜小于 500mm。

施工相关知识　钢筋的连接

　　高层建筑施工应优先采用钢筋机械连接和焊接，钢筋绑扎连接质量不可靠且浪费钢筋，应限制使用。

5.1.4　剪力墙身构造

　　1. 一、二、三级抗震等级剪力墙的竖向和水平分布钢筋最小配筋率均不应小于0.25%，四级抗震等级剪力墙不应小于0.20%。

　　2. 部分框支剪力墙结构的落地剪力墙底部加强部位，竖向及水平分布钢筋配筋率均不应小于0.3%，钢筋间距不宜大于200mm。

　　3. 剪力墙钢筋最大间距不宜大于300mm；竖向和水平分布钢筋的直径，均不宜大于墙厚的1/10且不应小于8mm；竖向钢筋直径不宜小于10mm。

ZY5.2

剪力墙墙身及
边缘构件配筋

195

　　4. 一、二级抗震等级的剪力墙，其底部加强部位的墙肢轴压比不宜超过表5-3的限值。

剪力墙轴压比限值　　　　　　　　　　　表5-3

抗震等级(设防烈度)	一级(9度)	一级(7,8度)	二级、三级
轴压比限值	0.4	0.5	0.6

施工相关知识　墙身钢筋绑扎

　　（1）墙身的垂直钢筋每段长度不宜超过4m（钢筋直径≤12mm）或6m（钢筋直径＞12mm），水平钢筋每段长度不宜超过8m，以利绑扎。

　　（2）墙身全部钢筋的相交点都要扎牢，绑扎时相邻绑扎点的铁丝扣成八字形，以免网片歪斜变形。钢筋的弯钩应朝向混凝土内。

　　（3）采用双层钢筋网时，在两层钢筋间应设置撑铁，以固定钢筋间距。撑铁可用直径6～10mm的钢筋制成，长度等于两层网片的净距（图5-6），间距约为1m，相互错开排列。

　　（4）墙的钢筋可在基础钢筋绑扎之后混凝土浇筑前插入基础内。

　　（5）墙钢筋的绑扎，也应在模板安装前进行。

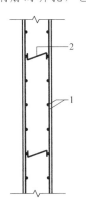

ZY5.3

剪力墙支模构造

图5-6　墙身分布钢筋撑铁水平示意图
1—钢筋网；2—撑铁

知识链接

1. 轴压比：轴压比 $N/(f_cA)$ 指墙（柱）的轴向压力设计值与墙（柱）的全截面面积和混凝土轴心抗压强度设计值乘积之比值。它反映了墙（柱）的受压情况，轴压比越大，构件的延性越差，在地震作用下呈脆性破坏。限制墙（柱）轴压比主要是为了控制墙（柱）的延性。

2. 剪力墙墙肢：剪力墙在水平荷载作用下的工作特点主要取决于墙体上所开洞口的大小。墙面上不开洞或洞口极小（洞口面积不超过墙面总表面积15%）的墙，可视为嵌固于基础顶面的悬臂深梁；当墙面上开有整齐规则的洞口且洞口大小适中时，由洞口分开的左、右剪力墙便形成了两个墙肢，洞口上、下间墙体称为连梁，通过它把左、右墙肢联系起来，如图5-7所示。

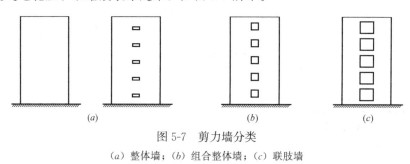

图 5-7　剪力墙分类

(a) 整体墙；(b) 组合整体墙；(c) 联肢墙

5.1.5　剪力墙柱构造

1. 剪力墙柱的设置　剪力墙柱也称边缘构件，边缘构件包括暗柱、端柱、翼墙和转角墙。其实质是剪力墙两端及洞口两侧等边缘的集中配筋加强部位。剪力墙边缘构件分为约束边缘构件和构造边缘构件，按结构抗震等级划分。剪力墙两端及洞口两侧应设置边缘构件，边缘构件设置宜符合下列要求：

1) 一、二、三级抗震等级的剪力墙，在重力荷载代表值作用下，当墙肢底截面轴压比大于表5-4规定时，其底部加强部位及其以上一层墙肢应按《建筑抗震设计规范》GB 50011—2011规定设置约束边缘构件；当墙肢轴压比不大于表5-4规定时，可按规定设置构造边缘构件。

剪力墙设置构造边缘构件的最大轴压比　　　　　　　　表 5-4

等级或烈度	一级(9度)	一级(7,8度)	二、三级
轴压比	0.1	0.2	0.3

2) 部分框支剪力墙结构中，一、二、三级抗震等级落地剪力墙的底部加强部位及以上一层的墙肢两端，宜设置翼墙或端柱，并应按规定设置约束边缘构件；不落地的剪力墙，应在底部加强部位及以上一层剪力墙的墙肢两端设置约束边缘构件。

3) 一、二、三级抗震等级的剪力墙的一般部位剪力墙以及四级抗震等级剪力墙，应按规定设置构造边缘构件。

施工相关知识

墙柱钢筋绑扎

（1）剪力墙柱中的竖向钢筋搭接时，角部钢筋的弯钩应与模板成45°角（多边形柱为模板内角的平分角，圆形柱与模板切线垂直），中间钢筋的弯钩应与模板成90°角。如果用插入式振捣器浇筑小型截面柱时，弯钩与模板的角度不得小于15°。

（2）箍筋的接头（即弯钩叠合处）应交错布置在四角纵向钢筋上；箍筋转角与纵向钢筋交叉点均应扎牢（箍筋平直部分与纵向钢筋交叉点可间隔扎牢），绑扎箍筋时，绑扣相互间应成八字形。

（3）下层柱的钢筋露出楼面部分，应用工具式柱箍筋将其收进一个柱筋直径，以利上层柱的钢筋搭接。当柱截面有变化时，其下层柱钢筋的突出部分，必须在绑扎梁的钢筋之前，先行收缩准确。

（4）柱钢筋的绑扎应在模板安装前进行。

2. 剪力墙端部约束边缘构件（墙柱）的构造规定

约束边缘构件沿墙肢的长度和配箍特征值宜符合表5-5的要求。一、二、三级抗震等级的剪力墙约束边缘构件的纵向钢筋的截面面积，如图5-8所示暗柱、端柱、翼墙与

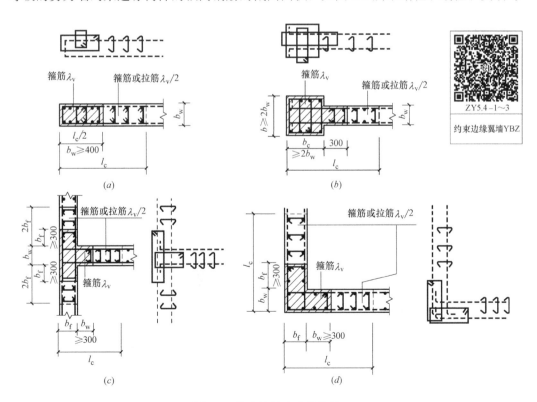

图 5-8 剪力墙约束边缘构件

（a）暗柱；（b）端柱；（c）翼墙；（d）转角墙

约束边缘构件沿墙肢的长度 l_c 和配箍特征值 λ_v 表 5-5

抗震等级（设防烈度）		一级（9度）		一级（7、8度）		二级、三级	
轴压比		≤0.2	>0.2	≤0.3	>0.3	≤0.4	>0.3
λ_v		0.12	0.20	0.12	0.20	0.12	0.20
l_c	暗柱	$0.20h_w$	$0.25h_w$	$0.15h_w$	$0.20h_w$	$0.15h_w$	$0.20h_w$
	端柱、翼墙或转角墙	$0.15h_w$	$0.20h_w$	$0.10h_w$	$0.15h_w$	$0.10h_w$	$0.15h_w$

注：1. 表中 h_w 为剪力墙墙肢截面高度；
    2. 约束边缘构件沿墙肢长度 l_c 除满足表 5-5 的要求外，且不宜小于墙厚和 400mm；当有端柱、翼墙或转角墙时，尚不应小于翼墙厚度或端柱沿墙肢方向截面高度加 300mm。

转角墙分别不应小于图中阴影部分面积的 1.2%、1.0% 和 1.0%。

约束边缘构件的箍筋或拉筋沿竖向的间距，对一级抗震等级不宜大于 100mm，对二、三级抗震等级不宜大于 150mm。

3. 剪力墙端部构造边缘构件（墙柱）的构造规定

剪力墙端部构造边缘构件的设置范围，应按图 5-9 采用。构造边缘构件包括暗柱、端柱、翼墙和转角墙。构造边缘构件的配筋应满足受弯承载力要求，并应符合表 5-6 的要求。箍筋的无支长度不应大于 300mm，拉筋的水平间距不应大于竖向钢筋间距的 2

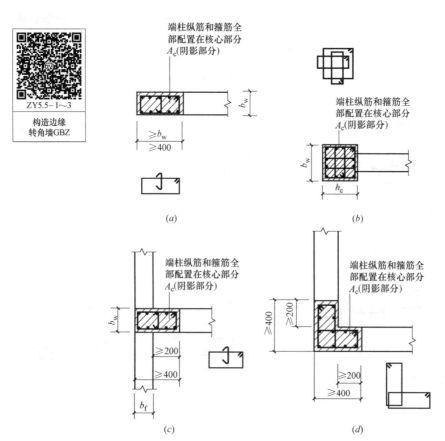

图 5-9 剪力墙构造边缘构件

(a) 暗柱；(b) 端柱；(c) 翼墙；(d) 转角墙

倍。当剪力墙端部为端柱时，端柱中纵向钢筋及箍筋宜按框架柱的构造要求配置。

非抗震设计的剪力墙，墙肢端部应配置不少于 4ϕ12 的纵向钢筋，箍筋直径不应小于 6mm、间距不宜大于 250mm。

构造边缘构件的构造配筋要求　　　表 5-6

抗震等级	底部加强部位			其他部位		
	纵向钢筋最小配筋量（取较大值）	箍筋		纵向钢筋最小配筋量（取较大值）	拉筋	
		最小直径（mm）	沿竖向最大间距（mm）		最小直径（mm）	沿竖向最大间距（mm）
一	$0.010A_c$，6ϕ16	8	100	$0.008A_c$，6ϕ14	8	150
二	$0.008A_c$，6ϕ14	8	150	$0.006A_c$，6ϕ12	8	200
三	$0.006A_c$，6ϕ12	6	150	$0.005A_c$，4ϕ12	6	200
四	$0.005A_c$，4ϕ12	6	200	$0.004A_c$，4ϕ12	6	250

注：1. 表中 A_c 为图 5-9 中的阴影面积。

2. 对其他部位，拉筋的水平间距不应大于纵向钢筋间距的 2 倍，转角处宜设置箍筋。

3. 当端柱承受集中荷载时，应满足框架柱的配筋要求。

5.1.6　剪力墙梁构造

剪力墙梁包括连梁、暗梁、边框梁。其中连梁的作用是将两侧的剪力墙肢连结在一起，共同抵抗地震作用，受力原理与一般的梁有很大区别；而暗梁和边框梁则不属于受弯构件，它们实质上是剪力墙在楼层位置的水平加强带。

1. 连梁的配筋形式

连梁内的钢筋包括上部纵向钢筋、下部纵向钢筋、箍筋、斜筋。连梁中配置斜筋的主要作用是，当连梁跨高比较小（即为短连梁）时，改善连梁的延性，提高其抗剪承载力。斜筋在连梁中的配筋形式有：交叉斜筋配筋连梁（图 5-10）、集中对角斜筋配筋连梁（图 5-11）、对角暗撑配筋连梁（图 5-12）。

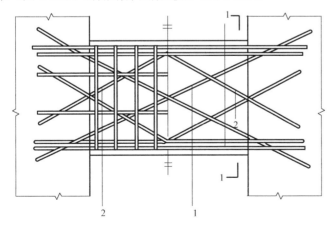
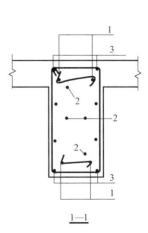

图 5-10　交叉斜筋配筋连梁

1—对角斜筋；2—折线筋；3—纵向钢筋

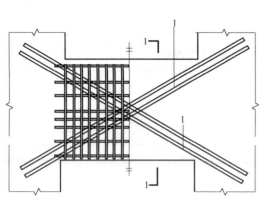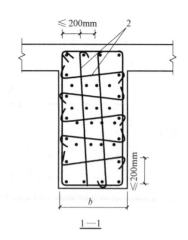

图 5-11　集中对角斜筋配筋连梁

1—对角斜筋；2—拉筋

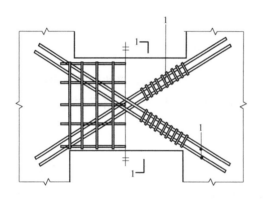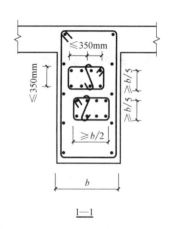

图 5-12　对角暗撑配筋连梁

1—对角暗撑

2. 连梁的配筋构造应满足以下要求：

1）连梁上、下部单侧纵筋的最小配筋率不应小于 0.15%，且配筋不宜少于 2φ12；交叉斜筋配筋连梁单向对角斜筋不宜少于 2φ12，单组折线筋的截面面积可取为单向对角斜筋截面面积的一半，且直径不宜小于 12mm；集中对角斜筋配筋连梁和对角暗撑连梁中每组对角斜筋应至少由 4 根直径不小于 14mm 的钢筋组成。

2）交叉斜筋配筋连梁的对角斜筋在梁端部位应设置不少于 3 根拉筋，拉筋的间距不应大于连梁宽度和 200mm 的较小值，直径不应小于 6mm；集中对角斜筋配筋连梁应在梁截面内沿水平方向及竖直方向设置双向拉筋，拉筋应勾住外侧纵向钢筋，间距不应大于 200mm，直径不应小于 8mm；对角暗撑配筋连梁中暗撑箍筋的外缘沿梁截面宽度方向不宜小于梁宽的一半，另一方向不宜小于梁宽的 1/5；对角暗撑约束箍筋的间距不宜大于暗撑钢筋直径的 6 倍，当计算间距小于 100mm 时可取 100mm，箍筋肢距不应大于 350mm。

除集中对角斜筋配筋连梁以外，其余连梁的水平钢筋及箍筋形成的钢筋网之间应采用拉筋拉结，拉筋直径不宜小于 6mm，间距不宜大于 400mm。

3）连梁纵向受力钢筋、交叉斜筋伸入墙内的锚固长度不应小于 l_{aE}（非抗震时 l_a），且不应小于 600mm；顶层连梁纵向钢筋伸入墙体的长度范围内，应配置间距不大于 150mm 的构造箍筋，箍筋直径应与该连梁的箍筋直径相同（图 5-13）。

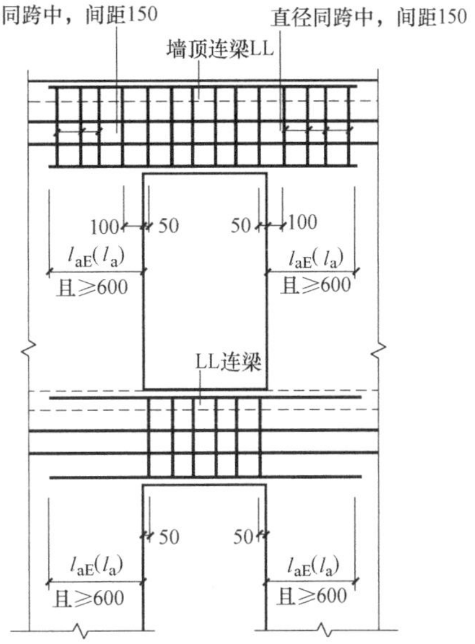

4）剪力墙的水平分布钢筋可作为连梁的纵向构造钢筋在连梁范围内贯通。当梁的腹板高度 h_w 不小于 450mm 时，其两侧面沿梁高范围设置的纵向构造钢筋的直径不应小于 10mm，间距不应大于 200mm；对跨高比不大于 2.5 的连梁，梁两侧的纵向构造钢筋（腰筋）的面积配筋率尚不应小于 0.3%。

5）抗震设计时，沿连梁全长箍筋的构造应按框架梁抗震设计时梁端加密区箍筋的构造要求采用；对角暗撑配筋连梁沿连梁全长箍筋的间距按抗震框架梁加密箍筋间距的 2 倍取用。非抗震设计时，沿连梁全长的箍筋直径不应小于 6mm，间距不应大于 150mm。

6）根据连梁不同的截面宽度，连梁拉筋直径和间距的规定：当连梁截面宽度≤350mm 时，拉筋直径为 6mm；当连梁截面宽度＞350mm 时，拉筋直径为 8mm；拉筋水平间距为两倍连梁箍筋间距（隔一拉一），拉筋竖向间距为两倍连梁侧面水平构造钢筋间距（隔一拉一）。

图 5-13　连梁纵筋配筋构造

（图中标注）直径同跨中，间距150　直径同跨中，间距150　墙顶连梁LL　100　50　50　100　$l_{aE}(l_a)$ 且≥600　$l_{aE}(l_a)$ 且≥600　LL连梁　50　50　$l_{aE}(l_a)$ 且≥600　$l_{aE}(l_a)$ 且≥600

201

> **施工相关知识　墙梁钢筋绑扎**
>
> 1. 纵向受力钢筋采用双层排列时，两排钢筋之间应垫一直径≥25mm 的短钢筋，以保持其设计距离。
>
> 2. 箍筋的接头（弯钩叠合处）应交错布置在两根架立钢筋上，其余同柱。
>
> 3. 剪力墙梁的钢筋，应放在剪力墙柱钢筋的内侧。

5.1.7　剪力墙墙面开洞和连梁开洞构造规定

剪力墙墙面开洞和连梁开洞时，应符合下列要求，如图 5-14 所示。

1）当剪力墙墙面开有非连续小洞口（其各边长度不大于 800mm），且在整体计算中不考虑其影响时，应将洞口处被截断的分布筋分别集中配置在洞口上、下和左、右两边，按每边 2 根钢筋直径不

ZY5.6

剪力墙矩形
洞口配筋

202

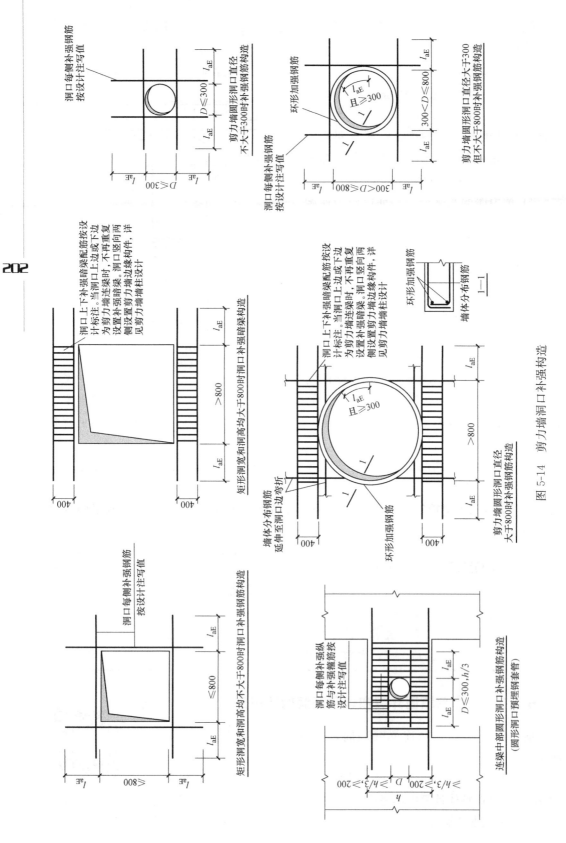

图 5-14　剪力墙洞口补强构造

应小于 12mm，且不小于同向被切断纵向钢筋总面积的 50％补强。纵向钢筋自洞边伸入墙内的长度不应小于受拉钢筋的锚固长度。

2）穿过连梁的管道宜预埋套管，洞口上、下的有效高度不宜小于梁高的 1/3，且不宜小于 200mm，被洞口削弱的截面应进行承载力验算，洞口处应配置补强纵向钢筋和箍筋，补强纵向钢筋的直径不应小于 12mm。

5.2　剪力墙结构施工图

剪力墙平法施工图的表达方式有两种：截面注写方式、列表注写方式。本模块引例采用截面注写方式表达。截面注写方法是一种综合表达方式，其中剪力墙的墙柱是在结构平面布置图墙柱的原位置处绘制截面形状、尺寸及配筋，属于完全截面注写，但剪力墙的墙身和墙梁不需要绘制配筋，采用了平面注写的方式。

剪力墙的定位，沿水平方向，平面图中应标出剪力墙截面尺寸与定位轴线的位置关系；沿高度方向，平面图中要加注各结构层的楼面标高及相应的结构层号，通常以列表形式表达。

下面分别阐述剪力墙各组成部分：墙柱、墙身、墙梁的平法施工图截面注写表达方式。

5.2.1　剪力墙柱

1. 墙柱的编号　由墙柱类型代号和序号组成，表达形式应符合表 5-7 规定。

墙柱编号　　　　　　　　　　　　　　　　　　表 5-7

墙柱类型	代号	序号	墙柱类型	代号	序号
约束边缘构件	YBZ	××	非边缘暗柱	AZ	××
构造边缘构件	GBZ	××	扶壁柱	FBZ	××

注：约束边缘构件包括约束边缘暗柱、约束边缘端柱、约束边缘翼墙、约束边缘转角墙四种（图 5-15）。构造边缘构件包括构造边缘暗柱、构造边缘端柱、构造边缘翼墙、构造边缘转角墙四种（图 5-16）。

2. 截面注写方式内容　从相同编号的墙柱中选择一个截面，在原位选用适当比例放大绘制墙柱截面图，注明几何尺寸，标注全部纵筋及箍筋的具体数值。具体注写如下：

1）墙柱编号：见表 5-6；

2）墙柱竖向配筋：$n\phi d$（n—根数，d—直径）；

3）墙柱阴影区箍筋/墙柱非阴影区拉筋：$\phi\times\times@\times\times\times/\phi\times\times$。

3. 识图举例：引例图中的墙柱 GBZ13（图 5-17），根据集中标注的内容可以看出，

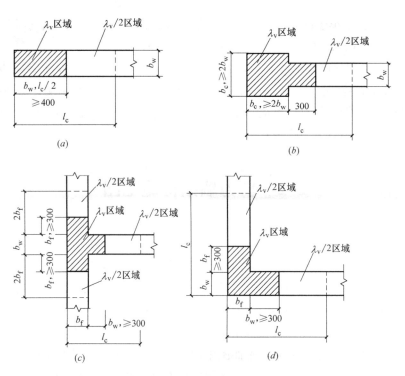

图 5-15　约束边缘构件

(a) 约束边缘暗柱；(b) 约束边缘端柱；(c) 约束边缘翼墙；(d) 约束边缘转角墙

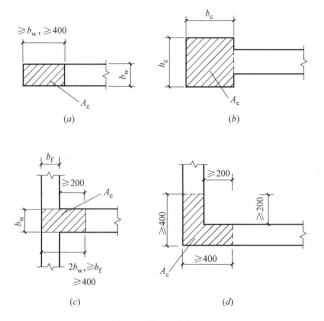

图 5-16　构造边缘构件

(a) 构造边缘暗柱；(b) 构造边缘端柱；(c) 构造边缘翼墙；(d) 构造边缘转角墙

该墙柱属于构造边缘转角墙，序号第 13；纵向钢筋为 2Φ16＋2Φ12，其中 2Φ16 钢筋的位置已标出；沿柱高的箍筋为 Φ8@150，图中的单肢箍直径和间距与封闭的矩形箍筋一

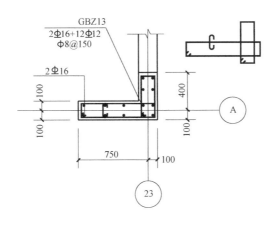

图 5-17 墙柱 GBZ13 截面注写配筋图

致。从图 5-3 的楼层标高和层高表中加粗的部分可以看出，GBZ13 沿高度方向的定位在第 3 层到第 11 层，标高从 6.45m 到 32.55m。

5.2.2 剪力墙身

墙身编号，由墙身代号、序号以及墙身所配置的水平与竖向分布钢筋的排数组成，其中排数注写在括号内。表达形式为：

Q1（2 排）：1—编号，括号中 2 代表钢筋排数。

识图举例：引例图中的墙身 Q1（图 5-18），采用的是平面注写方式，为表达清楚，将 Q1 配筋图绘出，如图 5-19、图 5-20 所示，以便对照识读。

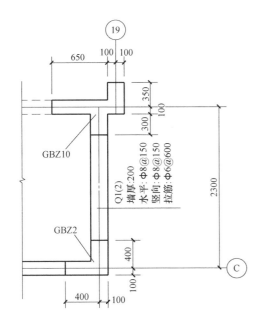

图 5-18 墙身 Q1 截面注写示例

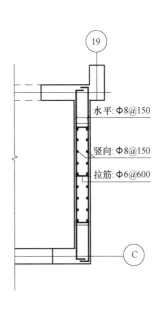

图 5-19 Q1 截面配筋图

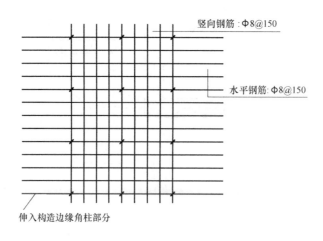

竖向钢筋：Φ8@150

水平钢筋：Φ8@150

伸入构造边缘角柱部分

图 5-20　剪力墙 Q1 墙身拉筋分布示意图

5.2.3　剪力墙梁

1. 墙梁集中注写内容　在选定进行标注的墙梁上依次集中注写以下各项：

1）墙梁编号，由墙梁类型代号和序号组成，见表 5-8；

剪力墙梁编号　　　　　　　　　　　　　表 5-8

墙梁类型	代　　号	序　　号
连梁	LL	××
连梁(对角暗撑配筋)	LL(JC)	××
连梁(交叉斜筋配筋)	LL(JX)	××
连梁(集中对角斜筋配筋)	LL(DX)	××
暗梁	AL	××
边框梁	BKL	××

2）墙梁所在楼层号/(墙梁顶面相对标高高差)：××层至××层/(±×.×××)；墙梁顶面标高高差，系指相对于墙梁所在结构层楼面标高的高差值。高于者为正值，低于者为负值，当无高差时不注。

3）墙梁截面尺寸 $b×h$/箍筋（肢数）：$b×h/\phi$ 直径@间距（肢数）；

4）上部纵筋；下部纵筋；侧面纵筋：根数 ϕ 直径；根数 ϕ 直径；根数 ϕ 直径；

5）当不同的梁截面尺寸不同，但梁顶面相对标高高差相同时，可将梁顶面标高高差注写在该项：(±×.×××)。

2. 识图举例：引例图中的墙梁 LL1（图 5-21），截面尺寸 200mm×450mm，梁顶面标高与楼面结构层标高相同，故此处没有标高差。箍筋 ϕ8@100（HPB300 级钢筋），双肢箍。梁腰两侧共有 2ϕ10（HPB300 级钢筋）抗扭纵筋。4～8 层梁上部纵筋 3Φ18（HRB400 级钢筋），下部纵筋 3Φ18；9～12 层梁上部纵筋 2Φ20（HRB400 级钢筋），下部纵筋 2Φ20。

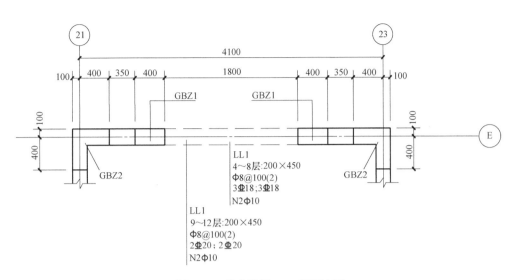

图 5-21　剪力墙梁 LL1 截面注写

为直观表达,将连梁 LL1 截面配筋详图绘出,如图 5-22 所示,以便对照识读。图 5-22 中 LL1 纵向钢筋伸入剪力墙的锚固长度按构造要求为 l_{aE};按构造要求,梁侧面拉筋直径当梁宽≤350mm 时为 6mm,间距为两倍箍筋间距,故选Φ6@200。

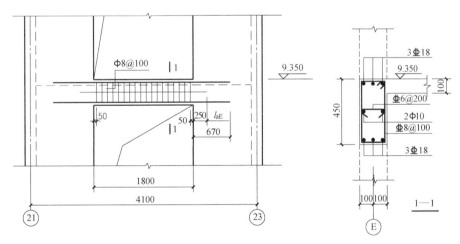

图 5-22　剪力墙梁 LL1 截面配筋详图

5.2.4　剪力墙洞口

无论采用列表注写方式还是截面注写方式,剪力墙上的洞口均可在剪力墙平面布置图上原位表达洞口的具体表示方法。

1. 在剪力墙平面布置图上绘制洞口示意,并标注洞口中心的平面定位尺寸。

2. 在洞口中心位置引注:洞口编号;洞口几何尺寸;洞口中心相对标高;洞口每边补强钢筋。具体规定如下:

1)洞口编号:矩形洞口为 JDXX(XX 为序号),圆形洞口为 YDXX(XX 为序号）；

2）洞口几何尺寸：矩形洞口为洞宽×洞高（$b×h$），圆形洞口为洞口直径 D；

3）洞口中心相对标高：相对于结构层楼（地）面标高的洞口中心高度。当其高于结构层楼面时为正值，低于结构层楼面时为负值。

4）洞口每边补强钢筋

（1）当矩形洞口的洞宽、洞高均不大于 800mm 时，如果设置补强纵筋大于构造配筋，此项注写在洞口每边补强钢筋的数值。

（2）当矩形洞口的洞宽大于 800mm 时，在洞口的上、下需设置补强暗梁，此项注写为洞口上、下每边暗梁的纵筋与箍筋的具体数值；当洞口上、下边为剪力墙连梁时，此项免注；洞口竖向两侧按边缘构件配筋，亦不在此项表达。

（3）当圆形洞口设置在连梁中部 1/3 范围（且圆洞直径不应大于 1/3 梁高）时，需注写在圆洞上下水平设置的每边补强纵筋与箍筋。

（4）当圆形洞口设置在墙身或暗梁、边框梁位置，且洞口直径不大于 300mm 时，此项注写洞口上下左右每边布置的补强纵筋的数值。

（5）当圆形洞口直径大于 300mm，但不大于 800mm 时，其加强钢筋在标准构造详图中系按照圆外切正六边形的边长分向布置，设计仅需注写六边形中一边补强钢筋的具体数值。

施工相关知识

剪力墙混凝土浇筑应采取长条流水作业，分段浇筑，均匀上升。墙体浇筑混凝土前或新浇混凝土与下层混凝土结合处，应在底面上均匀浇筑 5cm 厚与墙体混凝土成分相同的水泥砂浆或减石子混凝土。混凝土应分层浇筑振捣，每层浇筑厚度控制在 60cm 左右。浇筑混凝土应连续进行，如必须间歇，其间歇时间应尽量缩短，并应在前一层混凝土初凝前将次层混凝土浇筑完毕。墙体混凝土的施工缝一般宜设置在门窗洞口上，接槎处混凝土应加强振捣，保证接槎严密。

5.3 框架-剪力墙结构

5.3.1 框架-剪力墙结构特点

框架结构侧向刚度差，抵抗水平荷载能力较低，在地震作用下变形大，但它具有平面灵活、有较大空间、立面处理易于变化等优点。而剪力墙结构则相反，抗侧力刚度、强度大，但限制了使用空间。把两者结合起来，取长补短，在框架中设置一些剪力墙，就成了框架-剪力墙结构（图 5-3）。框架-剪力墙结构适用于需要灵活大空间的可应用于

10～20层的高层建筑，如：办公楼、商业大厦、饭店、旅馆、教学楼、试验楼、电信大楼、图书馆、多层工业厂房及仓库、车库等建筑。

5.3.2　框架-剪力墙结构的构造要求

1. 现浇钢筋混凝土框架-剪力墙结构的最大适用高度，应符合表5-9的要求。

现浇钢筋混凝土框架-剪力墙结构的最大适用高度（m）　　　　　表5-9

结构类型	设防烈度				
	6	7	8(0.2g)	8(0.3g)	9
框架-剪力墙结构	130	120	100	80	50

2. 丙类现浇钢筋混凝土框架-剪力墙结构的抗震等级，应符合表5-10的要求。

现浇钢筋混凝土框架-剪力墙结构的抗震等级　　　　　表5-10

结构类型		设防烈度								
		6		7			8			9
框架-剪力墙结构	高度(m)	≤60	>60	≤24	25～60	>60	≤24	25～60	>60	≤24	25～50
	框架	四	三	四	三	二	三	二	一	二	一
	剪力墙	三	三		二	二		二		一	一

3. 构造要求

框架-剪力墙结构，除应满足一般框架、剪力墙的有关要求外，还应符合下列要求：

1）剪力墙的配筋构造要求

框架-剪力墙（板柱-剪力墙）结构中，剪力墙竖向和水平分布钢筋的配筋率，非抗震设计时配筋率均不宜小于0.20%，钢筋直径不宜小于8mm，间距不宜大于300mm，当墙厚度大于160mm时应配置双排分布钢筋网；抗震设计时配筋率均不应小于0.25%，钢筋直径不宜小于10mm，间距不宜大于300mm，并应双排布置。各排分布钢筋之间应设置拉筋，拉筋直径不宜小于6mm，间距不宜大于600mm。

2）带边框剪力墙的构造应符合下列要求：

（1）带边框剪力墙的截面厚度应符合下列规定：剪力墙的厚度不应小于160mm，且不宜小于层高或无支长度的1/20，底部加强部位的剪力墙厚度不应小于200mm，且不宜小于层高或无支长度的1/16。

（2）剪力墙的水平钢筋应全部锚入边框柱内，锚固长度不应小于 l_a（非抗震设计）或 l_{aE}（抗震设计）；

（3）带边框剪力墙的混凝土强度等级宜与边框柱相同；

（4）与剪力墙重合的框架梁可保留，亦可做成宽度与墙厚相同的暗梁，暗梁截面高度可取墙厚的2倍或与该片框架梁截面等高，暗梁的配筋可按构造配置且应符合一般框架梁相应抗震等级的最小配筋要求；

（5）剪力墙截面宜按工字形设计，其端部的纵向受力钢筋应配置在边框柱截面内；

（6）边框柱截面宜与该榀框架其他柱的截面相同，边框柱应符合有关框架柱构造配筋规定；剪力墙底部加强部位边框柱的箍筋宜沿全高加密；当带边框剪力墙上的洞口紧邻边框柱时，边框柱的箍筋宜沿全高加密。

> **特别提示**
>
> 框架-剪力墙结构施工图的识读参阅框架结构和剪力墙结构施工图的识读方法和规则。

小　结

1. 剪力墙结构是由钢筋混凝土墙体构成的承重体系。本模块主要讨论剪力墙结构的构造措施以及平法剪力墙施工图的识读。

2. 由于受力和配筋构造不同，将剪力墙划分为剪力墙身、剪力墙梁和剪力墙柱三部分。剪力墙的构造因此也细分为墙身、墙柱和墙梁的构造。在理解剪力墙墙身、墙柱和墙梁的构造要求时，可以对应参考钢筋混凝土板、梁和柱的构造要求。但是，归入剪力墙柱的端柱、暗柱等并不是普通概念的柱，实质上是剪力墙边缘的集中配筋加强带；同样归入墙梁中的暗梁、边框梁实质上是剪力墙在楼层位置的水平加强带。

3. 剪力墙平法施工图的表达方式有两种：截面注写方式、列表注写方式。本章重点介绍截面注写方式。

4. 在水平荷载作用下，平面内刚度很大的楼盖将框架与剪力墙连接在一起，组成框架-剪力墙结构，两者协同工作。

习　题

一、单项选择题

1. 剪力墙的加强区位于剪力墙的（　　）部位。

A. 突出部位　　　　　B. 上部　　　　　C. 中部　　　　　D. 底部

2. 剪力墙结构可视为三类构件构成（　　）。

A. 约束边缘构件、构造边缘构件、底部加强区

B. 墙柱、墙身、墙梁

C. 暗柱、端柱、翼柱

D. 暗梁、边框梁、连梁

3. 抗震设计时，剪力墙纵向钢筋最小锚固长度应取为（　　）。

A. 基本锚固长度 l_{ab}　　　　　　　　B. 锚固长度 l_a

C. 抗震锚固长度 l_{aE}　　　　　　　　D. 搭接长度 l_{lE}

4. 抗震设计时剪力墙水平和竖向分布钢筋间距不宜大于（　　）。

A. 200mm　　　　B. 300mm　　　　C. 250mm　　　　D. 600mm

5. 抗震设计时剪力墙竖向和水平分布钢筋双排布置的条件是（　　）。

A. 剪力墙厚度大于160mm　　　　　　B. 剪力墙底部加强部位

C. 剪力墙厚度大于140mm　　　　　　D. 一、二、三级抗震等级的剪力墙

6. 暗柱及端柱内纵向钢筋连接和锚固要求宜与（　　）相同。

A. 受弯构件　　　　　B. 受压构件　　　　C. 框架柱　　　　D. 框架梁

7. 剪力墙竖向及水平分布钢筋的搭接长度，抗震设计时不应小于（　　）。

A. $1.2l_a$　　　　　　B. $1.2l_{aE}$　　　　C. l_l　　　　D. l_{lE}

8. 在剪力墙（　　）的部位，应设置符合规定的边缘构件。

A. 剪力墙两端及洞口两侧　　　　　　B. 底部加强部位及其以上一层墙肢

C. 剪力墙顶部　　　　　　　　　　　D. 剪力墙突出部位

二、简答题

1. 剪力墙上设置的约束边缘构件与构造边缘构件在配筋构造上有哪些区别？为什么？

2. 在连梁中设置斜筋的主要作用是什么？其主要形式有哪些？

3. 框架-剪力墙结构与剪力墙结构相比，有哪些特点？

YT5

云题

模块 6

钢筋混凝土受拉构件及受扭构件

教学目标

了解钢筋混凝土受拉构件的受力特点及分类，了解钢筋混凝土轴心受拉构件的承载力计算；了解钢筋混凝土纯扭构件的受力特点，了解矩形截面钢筋混凝土弯剪扭构件的配筋构造，了解雨篷的组成，受力特点，掌握雨篷的构造规定。

教学要求

能 力 目 标	相 关 知 识
了解钢筋混凝土受拉构件的受力特点及分类	钢筋混凝土受拉构件
了解钢筋混凝土轴心受拉构件的承载力计算	轴心受拉构件
了解钢筋混凝土纯扭构件的受力特点	纯扭构件的破坏形态
了解矩形截面钢筋混凝土弯剪扭构件的配筋构造	矩形截面纯扭构件的受扭承载力计算及构造要求
掌握雨篷的构造要求	雨篷的构造与受力特点

引例

1. 某机械厂铸钢车间炉料库工程为单层厂房，跨度 15m，柱距 6m，檐高 8m，共有 11 榀三角形钢筋混凝土组合屋架。因下弦节点计算有错误，构造不合理，施工时又进一步削弱了下弦节点，结果下弦中间角钢在切口处断裂，造成屋架倒塌。倒塌的时间为 1972 年 3 月 8 日，造成 4 人死亡、6 人重伤的重大事故。该事故中出现问题的是下弦杆属于受拉构件。

2. 某多层工业厂房局部现浇框架结构，在楼层预制空心板上铺钢筋细石混凝土面层直接作用在横向框架梁及楼面次梁上，而边框架梁承受着楼面次梁传来的集中荷载和悬臂板传来的均布荷载等。显然，框架边梁的内力计算除应包含弯矩、剪力之外，扭矩计算是必不可少的。遗憾的是在设计框架边梁时忽视了扭矩的影响，造成在主体结构完工时带悬臂板的边框架梁几乎全部开裂。经过对其所受扭矩及实际截面配筋验算，可知裂缝是由于扭矩过大，构件抗扭能力不够所造成的。

从以上事例可知，受拉及受扭构件在工程中应用还是很多的，想一想，在实际工程中还有哪些构件属于受拉构件及受扭构件呢？

6.1 钢筋混凝土受拉构件

钢筋混凝土受拉构件是指在受到荷载作用后，其内力以拉力为主的钢筋混凝土构件。按纵向拉力作用位置的不同分为轴心受拉和偏心受拉两种类型（图 6-1）。当纵向拉力 N 的作用线与构件截面形心轴线重合时为轴心受拉构件，当纵向拉力 N 的作用线偏离构件截面形心线或构件上既作用有拉力又作用有弯矩时，称为偏心受拉构件。

实际工程中，承受节点荷载的桁架或屋架的受拉弦杆和腹杆、刚架和拱的拉杆、受内压力作用的圆形贮液池的环向池壁、承受内压力作用的环形截面管道的管壁等构件通常近似按轴心受拉构件计算。矩形水池的池壁、工业厂房双肢柱的受拉肢杆、矩形剖面料仓的仓壁或煤斗的壁板、受地震作用的框架边柱、承受节间竖向荷载的悬臂式桁架拉杆及一般屋架承担节间荷载的下弦拉杆等构件可按偏心受拉计算。

6.1.1 轴心受拉构件

1. 受力特点

如图 6-2 所示的轴心受拉构件，从开始加载至破坏其受力过程大致分为三个阶段：第 I 阶段为从初始加载到混凝土受拉开裂前，由于混凝土的抗拉强度很低，开裂时极限拉应变很小，当开始加载时，轴心拉力很小，由于钢筋与混凝土之间存在粘结力，它们共同变形，但随着荷载的增加，混凝土的应力达到其抗拉强度，构件即开裂；第 II 阶段荷载继续增加，构件形成贯穿于整个横截面的若干条裂缝，在裂缝截面处，混凝土退出

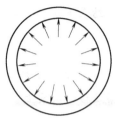

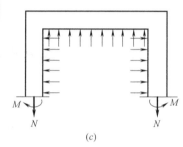

(b)　　　　　　　　　　(c)

图 6-1　钢筋混凝土受拉构件

(a) 圆形水池；(b) 单层工业厂房中屋架下弦拉杆（代号 1 的杆件）；(c) 矩形水池

工作，所有拉力由钢筋承担，当拉力继续增加到一定值时，受拉钢筋即将屈服；第Ⅲ阶段为受拉钢筋开始屈服到全部受拉钢筋达到屈服，此时，拉力 N 值基本不变，构件裂缝开展很大，可认为构件达到极限承载力并宣告破坏。

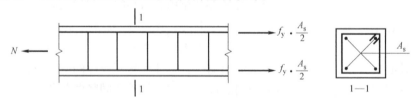

图 6-2　钢筋混凝土轴心受拉构件

2. 正截面承载力计算

轴心受拉构件破坏时，混凝土早已被拉裂，全部拉力由钢筋来承担，直到钢筋受拉屈服，故轴心受拉构件正截面承载力计算公式如下：

$$N \leqslant f_y A_s \tag{6-1}$$

式中　N——轴向拉力设计值（N）；

　　　A_s——受拉钢筋截面面积（mm^2）；

　　　f_y——钢筋抗拉强度设计值（N/mm^2）。

特别提示

钢筋混凝土受拉构件（轴心受拉构件和偏心受拉构件）在受力过程中，由于混凝土抗拉强度较低等原因不可避免地引起裂缝，因此，对钢筋混凝土受拉构件不但要进行承载力计算保证其安全性，还要进行裂缝宽度的验算保证其正常使用。

3. 构造要求

1）截面形式

钢筋混凝土轴心受拉构件一般宜采用正方形、矩形或其他对称截面。

2）纵向受力钢筋

（1）纵向受力钢筋在截面中应对称布置或沿截面周边均匀布置，并宜优先选择直径较小的钢筋；

（2）轴心受拉构件的受力钢筋不得采用绑扎搭接接头，搭接而不加焊的受拉钢筋接头仅仅允许用在圆形池壁或管中，其接头位置应错开，搭接长度应不小于 $1.2l_a$ 和 300mm；

（3）避免配筋过少引起的脆性破坏，按构件截面积 A 计算的全部受力钢筋配筋率应不小于最小配筋率（ρ_{min} 取 0.4% 与 $0.9f_t/f_y$ 中较大值）。

3）箍筋

在轴心受拉构件中，箍筋与纵向钢筋垂直放置，其作用主要是与纵向钢筋形成骨架，固定纵向钢筋在截面中的位置，从受力角度并无要求。箍筋直径不小于 6mm，间距一般不宜大于 200mm（对屋架的腹杆不宜超过 150mm）。

6.1.2 偏心受拉构件

1. 大、小偏心受拉构件的概念及判别

按纵向拉力 N 作用位置的不同分为大偏心受拉构件和小偏心受拉构件，如图 6-3 所示。

特别提示

A_s 为离纵向拉力较近一侧纵筋截面面积，A_s' 为离偏心拉力较远一侧纵筋截面面积。

偏心受拉构件在受力过程中会引起正截面受拉破坏，故要进行正截面受拉承载力计算；另外，试验表明：由于轴向拉力的存在，将使偏心受拉构件的抗剪能力明显降低，而且降低的幅度随轴向拉力的增加而增大，因此偏心受拉构件若受剪还需要进行斜截面受剪承载力计算。钢筋混凝土偏心受拉构件的正截面受拉、斜截面受剪承载力计算公式及适用条件在此就不赘述，如需要按照《混凝土结构设计规范》GB 50010—2010 相关条文执行。

2. 构造要求

1）截面形式

偏心受拉构件常用矩形截面形式，且矩形截面的长边宜与弯矩作用平面平行，也可

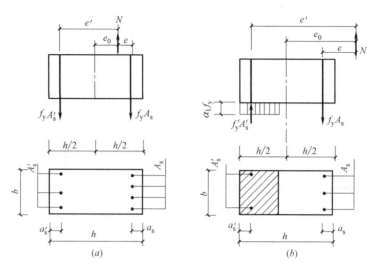

图 6-3　偏心受拉构件

（a）小偏心受拉；（b）大偏心受拉

采用 T 形或工字形截面。小偏心受拉构件破坏时拉力全部由钢筋承受，在满足构造要求的前提下，以采用较小的截面尺寸为宜，大偏心受拉构件的受力特点类似于受弯构件，宜采用较大的截面尺寸，有利于抗弯和抗剪。

2）纵筋

（1）矩形截面偏心受拉构件的纵向钢筋应沿短边布置；

（2）小偏心受拉构件的受力钢筋不得采用绑扎搭接接头；受拉构件的受力钢筋接头必须采用焊接，在构件端部，受力钢筋必须有可靠的锚固。

（3）矩形截面偏心受拉构件纵向钢筋配筋率应满足其最小配筋率的要求。

3）箍筋

当偏心受拉构件进行抗剪承载力计算，根据抗剪承载力计算确定箍筋数量（箍筋的直径、间距及肢数），箍筋一般宜满足有关受弯构件箍筋的各项构造要求。水池等薄壁构件中一般要双向布置钢筋，形成钢筋网。

6.2　钢筋混凝土受扭构件

扭转是结构构件基本受力形态之一。在钢筋混凝土结构中，纯受扭构件的情况较少，构件通常都处于弯矩、剪力和扭矩共同作用下的复合受力状态。例如，钢筋混凝土雨篷梁、框架边梁、曲梁、吊车梁、螺旋形楼梯等，均属于受弯、剪、扭复合受扭构件（图 6-4）。

知识链接　钢筋混凝土构件受扭状态：平衡扭转和协调扭转

平衡扭转是指其扭矩依据构件扭矩平衡关系，由荷载直接确定且与构件的扭转刚度无关的受扭状态；例如，雨篷梁及吊车梁（在吊车横向水平制动力 H 和轮压的偏心对吊车梁截面产生的扭矩 T）（图 6-4a、b、c）等承受的扭矩即为平衡扭转，一般为静定受扭构件。对于平衡扭转，构件必须具有足够的受扭承载力，否则将因不能与作用扭矩平衡而引起破坏。

协调扭转是指作用在构件上的扭矩由平衡关系与变形协调条件共同确定的受扭状态，一般为超静定受扭构件。例如框架中的边梁（图 6-4c），边梁承受的扭矩 T 就是由楼面梁的支座负弯矩，并由楼面梁支承点处的转角与该处边梁扭转角的变形协调条件决定的。当边梁和楼面梁开裂后，由于楼面梁的弯曲刚度特别是边梁的扭转刚度发生了显著的变化，从而作用于边梁的扭矩迅速减小，协调扭转可用构造钢筋或内力重分布方法处理。对框架边梁扭矩的考虑不当引起的问题较多，如本模块引例中的框架边梁破坏实例。

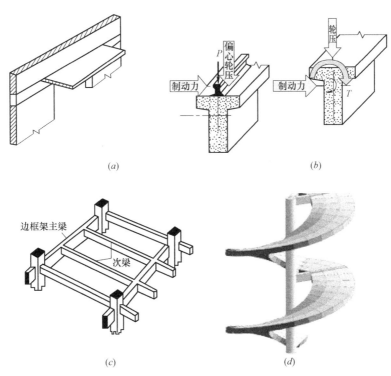

图 6-4　受扭构件

（a）雨篷梁；（b）吊车梁；（c）框架边梁；（d）螺旋楼梯

6.2.1　受扭构件的受力特点及构造要求

1. 素混凝土纯扭构件的受力性能

如图 6-5 所示，素混凝土纯扭构件在破坏时首先从长边形成 45°斜裂缝，迅速向两边延伸至上下两面交界处，马上三面开裂，一面压碎，形成空间曲面而破坏，整个破坏过程是突发的，所以破坏扭矩与开裂扭矩接近，属于脆性破坏，工程中不允许出现。

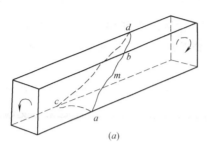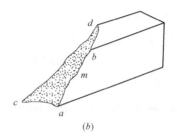

图 6-5　素混凝土纯扭构件的破坏面

为了避免出现上述脆性破坏，往往在混凝土中配置抗扭钢筋，为了最有效地发挥抵抗扭矩作用，抗扭钢筋应做成与构件轴线成 45°的螺旋钢筋，其方向与主拉应力方向一致。但由于这种螺旋钢筋施工复杂，也不能适应扭矩方向的改变，因此实际工程一般采用沿构件截面周边均匀对称布置的纵向钢筋和沿构件长度方向均匀布置的封闭箍筋作为抗扭钢筋（图 6-6），不但施工方便，且沿构件全长可承受正负两个方向的扭矩。

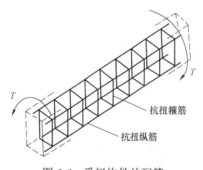

图 6-6　受扭构件的配筋

2. 钢筋混凝土纯扭构件的受力性能

钢筋混凝土构件在纯扭作用下的破坏状态与受扭纵筋和受扭箍筋配筋率的大小有关，大致可分为适筋破坏、部分超筋破坏、超筋破坏、少筋破坏四种类型。它们的破坏特点如下：

1）适筋破坏

正常配筋条件下的钢筋混凝土构件，在扭矩的作用下，纵筋和箍筋首先达到屈服强度，然后混凝土压碎而破坏，与受弯构件的适筋梁类似，属延性破坏，一般将适筋构件受力状态作为设计的依据。

2）部分超筋破坏

当纵筋和箍筋配筋比率相差较大，破坏时仅配筋率较小的纵筋或箍筋达到屈服强度，而另一种钢筋不屈服，此类构件破坏时，亦具有一定的延性，但比适筋受扭构件破坏时的截面延性小，这类构件应在设计中予以避免。

3）超筋破坏

当纵筋和箍筋配筋率都过高，会发生纵筋和箍筋都没有达到屈服强度，而混凝土先行压坏的现象，这种现象类似于受弯构件的超筋脆性破坏，这类构件应在设计中予以避免。为了避免此种破坏，《混凝土结构设计规范》GB 50010—2010 对构件的截面尺寸作了限制，间接限定抗扭钢筋最大用量。

4）少筋破坏

当纵筋和箍筋配置均过少，一旦裂缝出现，构件会立即发生破坏，此时纵筋和箍筋应力不仅能达到屈服强度而且可能进入强化阶段，配筋只能稍稍延缓构件的破坏，其破坏性质与素混凝土矩形截面构件相似，破坏过程急速而突然，破坏扭矩基本上等于开裂扭矩。其破坏特性类似于受弯构件的少筋梁，这类构件应在设计中予以避免。

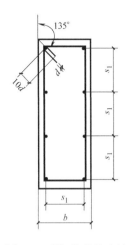

图 6-7　受扭构件的配筋

为了防止这种少筋破坏，《混凝土结构设计规范》GB 50010—2010 规定，受扭箍筋和纵向受扭钢筋的配筋率不得小于各自的最小配筋率，并应符合受扭钢筋的截面构造要求。

3. 配筋构造要求

1）抗扭纵筋的构造要求

（1）矩形截面构件的截面四角必须布置抗扭纵筋，其余受扭纵向钢筋宜沿截面周边均匀对称布置；

（2）沿截面周边布置的受扭纵向钢筋间距 s_1（图 6-7）不应大于 200mm 和梁截面短边长度；

（3）受扭纵向钢筋应按受拉钢筋锚固在支座内。架立筋和梁侧构造纵筋也可利用作为受扭纵筋。

特别提示

在弯剪扭构件中，配置在截面弯曲受拉边的纵向受力钢筋，截面面积不应小于按受弯构件受拉钢筋最小配筋率计算出的钢筋面积与按受扭纵向钢筋配筋率计算分配到弯曲受拉边的钢筋截面面积之和。

2）抗扭箍筋的构造要求

（1）为了保证箍筋在整个周长上都能充分发挥抗拉作用，受扭构件中的箍筋（图 6-7）必须将其做成封闭式，且沿截面周边布置；

（2）当采用复合箍筋时，位于截面内部的箍筋不应计入受扭所需的箍筋面积；

（3）受扭所需的箍筋的端部应做成 135° 的弯钩，弯钩末端的直线长度不应小于 10d（d 为箍筋直径）；

（4）箍筋的最小直径和最大间距还应符合受弯构件对箍筋的有关规定。在超静定结构中，考虑协调扭转而配置的箍筋，其间距不宜大于 0.75b。

6.2.2　雨篷——弯剪扭复合受力构件

例 6-1

某百货大楼一层橱窗上设置有挑出 1200mm 通长现浇钢筋混凝土雨篷，如图 6-8（a）所示。待到达混凝土设计强度拆模时，突然发生从雨篷根部折断的质量事故，呈门帘状如图 6-8（b）所示。

原因是受力筋放错了位置（离模板只有 20mm）所致。原来受力筋按设计布置，钢筋工绑扎好后就离开了。浇混凝土前，一些"好心人"看到雨篷钢筋浮搁在过梁箍筋上，受力筋又放在雨篷顶部（传统的概念总以为受力筋就放在构件底面），就把受力筋临时改放到过梁的箍筋里面，并贴着模板。打混凝土时，现场人员没有对受力筋位置进行检查，于是发生上述事故。

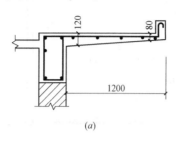 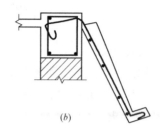

图 6-8　悬臂板的错误配筋

雨篷、外阳台、挑檐是建筑工程中常见的悬挑构件，它们的设计除与一般梁板结构相似外，悬挑构件还存在倾覆翻倒的危险，因此应进行抗倾覆验算。

ZY6.1

雨篷

1. 雨篷的组成、受力特点

1）雨篷的组成

雨篷是门口的挡雨构件，当雨篷悬挑尺寸较小时采用板式，反之雨篷悬挑尺寸较大时采用梁板式。最常见的是板式雨篷，它是由雨篷板和雨篷梁两部分组成（图 6-9）。

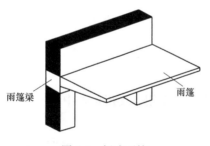

图 6-9　板式雨篷

2）雨篷的受力特点

雨篷破坏有三种情况：

（1）雨篷板在支座处由于抗弯能力不足而发生正截面受弯破坏（图 6-10a）。

（2）雨篷梁由于受弯、剪、扭作用破坏（图 6-10b）。

（3）雨篷整体作为刚体倾覆（图 6-10c）。

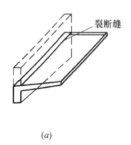 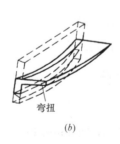 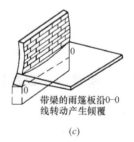

图 6-10　雨篷的破坏形式

因此，雨篷计算包括三方面内容：

（1）雨篷板的正截面承载力计算；

（2）雨篷梁在弯矩、剪力、扭矩共同作用下的承载力计算；

（3）雨篷整体抗倾覆验算。

2. 雨篷板和雨篷梁

1）雨篷板

一般雨篷板的挑出长度为 0.6～1.2m 或更大，视建筑要求而定。现浇雨篷板多数做成变厚度的，一般取根部板厚为 1/12 挑出长度，但不小于 80mm，板端不小于 60mm。雨篷板周围往往设置凸沿以便能有组织地排泄雨水。

雨篷板上的荷载有恒载（包括自重、粉刷等）、雪荷载、雨篷板上的均布活荷载以及施工和检修集中荷载。以上荷载中，雨篷均布活荷载与雪荷载不同时考虑，取两者中较大值进行设计。施工集中荷载和雨篷的均布活荷载不同时考虑。

> **特别提示**
>
> 施工集中荷载值为 1.0kN，进行承载能力计算时，沿板宽每隔 1m 考虑一个集中荷载；进行雨篷抗倾覆验算时，沿板宽每隔 2.5～3.0m 考虑一个。

雨篷板的内力分析，当无边梁时，其受力特点和一般悬臂板相同，计算截面为板的根部；有边梁的雨篷，其受力特点和一般梁、板体系的构件相同。

雨篷板受力钢筋按计算求得，但不得小于 $\phi6@200$，并且伸入梁内的锚固长度取受拉钢筋的锚固长度，分布钢筋不少于 $\phi6@200$。

板式雨篷的配筋与构造如图 6-11 所示。

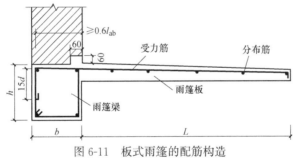

图 6-11　板式雨篷的配筋构造

> **施工相关知识**
>
> 1. 构造上应保证板中纵向受拉钢筋在雨篷梁内有足够的受拉锚固长度。
>
> 2. 施工时应经常检查钢筋，注意维持雨篷板截面的有效高度，特别是板根部的纵筋。

> **特别提示**
>
> 雨篷板施工中注意事项：
>
> 雨篷板中钢筋操作要求：现浇悬挑雨篷钢筋绑扎时，主副筋位置应摆放正确，

不可放错；雨篷梁与板的钢筋应保证锚固长度，钢筋的弯钩应全部向内；雨篷钢筋骨架在模内绑扎时，应垫放足够数量的马凳，确保钢筋位置的准确，不准踩在钢筋骨架上进行绑扎；对于锈蚀的钢筋需要在浇筑混凝土前对锈蚀区域进行清洁，可用钢丝刷或相关工具对钢筋表面锈蚀部分和杂质进行清理，使钢筋露出其金属本色后，方可进行混凝土浇筑。

雨篷板为悬挑构件，在对其进行施工时要注意：①严格控制负筋位置，以免拆除模板后断裂；②雨篷底模板根部应覆盖在梁侧模板上口，其下用 50mm×100mm 木方顶牢，混凝土浇筑时，振点不应直接在根部位置；③悬挑雨篷模板施工时，应根据悬挑跨度将底模向上反翘 2～5mm 左右，以抵消混凝土浇筑时产生的下挠变形；④悬挑雨篷混凝土浇筑时，应根据现场同条件养护制作的试件，当试件强度达到设计强度的 100% 以上时，方可拆除雨篷模板。

2）雨篷梁

雨篷梁的宽度一般取与墙厚相同，梁的高度应按承载能力要求确定，一般取计算跨度的 1/10。梁两端伸进墙体内的长度应考虑雨篷抗倾覆的因素确定，一般不小于370mm。雨篷梁除支撑雨篷板外，还兼有门窗洞口过梁的作用。

（1）雨篷梁承受下列荷载，并由此在梁内产生弯矩、剪力、扭矩，如图 6-12 和图6-13 所示：

① 雨篷梁兼作门过梁，承受着门过梁上砌体的重量，由于砌体起拱作用，有一部分重量直接传给支座，而只有部分砌体重量作用在过梁上（砌体高度的选用同过梁，详见砌体结构设计规范），由此可以计算出弯矩和剪力。

② 雨篷梁的自重作为均布荷载作用在梁上而引起弯矩和剪力。

③ 由雨篷板传来的荷载（自重及活荷载）。

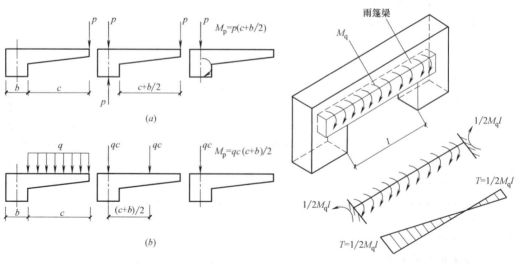

图 6-12　雨篷梁的受力分析　　　　图 6-13　雨篷梁的扭矩图

（2）根据雨篷梁的受力特点，按弯剪扭构件进行计算。矩形、T 形、工字形和箱形截面钢筋混凝土弯剪扭构件配筋计算的一般原则是：纵向钢筋应按受弯构件正截面受弯承载力和剪扭构件的受扭承载力所需的钢筋截面面积叠加并配置在相应的位置，箍筋应按剪扭构件的受剪承载力和受扭承载力分别按所需的箍筋截面面积叠加并配置在相应的位置，具体叠加方法见表 6-1。

弯剪扭构件配筋明细表 表 6-1

受弯	受弯纵筋 A_s	拉区	合并设置 $A_s + A_{stl}$
受扭	受扭纵筋 A_{stl}	均匀布在四周	
	受扭箍筋 A_{stl}	周边单肢箍筋	合并设置 $\dfrac{A_{sv1}}{s_v} + \dfrac{A_{stl}}{s_t}$
受剪	受剪箍筋 A_{sv1}	复合箍筋	

特别提示

应当指出，梁受压区的纵筋是受压的，而抗扭纵筋 A_{stl} 是受拉的，应该互相抵消。但构件在使用中要承受各种可能的内力组合，有时弯矩会较小，有时扭矩也会很小，为安全起见，还是采用叠加。当设计者有充分依据时，考虑这种抵消是合理的。

3. 雨篷抗倾覆验算

雨篷板上的荷载使整个雨篷绕雨篷梁底的倾覆点 O 转动而倾倒（图 6-14），但是梁的自重以及梁上砌体重等却有阻止雨篷倾覆的稳定作用。雨篷须进行抗倾覆验算，如不能满足要求，应采取加固措施，如增加雨篷梁伸入砖墙内的长度，增加梁上的砌体重量，或使雨篷梁与周围的结构相连接等。

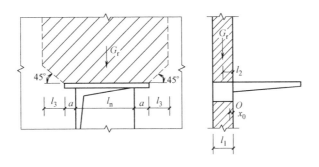

图 6-14 雨篷的抗倾覆荷载

小 结

1. 钢筋混凝土受拉构件按纵向拉力作用位置的不同分为轴心受拉和偏心受拉两种。

2. 钢筋混凝土偏心受拉构件又按其合力作用点的位置分为大偏心受拉构件及小偏心受拉构件。

3. 实际工程采用沿构件截面周边均匀对称布置的纵向钢筋和沿构件长度方向均匀布置的封闭箍筋作为抗扭钢筋。

4. 钢筋混凝土构件在纯扭作用下的破坏状态随配筋状况的不同大致可分为适筋破坏、部分超筋破坏、超筋破坏、少筋破坏四类。

5. 雨篷除控制截面承载力计算外，尚应作整体抗倾覆的验算。

习　　题

一、填空题

1. 钢筋混凝土受拉构件按纵向拉力作用位置的不同分为_____和_____两种类型。

2. 工程中常见的扭转可分为_____和_____两类，其中_____由结构变形连续条件决定。

3. 钢筋混凝土纯受扭构件的破坏类型有_____、_____、_____、_____。

4. 实际工程中，采用沿构件截面周边均匀对称布置的_____和沿构件长度方向均匀布置的_____作为抗扭钢筋。

二、选择题

1. 素混凝土纯扭构件在破坏时，首先从长边形成（　　）斜裂缝。

A. $30°$　　　　B. $45°$　　　　C. $50°$　　　　D. $60°$

2. 弯剪扭构件，受扭所需的箍筋的端部应做成（　　）的弯钩，弯钩末端的直线长度不应小于 $10d$。

A. $45°$　　　　B. $135°$　　　　C. $90°$　　　　D. $180°$

3. 钢筋混凝土纯扭构件是以（　　）构件受力状态作为设计的依据。

A. 适筋　　　B. 部分超筋　　　C. 超筋　　　D. 少筋

4. 悬挑构件受力钢筋布置在结构的_____。

A. 下部　　　B. 上部　　　C. 中部　　　D. 没有规定

三、判断题

1. 轴心受拉构件，为避免配筋过少引起的脆性破坏，全部受力钢筋配筋率应不小于最小配筋率 ρ_{min}（取 0.4% 与 $0.9f_t/f_y$ 中的较大值）。　　　　　　　　（　　）

2. 工业厂房双肢柱的受拉肢杆按照轴心受拉构件设计。　　　　　　　　　（　　）

3. 框架中的边梁处于协调扭转的受力状态。　　　　　　　　　　　　　　（　　）

4. 弯扭构件的纵筋只需按受弯承载力计算，无需考虑扭矩的影响。　　　　（　　）

5. 沿截面周边布置的受扭纵向钢筋间距 S_1 不应大于 $200mm$ 和梁截面短边长度。　（　　）

6. 架立钢筋可作为抗扭钢筋使用。　　　　　　　　　　　　　　　　　　（　　）

YT6

云题

模块 7

预应力混凝土结构简介

教学目标

掌握预应力混凝土结构的基本概念、预应力混凝土结构的分类、特点及适用范围；掌握施加预应力的方法；了解预应力混凝土结构构件对材料的要求及其构造要求。

教学要求

能 力 目 标	相 关 知 识
掌握预应力的基本概念,预应力混凝土结构的分类、特点及适用范围	预应力混凝土结构的基本概念
掌握施加预应力的方法	施加预应力的方法
熟悉预应力混凝土构件对材料的要求	预应力混凝土材料
了解预应力混凝土结构构件的一般构造要求	预应力混凝土结构构件的一般构造要求

引例

预应力的基本概念人们早已应用于生活实践中了，如图 7-1 所示。如木桶在制作过程中，用竹箍把木桶板箍紧（图 7-1a），目的是使木桶板间产生环向预压应力，装水或装汤后，由水或汤产生环向拉力（图 7-1b），当拉应力小于预压应力（图 7-1c）时，木桶就不会漏水。又如从书架上取下一叠书时，由于受到双手施加的压力，这一叠书就如同一横梁，可以承担全部书的重量（图 7-1d）。

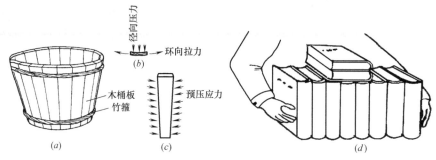

图 7-1　日常生活中预应力应用实例

随着混凝土结构的应用及飞速发展，预应力的概念应用到混凝土结构中，从最简单的烟囱到复杂的高层电视塔和桥梁（图 7-2）等的出现，显示着预应力在我们生活中的应用越来越广泛了。

ZY7.1
预应力混凝土
材料介绍

图 7-2　现代建筑中的预应力应用实例

7.1　预应力混凝土结构

7.1.1　预应力混凝土的基本概念

普通钢筋混凝土结构或构件，由于混凝土的抗拉强度及极限拉应变都很低（其抗拉强度只有抗压强度的 $1/10 \sim 1/18$），极限拉应变约为 $0.1 \times 10^{-3} \sim 0.15 \times 10^{-3}$（每米只

能拉长 $0.1 \sim 0.15mm$），而钢筋达到屈服强度时的应变却大得多，约为 $0.5 \times 10^{-3} \sim 1.5 \times 10^{-3}$，因此在荷载作用下，钢筋混凝土受拉、受弯等构件通常是带裂缝工作的，裂缝的存在，使构件刚度大为降低。为了满足变形和裂缝控制的要求，则需增大构件的截面尺寸和用钢量，这将导致自重过大，从理论上讲，提高材料强度可以提高构件的承载力，从而达到节省材料和减轻构件自重的目的。但在普通钢筋混凝土构件中，提高钢筋强度却难以收到预期的效果，这是因为，对配置高强度钢筋的普通钢筋混凝土构件而言，承载力可能已不是控制条件，起控制作用的因素可能是裂缝宽度或构件的挠度。而提高混凝土强度等级对提高构件的抗裂性能和控制裂缝宽度的作用也极其有限，而对使用上不允许开裂的构件，其相应的受拉钢筋的应力只能达到 $20 \sim 30N/mm^2$，不能充分利用其强度，因此普通钢筋混凝土构件不能应用于有特殊要求的（不允许开裂或开裂后果严重）结构中；对于使用上允许开裂的构件，当受拉钢筋应力达到 $250N/mm^2$ 时，裂缝宽度已达 $0.2 \sim 0.3mm$，构件耐久性有所降低。从保证结构耐久性出发，必须限制

裂缝宽度，使钢筋混凝土结构用于大跨度或承受动力荷载的结构成为不可能或很不经济。

　　为了避免钢筋混凝土结构过早出现裂缝，同时又能充分利用高强度钢筋及高强度混凝土，可以设法在结构构件承受外荷载作用之前，预先对受拉区混凝土施加压力，以此产生的预压应力来减小或抵消外荷载作用引起的混凝土拉应力。

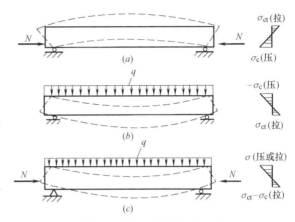

图 7-3　预应力混凝土简支梁
（a）预压力作用下；（b）外荷载作用下；
（c）预压力和外荷载共同作用下

　　下面以图 7-3 所示的预应力混凝土简支梁为例简单介绍预应力混凝土的概念：

　　外荷载作用前，预先在梁受拉区施加偏心压力 N，使梁下边缘混凝土产生预压应力 σ_c，梁上边缘产生预拉应力 σ_{ct}，如图 7-3（a）所示。当单独外荷载 q 作用时，梁跨中截面下边缘产生拉应力 σ_{ct}，梁上边缘产生压应力 σ_c，如图 7-3（b）所示。当预压力 N 和外荷载 q 共同作用时，梁下边缘拉应力将减至 $\sigma_{ct} - \sigma_c$，梁上边缘应力为 $\sigma_c - \sigma_{ct}$，一般为压应力，但也可能为拉应力，如图 7-3（c）所示。若增大预压力 N，则在荷载共同作用下梁的下边缘的拉应力还可减小，甚至变成压应力。这种在混凝土构件承受荷载以前预先对构件使用时的混凝土受拉区施加压应力的结构称为"预应力混凝土结构"。

特别提示

和普通钢筋混凝土构件相比预应力混凝土构件具有如下受力特征：

（1）对混凝土构件施加预应力可以提高构件的抗裂性。

（2）预应力的大小可人为地根据需要调整。

（3）在使用荷载作用下，构件在开裂前处于弹性工作阶段。

（4）施加预应力对构件正截面承载力无明显影响。但预应力对斜截面承载力有一定提高。

7.1.2 预应力混凝土结构的分类

1. 按照使用荷载下对截面拉应力控制要求的不同，预应力混凝土结构构件可分为三种：

1）全预应力混凝土

全预应力混凝土是指在各种荷载组合下构件截面上均不允许出现拉应力（即保持压应力或零应力工作状态）的预应力混凝土构件，大致相当于裂缝控制等级为一级，即严格要求不出现裂缝的构件。这种预应力混凝土结构抗裂性好，刚度大，但延性较差。

2）有限预应力混凝土

有限预应力混凝土是按在短期荷载作用下，允许混凝土承受某一规定拉应力值，但在长期荷载作用下，混凝土不得受拉的要求设计，相当于裂缝控制等级为二级，即一般要求不出现裂缝的构件。

3）部分预应力混凝土

部分预应力混凝土是按在使用荷载作用下，允许出现裂缝，但最大裂缝宽不超过允许值的要求设计，相当于裂缝控制等级为三级，即允许出现裂缝的构件。

2. 根据预应力钢筋和混凝土之间有无粘结作用又可将预应力混凝土结构构件分为以下两种：

1）通过预应力钢筋与混凝土之间的粘结应力将预应力施加给混凝土构件，称之为有粘结预应力混凝土构件。大部分预应力混凝土构件属于此类。

2）有时为了减少施工工艺，将预应力钢筋外表涂以沥青、油脂或其他润滑防锈材料，用塑料管或其他方法与混凝土隔开（采用后张法施工），称之为无粘结预应力混凝土构件。

特别提示

无粘结预应力混凝土的特点：

1）不需留孔、穿筋和灌浆，大大简化施工工艺；

2）可在工厂制作，大大减少现场施工工序，且张拉时工序简单，施工方便；

3）开裂荷载较低，裂缝疏而宽，挠度较大，需设置一定数量的非预应力筋改善构件受力性能；

4）预应力钢筋对锚具的质量及防腐蚀要求较高，主要用于预应力筋分散配置、锚具区易于封口处理的构件。

7.1.3 预应力混凝土结构的特点及适用范围

1. 与普通钢筋混凝土结构相比，预应力混凝土具有以下特点：

1）构件的抗裂性能较好。

2）构件的刚度较大。由于预应力混凝土能延迟裂缝的出现和开展，并且受弯构件要产生反拱，因而可以减小受弯构件在荷载作用下的挠度。

3）构件的耐久性较好。由于预应力混凝土能使构件不出现裂缝或减小裂缝宽度，因而可以减少大气或侵蚀性介质对钢筋的侵蚀，从而延长构件的使用期限。

4）由于预应力混凝土结构必须采用高强度材料，所以可以减小构件截面尺寸，节省材料，减轻自重，既可以达到经济的目的，又可以扩大钢筋混凝土结构的使用范围，例如可以用于大跨度结构，代替某些钢结构。

> **特别提示**
>
> 需要指出，预应力混凝土不能提高构件的承载能力。也就是说，当截面和材料相同时，预应力混凝土与普通钢筋混凝土受弯构件的承载能力相同，与受拉区钢筋是否施加预应力无关。另外，其延性通常比普通混凝土构件的延性要小。

2. 预应力混凝土结构的适用范围

由于预应力混凝土具有以上特点，因而在工程结构中得到了广泛的应用，常用于以下一些结构中。

1）大跨度结构，如大跨度桥梁（图 7-4a 台湾忠孝桥）、体育馆和车间以及机库等大跨度建筑的屋盖、高层建筑结构的转换层等。

2）对抗裂有特殊要求的结构，如：压力容器、压力管道、水工或海洋建筑，还有冶金、化工厂的车间、构筑物等。

3）用于某些高耸建筑结构，如水塔、烟筒、电视塔等。

4）用于某些大量制造的预制构件，如常见的预应力空心楼板（图 7-4b）、预应力预制桩等。

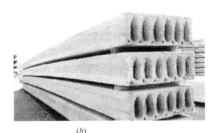

(a)   (b)

图 7-4 预应力混凝土桥梁与预应力空心楼板

7.2 施加预应力的方法

预应力的施加方法，根据张拉钢筋与浇筑混凝土的先后关系，施加预应力的方法可分为先张法和后张法两类。按钢筋的张拉方法又分为机械张拉和电热张拉，后张法中因施工工艺的不同，又可分为一般后张法、后张自锚法、无粘结后张法、电热法等。本节主要介绍先张法和后张法。

1. 先张法

ZY7.2
先张法

先张拉预应力钢筋，然后浇筑混凝土的施工方法，称为先张法，先张法的张拉台座设备如图 7-5 所示。先张法的主要工艺过程：穿钢筋→张拉钢筋→浇筑混凝土并进行养护→切断钢筋。预应力钢筋回缩时挤压缩凝土，从而使构件产生预压应力。由于预应力的传递主要靠钢筋和混凝土间的粘结力，因此，必须待混凝土强度达到规定值时（达到强度设计值的 75% 以上），方可切断预应力钢筋。

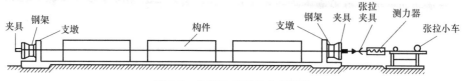

图 7-5　先张法的张拉台座设备

2. 后张法

ZY7.3
后张法

先浇筑混凝土，待混凝土结硬后，在构件上直接张拉预应力钢筋，这种施工方法称为后张法。后张法的张拉台座设备如图 7-6 所示。后张法的主要工艺过程：浇筑混凝土构件（在构件中预留孔道）

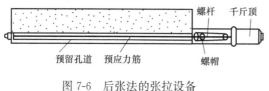

图 7-6　后张法的张拉设备

并进行养护→穿预应力钢筋→张拉钢筋并用锚具锚固→往孔道内压力灌浆。钢筋的回弹力通过锚具作用到构件，从而使混凝土产生预压应力。后张法的预压应力主要通过工作锚传递。张拉钢筋时，混凝土的强度必须达到设计值的 75% 以上。

特别提示

先张法与后张法的异同点：

先张法：生产工艺简单，工序少，效率高，质量易于保证，同时由于省去了锚具和减少了预埋件，构件成本较低。在长线台座上，一次可生产多个构件。但先张法需较大的台座（或钢模）、养护池等固定设备；一次性投资较大；预应力钢筋多为直线布置，折线或曲线布筋较困难。因此先张法主要适用于工厂化大量生产，尤其适宜用于长线法生产中、小型构件。

后张法预应力钢筋直接在构件上张拉，不需要张拉台座，所以后张法构件既可以在预制厂生产，也可在施工现场生产；但后张法构件生产周期较长；需要利用工作锚锚固钢筋，钢材消耗较多，成本较高；工序多，操作较复杂，造价一般高于先张法。而且只能单一逐个地施加预应力，操作也麻烦；在后张法中，锚具是建立预应力值和保证结构安全的关键，要求锚具尺寸准确，强度高，变形小，还应做到取材容易，加工简单，成本低，使用方便等。因此后张法适宜于运输不便，只能在现场施工的大型构件、特殊结构或可由拼接而成的特大构件。

7.3　预应力混凝土构件的材料及构造要求

7.3.1　材料

1. 预应力钢筋

预应力混凝土结构构件所用的预应力钢筋，需满足下列要求：

1）强度高。混凝土预压应力的大小，取决于预应力钢筋张拉应力的大小。预应力混凝土从制作到使用的各个阶段预应力钢筋一直处于高强受拉应力状态，若钢筋强度低，导致混凝土预压效果不明显，或者在使用阶段钢筋不能承担受荷任务突然脆断，因此需要采用较高的张拉应力，这就要求预应力钢筋具有较高的抗拉强度。

2）较好的塑性及可焊性。高强度的钢筋塑性性能一般较低，为了保证结构在破坏之前有较大的变形，必须有足够的塑性性能。另外钢筋常需要焊接或"镦粗"，这需要经过加工后的钢筋不影响其原来的物理力学性能，所以对化学成分要有要求。

> **施工相关知识**
>
> 对钢丝、热处理钢筋不得用电弧切割，宜用砂轮锯或切割机切断；预应力钢筋数量较多时，可用千斤顶、砂箱、楔块等装置同时张拉。

3）良好的粘结性。对于先张法是通过粘结力传递预压应力，所以纵向受力钢筋宜选用直径较细的钢筋，高强度的钢丝表面要进行"刻痕"或"压波"处理。

4）低松弛。预应力钢筋在长度不变的前提下，其应力随着时间的延长在慢慢降低，不同的钢筋松弛不同，所以应选用松弛小的钢筋。

> **特别提示**
>
> 在预应力混凝土构件中，除配置预应力钢筋之外，通常还需配置一定数量的纵向非预应力钢筋，以提高构件的承载力和抗裂性能。

2. 混凝土

预应力混凝土结构构件所用的混凝土，需满足下列要求：

1）高强度。预应力混凝土必须采用高强度的混凝土，高强度的混凝土对采用先张法的构件可提高钢筋和混凝土之间的粘结力，对采用后张法的构件，可提高锚固端的局部受压承载力；另外采用高强度的混凝土可以有效减少构件截面尺寸，减轻构件自重。

《混凝土结构设计规范》GB 50010—2010 规定：预应力混凝土结构强度等级不宜低于 C40，且不应低于 C30。

2）收缩小、徐变小。由于混凝土收缩、徐变的结果，使得混凝土得到的有效预压力减少，即预应力损失，所以在结构设计中应采取措施减少混凝土的收缩和徐变。

3）快硬、早强。可及早施加预应力，提高张拉设备的周转率，加快施工速度。

特别提示

选择混凝土强度等级时，应考虑施工方法（先张或后张）、构件跨度、使用情况（如有无振动荷载）以及钢筋种类等因素。

知识链接　张拉控制应力及预应力损失（选学）

1. 张拉控制应力

张拉控制应力是指张拉钢筋时，张拉设备（千斤顶和油泵）上的压力表所控制的总张拉力除以预应力钢筋面积得出的应力值，以 σ_{con} 表示。

设计预应力混凝土构件时，为了充分发挥预应力的优点，张拉控制应力宜尽可能定得高一些，以使混凝土获得较高的预压应力。但是，张拉应力也并非越高越好。张拉应力越高，预应力混凝土构件在荷载下的变形就越小，其抗裂度亦越高。当张拉控制应力定得过高时，构件开裂时的弯矩可能太接近构件破坏时的弯矩。这种构件在正常使用荷载作用下不会开裂，变形极小。但构件一旦开裂，很快就临近破坏，使构件在破坏前没有明显的征兆，表现为明显的脆性破坏特性，降低了安全性能。

预应力钢筋的张拉控制应力值 σ_{con}，不宜超过表 7-1 规定的张拉控制应力限值。由表可见，张拉控制应力值的大小与预应力钢筋的钢种、强度取值标准和张拉方法有关。

<table>
<tr><td colspan="2">张拉控制应力限值</td><td>表 7-1</td></tr>
</table>

钢筋种类	张拉控制应力 σ_{con}
消除应力钢丝、钢绞线	$\leqslant 0.75 f_{ptk}$
中强度预应力钢丝	$\leqslant 0.70 f_{ptk}$
预应力螺纹钢筋	$\leqslant 0.85 f_{pyk}$

注：表中 f_{ptk} 为预应力筋极限强度标准值；f_{pyk} 为预应力螺纹钢筋屈服强度标准值。

《混凝土结构设计规范》GB 50010—2010 指出，在下列情况下表 7-1 中的数值允许提高 5%：

1）要求提高构件在施工阶段的抗裂性能而在使用阶段受压区内设置的预应力钢筋；

2）要求部分抵消由于应力松弛、摩擦、钢筋分批张拉以及预应力钢筋与台座之间的温差等因素产生的预应力损失。

此外还规定，消除应力钢丝、钢绞线、中强度预应力钢丝的张拉控制应力值不应小于 $0.4 f_{ptk}$，预应力螺纹钢筋的张拉控制应力值不宜小于 $0.5 f_{pyk}$。

为了减少后张法构件中的某些预应力损失，有时采用"超张拉"工艺。超张拉时，先采用高于 σ_{con} 的应力 $(1.05\sim1.1)\sigma_{con}$ 张拉，并保持这一状态 2min，然后将预应力筋稍稍放松，使张拉应力减小到 $0.85\sigma_{con}$，最后再张拉使预应力筋的应力达到 σ_{con}。

超张拉只是暂时提高了预应力筋的张拉应力。最终的钢筋张拉应力仍然是张拉控制应力 σ_{con}。

2. 预应力损失

预应力钢筋在张拉过程中、在预加应力阶段中以及在长期的使用过程中，由于材料的性能、张拉工艺和锚固等原因，均可能引起预加应力的减小，即发生了所谓"预应力损失"。在预应力混凝土设计中需考虑的主要预应力损失有以下六项：

1) 张拉端锚具变形和钢筋松动引起的预应力损失 σ_{l1}

在张拉端，不论我们采用哪种夹具和锚具，当张拉预应力筋达 σ_{con} 后，便需卸去张拉设备，在预应力筋回弹力的作用下一定会出现某一量值的锚具变形或钢筋回缩（松动），它们都将使预应力筋的张紧程度降低，应力降低，即引起预应力筋产生了应力损失。

减少 σ_{l1} 损失的措施有以下几个方面：一是选择锚具变形小或使预应力钢筋回缩小的锚具、夹具，并尽量少用垫板；二是增加台座长度。

2) 预应力钢筋与孔道壁之间摩擦引起的预应力损失 σ_{l2}

后张法预应力钢筋是穿过预留孔道的。由于施工的偏差、孔道壁粗糙、预应力钢筋焊接外形质量及预应力钢筋与孔道接触程度等原因，使预应力钢筋张拉时与孔道壁表面接触而产生摩擦阻力。当孔道为曲线时，摩擦阻力更大，从而使构件各个截面上钢筋的实际预拉应力都比张拉端为小，且离张拉端越远，钢筋的预拉应力降得越多。这种应力差额称为摩擦损失，以 σ_{l2} 表示。

减小摩擦损失的措施主要有两项：一是对于较长构件可采用两端张拉，如果两端张拉，则沿构件长度方向上的钢筋应力分布也将较均匀，但这个措施将引起 σ_{l1} 的增加，应用时需要注意。二是进行超张拉。采用超张拉工艺时，预应力筋实际应力分布沿构件比较均匀，而且预应力损失也大大降低了。

3) 混凝土加热养护时受张拉的预应力钢筋与承受拉力设备之间的温度差引起的预应力损失 σ_{l3}

为了缩短先张法构件的生产周期，常在浇捣混凝土后进行蒸汽养护以加速混凝土的结硬。升温时，新浇的混凝土尚未结硬，钢筋受热膨胀，但是两端台座是固定不动的，即台座间距离保持不变，因而，张拉后的钢筋就松了。降温时，混凝土已结硬并和钢筋结成整体，显然，钢筋应力不能恢复到原来的张拉值，这样就产生了预应力损失。

4) 预应力钢筋松弛引起的预应力损失 σ_{l4}

钢筋在高应力下，具有随时间而增长的塑性变形性能。当钢筋长度保持不变时，应力会随时间的增长而逐渐降低，称为钢筋的松弛。另一方面在钢筋应力保持不变的情况下，其应变会随时间的增长而逐渐增大，称为钢筋的徐变。钢筋的松弛和徐变均能引起预应力钢筋中的应力损失，统称为钢筋应力松弛损失 σ_{l4}。

5) 混凝土收缩、徐变引起的预应力损失 σ_{l5}、σ'_{l5}

混凝土在正常湿度条件下产生的收缩和在应力作用下产生的徐变都将导致构件缩短，因而使预应力降低，即产生了预应力损失。混凝土收缩、徐变引起受拉区和受压区预应力钢筋的预应力损失分别用 σ_{l5}、σ'_{l5} 表示。

6）螺旋式预应力筋挤压混凝土损失引起的预应力损失 σ_{l6}

采用螺旋式后张预应力钢筋的环形构件，由于预应力钢筋对混凝土的挤压，使环形构件的直径有所减小，预应力中的拉应力就会降低，从而引起的预应力损失 σ_{l6}。

3. 预应力损失值的组合

上述六种预应力损失，他们有的只发生在先张法构件中，有的只发生在后张法构件中，有的两种构件均有，而且是分批发生的，为了计算方便宜按表 7-2 进行组合。

各阶段预应力损失值的组合 表 7-2

预应力损失值的组合	先张法构件	后张法构件
混凝土预压前(第一批)的损失	$\sigma_{l1}+\sigma_{l2}+\sigma_{l3}+\sigma_{l4}$	$\sigma_{l1}+\sigma_{l2}$
混凝土预压后(第二批)的损失	σ_{l5}	$\sigma_{l4}+\sigma_{l5}+\sigma_{l6}$

注：先张法构件由于钢筋应力松弛引起的损失值 σ_{l4} 在第一批和第二批损失中所占的比例，如需区分，可根据实际情况确定。

考虑到预应力损失的离散性，实际损失有可能比按规范计算的高，因此当求得的总损失值 σ_l 小于下列数值时，按下列数值取用：

先张法构件：100N/mm²

后张法构件：80N/mm²

7.3.2 预应力混凝土构件的一般构造要求

1. 截面形式及尺寸

截面形式：轴心受拉构件一般为正方形或矩形截面；受弯构件荷载或跨度较小时为矩形截面，反之为 T 形、工字形和箱形。

因预应力对构件刚度和抗裂能力有提高作用，故构件截面可选得小些。一般取截面高度 h 为 $(1/20\sim1/14)l_0$，l_0 为构件跨度，宽度也相应减小。

2. 钢筋的净距及保护层要求（表 7-3）

预应力钢筋净距要求 表 7-3

种类\要求	预应力钢丝	钢绞线	
		1×3	1×7
钢筋净距	≥15mm	≥20mm	≥25mm
备注	(1)钢筋保护层厚度同普通梁；(2)除满足上述净距要求外，先张法预应力钢筋净距不应小于其公称直径 d 的 2.5 倍和混凝土粗骨料最大粒径的 1.25 倍；(3)混凝土密实性有可靠保证时，净间距可放宽为最大粗骨料粒径的 1.0 倍		

3. 后张法（有粘结力预应力混凝土）孔道及排气孔要求（表 7-4）

孔道及排气孔要求 表 7-4

孔道间水平净距	孔道至构件边净距	孔道内径—预应钢筋束外径 孔道截面积—预应力束截面积
不宜小于 50mm， 不宜小于粗骨料粒径的 1.25 倍	不宜小于 30mm 不宜小于孔道直径的一半	相差(6~15)mm (3.0~4.0)倍

在框架梁中，预留孔道在竖直方向的净距不应小于孔道外径，水平方向的净距不应小于 1.5 倍孔道外径，且不宜小于粗骨料粒径的 1.25 倍；从孔道外壁至构件边缘的净间距，梁底不宜小于 50 mm，梁侧不宜小于 40 mm；裂缝控制等级为三级的梁，梁底、梁侧分别不宜小于 60 mm 和 50mm。

施工相关知识

后张法构件中构件两端及跨中应设置灌浆孔或排气孔，其孔距不宜大于 12m。

---

4. 先张法端部加强措施

由于先张法是在构件端部钢筋弹性回弹与混凝土产生相对滑动趋势（产生相对滑动趋势的长度叫传递长度），通过在端部粘结力的积累阻止其回弹，为了尽快阻止其回弹，所以端部要采取加强措施。

1）对单根预应力钢筋，其端部宜设置长度不小于 150mm 且不少于 4 圈螺旋筋（图 7-7a）；当有可靠经验时，亦可利用支座垫板上的插筋代替螺旋筋但不少于 4 根，长度不小于 120mm（图 7-7b）。

2）对分散布置的多根预应力钢筋，在构件端部 10d 且不小于 100mm 长度范围内，宜设置 3~5 片与预应力钢筋垂直的钢筋网（图 7-7c）。

3）对钢丝配筋的薄板，在端部 100mm 长度范围内宜适当加密横向钢筋（图 7-7d）。

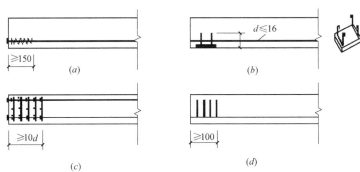

图 7-7 先张法端部加强构造图

4）槽形板类构件，应在构件端部 100mm 长度范围内沿构件板面设置附加横向钢筋，其数量不应少于 2 根。

5. 后张法端部加强措施

1) 为了提高锚具下混凝土的局部混凝土的抗压强度，防止局部混凝土压碎，应在端部预埋钢板（厚度≥10mm），并应在垫板下设置附加横向钢筋网片（图 7-8a）或螺旋式钢筋（图 7-8b）等措施。具体要求见规范。

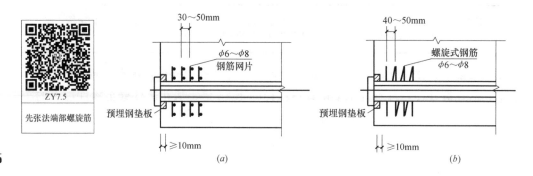

图 7-8　后张法端部加强构造图

2) 在局部受压间接钢筋配置区以外，在构件端部长度 l 不小于 $3e$（e 为截面重心线上部或下部预应力钢筋的合力点至邻近边缘的距离）但不大于 $1.2h$（h 为构件端部截面高度）、高度为 $2e$ 的附加配筋区范围内，应均匀配置附加防劈裂箍筋或网片（图 7-9）。

3) 当构件端部预应力筋需集中布置在截面下部或集中布置在上部和下部时，应在构件端部 $0.2h$ 范围内设置附加竖向防端面裂缝构造钢筋。当 e 大于 $0.2h$ 时，可根据实际情况适当配置构造钢筋，竖向防端面裂缝构造钢筋宜靠近端面配置，可采用焊接钢筋网、封闭式箍筋或其他形式，且宜采用带肋钢筋。

6. 其他构造措施

1) 当构件在端部有局部凹进时，应增设折线构造钢筋（图 7-10）或其他有效的构造钢筋。

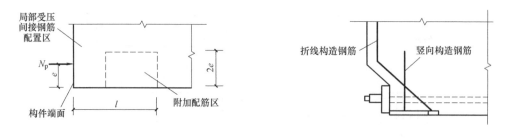

图 7-9　防止沿孔道劈裂的配筋范围　　　　图 7-10　构件端部凹进处构造钢筋

2) 长期外露的金属锚具应采取可靠的防腐及防火措施。并应符合下列规定：无粘结预应力筋外露锚具应采用注有足量防腐油脂的塑料帽封闭锚具端头，并应采用无收缩砂浆或细石混凝土封闭保护，其锚具及预应力筋端部的保护层厚度不应小于：一类环境时 20mm，二 a 类、二 b 类环境时 50mm，三 a 类、三 b 类环境时 80mm。

3）凡制作时需要预先起拱的构件，预留孔道宜随构件同时起拱。

4）曲线预应力钢丝束、钢绞线束的曲率半径不宜小于 4m，对折线配筋的构件，在预应力钢筋弯折处的曲率半径可适当减小。当曲率半径不能满足上述要求时，可在曲线预应力束弯折处内侧设置钢筋网片或螺旋筋。

7.3.3　抗震构造要求

1．预应力混凝土结构可用于抗震设防烈度 6 度、7 度、8 度区，当 9 度区需采用预应力混凝土结构时，应有充分依据，并采取可靠措施。

2．预应力混凝土框架的抗震构造，除应符合钢筋混凝土结构的要求外，尚应符合下列规定：

1）预应力混凝土框架梁应符合下列规定：

（1）预应力混凝土框架梁端截面，计入纵向受压钢筋的混凝土受压区高度和有效高度之比参照普通框架梁规定，按普通钢筋抗拉强度设计值换算的全部纵向受拉钢筋配筋率不宜大于 2.5%。

（2）在预应力混凝土框架梁中，应采用预应力筋和普通钢筋混合配筋的方式，梁端截面配筋宜符合下列要求：

$$A_s \geq \frac{1}{3}\left(\frac{f_{py}h_p}{f_y h_s}\right)A_p \tag{7-1}$$

特别提示

对二、三级抗震等级的框架-剪力墙、框架-核心筒结构中的后张有粘结预应力混凝土框架，式右端项系数 1/3 可改为 1/4。

（3）预应力混凝土框架梁梁端截面的底部纵向普通钢筋和顶部纵向受力钢筋截面面积的比值同普通框架梁，框架梁端底面纵向普通钢筋配筋率尚不应小于 0.2%。

2）预应力混凝土框架柱应符合下列规定：

（1）预应力框架柱箍筋应沿柱全高加密。

（2）预应力混凝土大跨度框架边柱可采用在截面受拉较大的一侧配置预应力筋和普通钢筋的混合配筋，另一侧仅配置普通钢筋的非对称配筋方式。

3）后张预应力筋的锚具、连接器不宜设置在梁柱节点核心区内。

小　结

1．预应力混凝土构件的基本概念，预应力混凝土改善了普通混凝土构件抗裂性差、刚度小、变形大、不能充分利用高强材料、适用范围受到限制的缺陷，可以运用到有防水、抗渗要求的特殊环境及大跨、重荷载结构。

2．按照使用荷载下对截面拉应力控制要求的不同，预应力混凝土结构构件可分为三种：全预应力混凝土、有限预应力混凝土、部分预应力混凝土。

3. 与钢筋混凝土结构相比，预应力混凝土具有以下特点：

(1) 构件的抗裂性能较好；

(2) 构件的刚度较大；

(3) 构件的耐久性较好；

(4) 减小构件截面尺寸，节省材料，减轻自重；

(5) 工序较多，施工较复杂，且需要张拉设备和锚具等设施。

4. 施加预应力的方法：先张法、后张法。先张法是靠预应力钢筋和混凝土粘结力传递预应力的，在构件端部有预应力传递长度；后张法是依靠锚具传递预应力的，端部处于局压的应力状态。

5. 与普通混凝土构件不同，预应力混凝土应采用高强钢筋和高强混凝土，对使用的锚具要求及施工要求比普通混凝土构件要更高。

习　题

一、填空题

1. 施加预应力的方法主要有两种：_____和_____。

2. 预应力钢筋性能需满足下列要求_____、_____、_____、_____。

3. 预应力钢筋可分为_____、_____、_____三大类。

4. 预应力混凝土构件对混凝土的性能要求是_____、_____、_____。

5. 施加预应力时混凝土立方体强度应经计算确定，但不低于设计强度的_____。

6. 先张法构件是依靠_____传递预应力的，后张法构件是依靠_____传递预应力的。

二、选择题

1. 其他条件相同时，预应力混凝土构件的延性通常比普通混凝土构件的延性（　　）。

A. 相同　　　　　　B. 大些　　　　　　C. 小些　　　　　　D. 大很多

2. 预应力混凝土与普通混凝土相比，提高了（　　）。

A. 正截面承载能力　　B. 抗裂性能　　　C. 延性

3. 部分预应力混凝土在使用荷载作用下，构件受拉区（由荷载引起的）混凝土（　　）。

A. 不出现拉应力　　　　　　　　　B. 允许出现拉应力

C. 不出现压应力　　　　　　　　　D. 允许出现压应力

4. 预应力混凝土结构的混凝土强度等级不应低于（　　）。

A. C25　　　　　　　B. C30　　　　　　C. C40　　　　　　D. C45

5. 预应力混凝土构件，当采用钢绞线、钢丝、预应力螺纹钢筋做预应力钢筋时，混凝土强度等级不宜低于（　　）。

A. C25　　　　　　　B. C30　　　　　　C. C40　　　　　　D. C45

三、判断题

1. 先张法适用于大型构件。　　　　　　　　　　　　　　　　　　　　　　　　（　　）

2. 预应力提高了构件的抗裂能力。　　　　　　　　　　　　　　　　　　　　　（　　）

3. 预应力混凝土构件若按规范抗裂验算满足不开裂要求，则不需进行承载能力验算。（　　）

4. 全预应力混凝土构件为严格要求不出现裂缝。　　　　　　　　　　　　　　　（　　）

5. 预应力混凝土和钢筋混凝土相比，不但提高了正截面的抗裂度，而且也提高了正截面承载力。　　　　　　　　　　　　　　　　　　　　　　　　　　　　　　　　　　　（　　）

四、简答题

1. 全预应力混凝土和部分预应力混凝土各有何特点？

2. 什么是预应力混凝土？预应力混凝土结构的主要优缺点是什么？

YT7

云题

模块 8

砌体结构构造要求

教学目标

了解混合结构房屋的结构布置方案、静力计算方案，了解砌体结构房屋的震害特点，熟悉砌体结构的一般构造要求及抗震构造要求，掌握砌体结构墙、柱的高厚比验算及抗震构造措施。

教学要求

能 力 目 标	相 关 知 识
知道混合结构房屋的结构布置方案，会确定一般房屋的静力计算方案，会验算砌体结构墙柱的高厚比	混合结构房屋的结构布置、静力计算方案，砌体结构墙柱的高厚比验算
能正确理解砌体结构震害原因	砌体房屋震害现象
具有理解和运用砌体结构一般规定的能力	房屋的高度、高宽比、横墙间距、局部尺寸等抗震要求
具有正确理解和应用砌体房屋和抗震构造要求的能力	构造柱、圈梁、楼梯间抗震构造等

引例

历次大地震的震害表明：砌体结构是一种抗震性能较差的结构，破坏严重；汶川地震大量资料说明，按照规范规定采取合理的抗震构造措施，可以提高砌体结构房屋抗震性能。

图 8-1 为进行过抗震构造加固的砖混房屋，地震中大多数破坏较轻；同一地段未进行加固的房屋，破坏相对要严重得多。图 8-2 正面的三层教学楼按抗震规范设计，经地震仍完好无损。

图 8-1　都江堰某抗震构造加固
过的幼儿园房屋震后基本完好

图 8-2　陕西略阳县（7 度）嘉陵小学三层教学楼

8.1　混合结构房屋的结构布置方案和静力计算方案

8.1.1　混合结构房屋的结构布置方案

多层混合结构房屋的主要承重结构为屋盖、楼盖、墙体（柱）和基础，其中墙体的布置是整个房屋结构布置的重要环节。墙体的布置与房屋的使用功能和房间的面积有关，而且影响建筑物的整体刚度。房屋的结构布置可分为三种方案（图 8-3）。

1. 横墙承重方案

屋面板及楼板沿房屋的纵向放置在横墙上，形成了纵墙起围护作用，横墙起承重作用的结构方案。由于横墙的数量较多且间距小，同时横墙与纵墙间有可靠的拉结，因此，房屋的整体性好，空间刚度大，对抵抗作用在房屋上的风荷载及地震力等水平荷载十分有利。

横墙承重体系竖向荷载主要传递路线是：板→横墙→基础→地基。

横墙承重体系由于横墙间距小，房间大小固定，故适用于宿舍、住宅等居住建筑。

2. 纵墙承重方案

纵墙承重体系竖向荷载主要传递路线是：板→纵墙→基础→地基或板→梁→纵墙→基础→地基。纵墙是房屋的主要承重墙，横墙的间距可以相当大。这种体系室内空间较大，有利于使用上灵活隔断和布置。纵墙承受的荷载较大，因此纵墙上门窗的位置和大小受到一定限制。

纵墙承重体系适用于使用上要求有较大室内空间的房屋，或室内隔断墙位置有灵活变动要求的房屋。如教学楼、办公楼、图书馆、试验楼、食堂、中小型工业厂房等。

3. 纵、横墙混合承重方案

当建筑物的功能要求房间的大小变化较多时，为了结构布置的合理性，通常采用纵横墙布置方案，该方案既可保证有灵活布置的房间，又具有较大的空间刚度和整体性，纵、横两个方向的空间刚度均比较好，便于施工，所以适用于教学楼、办公楼、多层住宅等建筑。

此类房屋的荷载传递路线为：板→$\left\{\begin{array}{l}\text{梁→纵墙}\\\text{横墙}\end{array}\right.$→基础→地基。

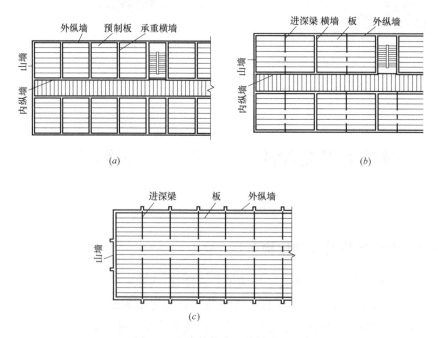

图 8-3　混合结构房屋结构布置方案

（a）横墙承重体系；（b）纵横墙承重体系；（c）纵墙承重体系

8.1.2　混合结构房屋的静力计算方案

混合结构房屋是由屋盖、楼盖、墙、柱、基础等构件组成的一个空间受力体系，各承载构件不同程度地参与工作，共同承受作用在房屋上的各种荷载作用。在进行房屋的静力分析时，首先应根据房屋空间性能不同，分别确定其静力计算方案，再进行静力分析。根据屋（楼）盖类型不同以及横墙间距的大小不同，在混合结构房屋内力计算中，根据房屋的空间工作性能，分为三种静力计算方案：刚性方案、弹性方案、刚弹性方案，如图 8-4 所示。

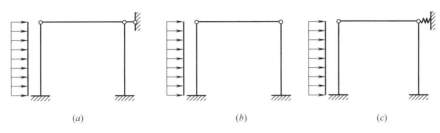

(a)　　　　　　　　　　(b)　　　　　　　　　　(c)

图 8-4　混合结构房屋的计算简图

(a) 刚性方案；(b) 弹性方案；(c) 刚弹性方案

8.2　墙、柱的高厚比

砌体结构房屋中，作为受压构件的墙、柱除了满足承载力要求之外，还必须满足高厚比的要求。墙、柱的高厚比验算是保证砌体房屋施工阶段和使用阶段稳定性与刚度的一项重要构造措施。

1. 允许高厚比

规范中墙、柱允许高厚比 $[\beta]$ 的确定，是根据我国长期的工程实践经验并经过大量调查研究得到的，工程实践表明，$[\beta]$ 的大小，与砂浆强度等级和施工质量有关，当材料质量提高，施工水平改善时，将会有所增大，砌体墙柱的允许高厚比见表 8-1。

墙、柱的允许高厚比 $[\beta]$ 值　　　　　　　　　　表 8-1

砌体类型	砂浆强度等级	墙	柱
无筋砌体	M2.5	22	15
	M5 或 Mb5.0、Ms5.0	24	16
	≥M7.5 或 Mb7.5、Ms7.5	26	17
配筋砌体	—	30	21

注：1. 毛石墙、柱的高厚比应按表中数字降低 20%；

　　2. 验算施工阶段砂浆尚未硬化的新砌筑砌体高厚比时，允许高厚比对墙取 14，对柱取 11。

2. 矩形截面墙、柱的高厚比按下式验算：

$$\beta = \frac{H_0}{h} \leqslant \mu_1 \mu_2 [\beta] \tag{8-1}$$

式中　H_0——墙、柱的计算高度；

　　　$[\beta]$——墙、柱的允许高厚比；

　　　h——墙厚或矩形柱与 H_0 相对应的边长；

　　　μ_1——自承重墙允许高厚比的修正系数；

　　　μ_2——有门窗洞口墙允许高厚比的修正系数。

特别提示

1. 当按公式（8-1）验算高厚比不满足要求时，可采取：提高砂浆等级，增设壁柱、构造柱等措施。

2. 当与墙连接的相邻两墙间的距离 $s \leqslant \mu_1 \mu_2 [\beta] h$ 时，墙的高度可不变，高厚比限制；

3. 验算上柱的高厚比时，墙、柱的允许高厚比可按表 8-1 的数值乘以 1.3 后采用。

知识链接　带壁柱墙和带构造柱墙高厚比验算

带壁柱墙和带构造柱墙（图 8-5）的高厚比的验算包括两部分内容：即带壁柱墙和带构造柱墙的高厚比验算和壁柱之间墙体或相邻构造柱间墙局部高厚比的验算。

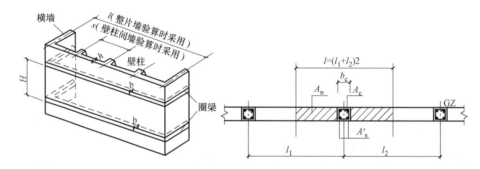

图 8-5　带壁柱墙和带构造柱墙

1. 带壁柱整片墙体高厚比的验算

1）带壁柱整片墙体

视壁柱为墙体的一部分，整片墙截面为 T 形截面，将 T 形截面墙按惯性矩和面积相等的原则换算成矩形截面，折算厚度 $h_T = 3.5i$，其高厚比验算公式为：

$$\beta = \frac{H_0}{h_T} \leqslant \mu_1 \mu_2 [\beta] \tag{8-2}$$

式中　h_T——带壁柱墙截面折算厚度，$h_T = 3.5i$；

　　　i——带壁柱墙截面的回转半径，$i = \sqrt{\dfrac{I}{A}}$；

　　　I——带壁柱墙截面的惯性矩；

　　　A——带壁柱墙截面的面积。

2）壁柱间墙和相邻构造柱间墙局部高厚比的验算：

验算壁柱之间墙体的局部高厚比时，按公式（8-1）计算，壁柱视为墙体的侧向不动支点，计算 H_0 时，s 取壁柱之间或相邻构造柱间的距离，且不管房屋静力计算方案采用何种方案，在确定计算高度 H_0 时，都按刚性方案考虑。

2. 带构造柱墙高厚比的验算，当构造柱截面宽度不小于墙厚时。按公式（8-1）验算，当确定带构造柱墙的计算高度 H_0 时，s 取横墙间距，墙的允许高厚比 $[\beta]$ 可乘以修正系数 μ_c，μ_c 按下式计算：

$$\mu_c = 1 + \gamma \frac{b_c}{l} \tag{8-3}$$

式中　γ——系数，对细料石砌体，$\gamma=0$；对混凝土砌块、混凝土多孔砖、粗料石、毛料石及毛石砌体，$\gamma=1.0$；其他砌体，$\gamma=1.5$；

b_c——构造柱沿墙体方向的宽度；

l——构造柱的间距。

当 $b_c/l>0.25$ 时，取 $b_c/l=0.25$；当 $b_c/l<0.25$ 时，取 $b_c/l=0$。

特别提示

T 形截面的翼缘宽度 b_f，可按下列规定采用：

1. 多层房屋，当有门窗洞口时可取窗间墙宽度；当无门窗洞口时每侧可取壁柱高度的 1/3 但不应大于相邻壁柱间的距离。

2. 单层房屋可取壁柱宽加 2/3 壁柱高度，但不得大于窗间墙宽度和相邻壁柱之间的距离。

施工相关知识

1. 在墙上留置临时施工洞口（包括脚手眼），应满足施工质量验收规范，并应做好补砌。

2. 正常施工条件下，砖砌体、小砌块砌体每日砌筑高度宜控制在 1.5m 或一步脚手架高度内；石砌体不宜超过 1.2m。

8.3　墙、柱的一般构造要求

为了保证砌体房屋的耐久性和整体性，砌体结构和结构构件在设计使用年限内和正常维护下，必须满足砌体结构正常使用极限状态的要求，一般可由相应的构造措施来保证。

8.3.1　砌体材料耐久性的规定

1. 地面以下或防潮层以下的砌体、潮湿房间的墙或环境类别为二类的砌体，所用材料的最低强度等级应符合表 8-2 的要求：

地面以下或防潮层以下的砌体、潮湿房间的墙所用材料的最低强度等级　　表 8-2

潮湿程度	烧结普通砖	混凝土普通砖、蒸压普通砖	混凝土砌块	石材	水泥砂浆
稍潮湿的	MU15	MU20	MU7.5	MU30	M5
很潮湿的	MU20	MU20	MU10	MU30	M7.5
含水饱和的	MU20	MU25	MU15	MU40	M10

注：1. 在冻胀地区，地面以下或防潮层以下的砌体，不宜采用多孔砖，如采用时，其孔洞应用不低于 M10 的水泥砂浆灌实。当采用混凝土砌体时，其孔洞应采用强度等级不低于 Cb20 的混凝土灌实；

2. 对安全等级为一级或设计使用年限大于 50 年的房屋，表中材料的强度等级应至少提高一级。

2. 处于环境类别 3～5 类等有侵蚀性介质的砌体材料应符合下列要求：

1）应采用实心砖，砖的强度等级不应低于 MU20，水泥砂浆的强度等级不应低于 M10；

2）混凝土砌块的强度等级不应低于 MU15，灌孔混凝土的强度等级不应低于 Cb30，砂浆的强度等级不应低于 Mb10；

3）根据环境条件对砌体材料的抗冻指标，耐酸、碱性能提出要求，或符合有关规范的要求；

4）不应采用蒸压灰砂普通砖、蒸压粉煤灰普通砖。

特别提示：砌体结构的环境类别分 5 类

1 类指正常居住及办公建筑的内部干燥环境，包括夹心墙的内叶墙；

2 类指潮湿的室内或室外环境，包括与无侵蚀性土和水接触的环境；

3 类是指严寒和使用化冰盐的潮湿环境（室内或室外）；

4 类是指与海水直接接触的环境，或处于滨海地区的盐饱和的气体环境；

5 类是指有化学侵蚀的气体、液体或固态形式的环境，包括有侵蚀性土壤的环境。

8.3.2　墙、柱的最小截面尺寸

墙、柱的截面尺寸过小，不仅稳定性差而且局部缺陷影响承载力。对于承重的独立砖柱，截面尺寸不应小于 240mm×370mm。毛石墙的厚度不宜小于 350mm；毛料石柱较小边长不宜小于 400mm。振动荷载时，墙、柱不宜采用毛石砌体。

8.3.3　房屋整体性的构造要求

1. 跨度大于 6m 的屋架跨度大于下列数值的梁：砖砌体为 4.8m；砌块和料石砌体为 4.2m；毛石砌体为 3.9m，应在支承处设置混凝土或钢筋混凝土垫块；当墙中设有圈梁时，垫块与圈梁宜浇成整体。

2. 当梁跨度大于或等于下列数值时：240m 厚砖墙为 6m；180mm 厚砖墙为 4.8m；砌块、料石墙为 4.8m，其支承处宜加设壁柱或采取其他加强措施。

3. 预制钢筋混凝土板的支承长度，在墙上不应小于 100mm；在钢筋混凝土圈梁上不应小于 80mm。板端应有伸出钢筋相互有效连接，并用混凝土浇筑成板带，混凝土强度不

应低于 C25。

4. 支承在墙、柱上的吊车梁、屋架及跨度大于或等于下列数值的预制梁：砖砌体为 9m、砌块和料石砌体为 7.2m，其端部应采用锚固件与墙、柱上的垫块锚固。

5. 填充墙、隔墙应采取措施与周边立体结构构件可靠连接，连接构造和嵌缝材料应满足传力、变形和防护要求。

6. 山墙处的壁柱宜砌至山墙顶部，屋面构件应与山墙有可靠拉结。

7. 墙体转角处和纵横墙交接处宜沿竖向每隔 400～500mm 设拉结钢筋，其数量为每 120mm 墙厚不少于 1ϕ6 或焊接钢筋网片；或采用焊接钢筋网片埋入长度从墙的转角或交接处算起，对实心砖墙每边不小于 500mm，对多孔砖墙和砌块墙不小于 700mm。

8. 混凝土构件可通过锚固钢筋与砌体连接，但在混凝土构件中的钢筋锚固长度不应小于 15d 或 150mm 中的大者，钢筋在砌体中的埋设长度应满足相关条文规定。但不应在砌体中通过锚固钢筋进行砌体间的连接。

9. 砌块砌体应分皮错缝搭砌，上下皮搭砌长度不得小于 90mm。当搭砌长度不满足上述要求时，应在水平灰缝内设置不小于 2ϕ4 的焊接钢筋网片（横向钢筋的间距不应大于 200mm），网片每端均应超过该垂直缝，其长度不得小于 300mm。

10. 砌块墙与后砌隔墙交接处，应沿墙高每 400mm 在水平灰缝内设置不少于 2ϕ4、横筋间距不应大于 200mm 的焊接钢筋网片（图 8-6）。

11. 混凝土砌块房屋，宜将纵横墙交接处，距墙中心线每边不小于 300mm 范围内的孔洞，采用不低于 Cb20 灌孔混凝土灌实，灌实高度应为墙身全高。

12. 混凝土砌块墙体的下列部位，如未设圈梁或混凝土垫块，应采用不低于 Cb20 灌孔混凝土将孔洞灌实：

① 搁栅、檩条和钢筋混凝土楼板的支承面下，高度不应小于 200mm 的砌体；

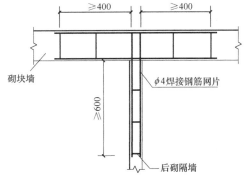

图 8-6　砌块墙与后砌隔墙交接处钢筋网片

② 屋架、梁等构件的支承面下，高度不应小于 600mm，长度不应小于 600mm 的砌体；

③ 挑梁支承面下，距墙中心线每边不小于 300mm，高度不应小于 600mm 的砌体。

13. 在砌体中留槽洞及埋设管道时，应遵守下列规定：

① 不应在截面长边小于 500mm 的承重墙体、独立柱内埋设管线；

② 不宜在墙体中穿行暗线或预留、开凿沟槽，无法避免时应采取必要的措施或按削弱后的截面验算墙体的承载力。

8.3.4 框架填充墙的构造规定

1. 框架填充墙应选用轻质砌体材料，墙体墙厚不应小于 90mm，砌体砂浆的强度等级不宜低于 M5（Mb5、Ms5）。

2. 填充墙与框架的连接构造和嵌缝材料应能满足传力、变形和防护要求。

3. 应根据房屋的高度、建筑体型、结构的层间变形、墙体自身抗侧力的利用等因素，可根据设计要求选择脱开或不脱开连接构造。有抗震设防要求时宜采用填充墙与框架脱开的方法。

4. 与框架柱、梁脱开的连接构造方案：

1）填充墙两端与框架柱、填充墙顶面与框架梁留出不小于 20mm 的间隙；

2）填充墙端部应设置构造柱，柱间距宜不大于 20 倍墙厚且不大于 4000mm，柱宽度不小于 100mm。柱竖向钢筋不宜小于 φ10，箍筋宜为 $\phi^R 5$，竖向间距不宜大于 400mm。竖向钢筋与框架梁或其挑出部分的预埋件或预留钢筋连接，绑扎接头时不小于 30d，焊接时（单面焊）不小于 10d（d 为钢筋直径）。柱顶与框架梁（板）应预留不小于 15mm 的缝隙，用硅酮胶或其他弹性密封材料封缝。当填充墙有宽度大于 2100mm 的洞口时，洞口两侧应加设宽度不小于 50mm 的单筋混凝土柱；

3）填充墙两端宜卡入在梁、板底及柱侧的卡口铁件内，墙侧卡口板的竖向间距不宜大于 500mm，墙顶卡口板的水平间距不宜大于 1500mm；

4）墙体高度超过 4m 时宜在墙高中部设置与柱连通的水平系梁。水平系梁的截面高度不小于 60mm。填充墙高度不宜大于 6m。

5）填充墙与框架柱、梁的缝隙可采用聚苯乙烯泡沫塑料板条或聚氨酯发泡材料充填，并用硅酮胶或其他弹性密封材料封缝。

5. 与框架柱、梁不脱开的连接构造方案：

1）沿柱高每隔 500mm 配置 2φ6 拉结钢筋（墙厚大于 240mm 时配置 3φ6），钢筋伸入填充墙长度不小于 700mm，且拉结筋应错开截断，相距不宜小于 200mm。填充墙墙顶应与框架梁紧密结合。顶面与上部结构接触处宜用一皮砖或配砖斜砌楔紧。

2）填充墙长度超过 5m 或墙长大于 2 倍层高时，墙顶与梁宜有拉结措施，中间加设构造柱；墙高度超过 4m 时宜在墙高中部设置与柱连接的水平系梁，墙高超过 6m 时，宜沿墙高每 2m 设置与柱连接的水平系梁，梁的截面高度不小于 60mm。

3）填充墙有洞口时，钢筋混凝土带宜在窗洞口的上端或下端设置，门洞口在上端设置，钢筋混凝土带应与过梁的混凝土同时浇筑，其过梁的断面及配筋由设计确定。钢筋混凝土带的混凝土强度等级不小于 C20。当有洞口的填充墙尽端至门窗洞口边距离小于 240mm 时，宜采用钢筋混凝土门窗框。

> **施工相关知识**
>
> 1. 填充墙砌体应与主体结构可靠连接，与承重墙、柱、梁的连接钢筋，当采用化学植筋的连接方式时，应进行实体检测。
>
> 2. 填充墙留置的拉结筋或网片的位置应与块体的皮数相符合；拉结筋或网片应置于灰缝中，埋置长度应符合设计要求，竖向偏差不应超过一皮高度。
>
> 3. 砌筑填充墙时应错缝搭砌，蒸压加气混凝土砌块搭砌长度不应小于砌块长度的 1/3；轻骨料混凝土小型空心砌块搭砌长度不应小于 90mm，竖向通缝不应大于 2 皮。

4. 填充墙的顶部拉结措施如图 8-7 所示。

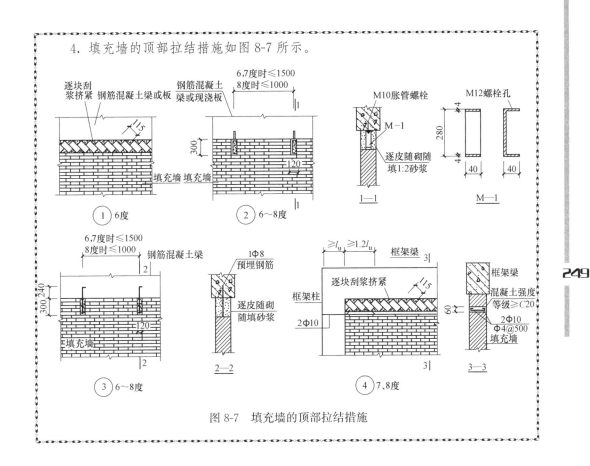

图 8-7 填充墙的顶部拉结措施

8.4 砌体结构的抗震构造要求

8.4.1 砌体房屋的震害特点

历次地震震害宏观现象表明,多层砌体房屋的破坏主要发生在墙体、墙体转角处、楼梯间墙体、内外墙连接处、预制楼盖处及突出屋面的屋顶结构(如电梯机房、水箱间、女儿墙)等部位。

1. 房屋倒塌

当结构墙体不足以抵抗地震作用下的剪力时,则易造成墙体破坏,导致房屋倒塌。当房屋上部自重大、刚度差或砌体强度不足时,易造成上部倒塌;当某些部位整体性差、连接不好,或平面、立面处理不当时,易造成局部倒塌。如图 8-8 所示为汶川地震中房屋倒塌现象。

2. 墙体开裂

图 8-8　房屋倒塌

　　地震造成的墙体开裂形式主要是水平裂缝、斜裂缝、交叉裂缝和竖向裂缝等，裂缝过大可导致墙体破坏。在房屋的横向、山墙上最容易出现这种裂缝，在纵墙的窗间墙上也易出现这种交叉裂缝。如图 8-9 所示为地震中窗间墙交叉裂缝。

　　墙体水平裂缝多数发生在外纵墙窗口的上下截面处。如图 8-10 所示为地震中外纵墙水平裂缝。

图 8-9　窗间墙交叉裂缝

图 8-10　梁下水平裂缝

3. 墙体转角处破坏

　　墙体转角处在地震中破坏较为常见，其产生的主要原因是墙角位于房屋尽端，房屋整体对其约束较差，如图 8-11 所示地震中墙体转角处破坏。

图 8-11　墙角破坏

4. 内外墙连接破坏

内外墙连接处破坏在震害中也较为常见，一般是因为施工时纵横墙没有很好的咬槎，连接差。如图 8-12 所示为地震内外墙连接破坏情况。

5. 楼梯间墙体破坏

主要是墙体破坏，楼梯间的墙体在高度方向缺乏有效支撑，空间刚度差，特别是在顶层。若楼梯间在房屋尽端，其破坏更为严重，如图8-13所示为楼梯间处在尽端部破坏情况。

6. 预制楼盖破坏

整浇楼盖往往由于墙体倒塌而破坏，装配式楼盖则可能因在墙体上的支撑长度过小，或由于板与板之间缺乏足够的拉结而塌落，如图 8-14 所示为地震预制楼盖破坏情况。

图 8-12 内外墙连接破坏

楼盖的梁端则可能因为支撑长度过小而自墙内拔出，造成梁的塌落；或梁端无梁垫、或梁垫尺寸不足，在垂直方向地震作用下，梁下墙体出现垂直裂缝或将墙体压碎。

图 8-13 楼梯间处在尽端部破坏情况图

图 8-14 预制楼盖破坏

7. 突出屋顶的楼梯间和其他构配件破坏

突出屋顶的楼梯间、女儿墙等附属结构，由于地震"鞭梢效应"的影响，一般较下部主体结构破坏严重，几乎在 6 度区就有破坏，特别是较高的女儿墙，出屋面的烟囱，在 7 度区普遍破坏，8～9 度区几乎全部损坏或倒塌。

另外，地震时建筑物的一些附属构件由于与主体结构连接较差等原因，地震时也易破坏，如顶棚吊顶掉落、顶棚板条抹灰开裂、剥落，墙体贴面剥落等。

8.4.2 多层砌体房屋一般规定

1. 房屋高度的限制

一般情况下，砌体房屋层数越高，其震害程度和破坏率也越大。多层砌体房屋的层数和总高度限值见表 8-3。

房屋的层数和总高度限值   表 8-3

房屋类别		最小抗震墙厚度(mm)	烈度和设计基本地震加速度										
			6 度		7 度				8 度				9 度	
			0.05g		0.10g		0.15g		0.20g		0.30g		0.40g	
			高度	层数	高度	层数	高度	层数	高度	层数	高度	层数	高度	层数
多层砌体	普通砖	240	21	7	21	7	21	7	18	6	15	5	12	4
	多孔砖	240	21	7	21	7	18	6	18	6	15	5	9	3
	多孔砖	190	21	7	18	6	15	5	15	5	12	4	—	—
	小砌块	190	21	7	21	7	18	6	18	6	15	5	9	3

注：1. 房屋的总高度指室外地面到主要屋面板板顶或檐口的高度，半地下室从地下室室内地面算起，全地下室和嵌固条件好的半地下室应允许从室外地面算起；对带阁楼的坡屋面应算到山尖墙的 1/2 高度处。
2. 室内外高差大于 0.6m 时，房屋总高度应允许比表中数据适当增加，但不应多于 1m。
3. 乙类的多层砌体房屋应允许按本地区设防烈度查表，但层数应减少一层且总高度应降低 3m。

对医院、教学楼及横墙较少[①]的多层砌体房屋总高度应比表 8-3 的规定降低 3m，层数相应减少一层；各层横墙很少的房屋，还应再减少一层。

注①：横墙较少指同一楼层内开间大于 4.20m 的房间占该层总面积的 40% 以上。其中，开间不大于 4.20m 的房间占该层总面积不到 20% 且开间大于 4.80m 的房间占该层总面积的 50% 以上为横墙很少。6、7 度时，横墙较少的丙类多层砖砌体房屋，当按规定采取加强措施并满足抗震承载力要求时，其高度和层数应允许仍按表 8-3 的规定采用。

2. 房屋最大高宽比的限制

在地震作用下，房屋的高宽比越大（即高而窄的房屋），越容易失稳倒塌。因此为保证砌体房屋的整体性，其总高度与总宽度的最大比值，宜符合表 8-4 的要求。

房屋最大高宽比   表 8-4

烈度	6 度	7 度	8 度	9 度
最大高宽比	2.5	2.5	2.0	1.5

注：单面走廊房屋的总宽度不包括走廊宽度；建筑平面接近正方形时，其高宽比宜适当减小。

3. 多层砌体结构房屋的层高，不应超过 3.6m。当使用功能有需要时，采用约束砌体等加强措施的普通砖房屋，层高不应超过 3.9m。

4. 抗震横墙间距的限制

多层砌体房屋抗震横墙的间距，不应超过表 8-5 的要求。

房屋抗震横墙最大间距 (m)   表 8-5

房 屋 类 别		烈 度			
		6 度	7 度	8 度	9 度
多层砌体房屋	现浇或装配整体式钢筋混凝土楼、屋盖	15	15	11	7
	装配式钢筋混凝土楼、屋盖	11	11	9	4
	木屋盖	9	9	4	—
底部框架-抗震墙砌体房屋	上部各层	多层砌体房屋			—
	底层或底部两层	18	15	11	—

注：1. 多层砌体房屋的顶层除木屋盖外的最大横墙间距应允许适当放宽，但应采取加强措施。
2. 多孔砖抗震墙厚度为 190mm 时，最大横墙间距应比表中数值减少 3m。

5. 房屋局部尺寸的限制

多层砌体房屋的薄弱部位是窗间墙、尽端墙段、女儿墙等。对这些部位的尺寸应加以限制（表 8-6）。

房屋局部尺寸的限制   表 8-6

部　位	6 度	7 度	8 度	9 度
承重窗间墙最小宽度（m）	1.0	1.0	1.2	1.5
承重外墙尽端至门窗洞边的最小距离（m）	1.0	1.0	1.2	1.5
非承重外墙尽端至门窗洞边的最小距离（m）	1.0	1.0	1.0	1.0
内墙阳角至门窗洞边的最小距离（m）	1.0	1.0	1.5	2.0
无锚固女儿墙（非出入口处）的最大高度（m）	0.5	0.5	0.5	0.0

注：1. 局部尺寸不足时应采取局部加强措施弥补，且最小宽度不宜小于 1/4 层高和表列数据的 80%；
　　2. 出入口处的女儿墙应有锚固。

6. 多层砌体房屋结构体系的抗震要求

多层砌体房屋的结构体系，应符合下列要求：

1）应优先采用横墙承重或纵横墙共同承重的结构体系。

2）纵横墙的布置宜均匀对称，沿平面内宜对齐，沿竖向应上下连续；同一轴线上的窗间墙宽度宜均匀。

3）房屋有下列情况之一时宜设置防震缝，缝两侧均应设置墙体，缝宽应根据烈度和房屋高度确定，可采用 70～100mm：①房屋立面高差在 6m 以上；②房屋有错层且楼板高差大于层高的 1/4；③各部分结构刚度、质量截然不同。

4）楼梯间不宜设置在房屋的尽端和转角处。

5）不应在房屋转角处设置转角窗。

6）教学楼、医院等横墙较少、跨度较大的房屋，宜采用现浇钢筋混凝土楼、屋盖。

8.4.3　多层砖砌体房屋抗震构造措施

震害分析表明，在多层砖砌体房屋中的适当部位设置钢筋混凝土构造柱，并与圈梁连接使之共同工作（图 8-15），可以增加房屋的延性，提高抗倒塌能力，防止或延缓房屋在地震作用下发生突然倒塌，或者减轻房屋的损坏程度。

1. 构造柱（GZ）

多层普通砖、多孔砖房，应按下列要求设置现浇钢筋混凝土构造柱：

1）构造柱设置部位

① 构造柱设置部位，一般情况下应符合表 8-7 的要求。

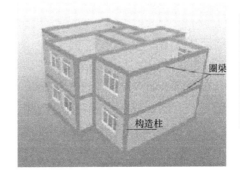

图 8-15　砌体结构房屋的构造柱与圈梁

圈梁

构造柱

ZY8.2

构造柱

② 外廊式和单面走廊式的多层房屋，应根据房屋增加一层后的层数，按表 8-7 的要求设置构造柱。且单面走廊两侧的纵墙均应按外墙处理。横墙较少的房屋，应根据房屋增加一层后的层数，按表 8-7 的要求设置构造柱。

③ 当横墙较少的房屋为外廊式或单面走廊式时，应按②要求设置构造柱，但 6 度不超过四层、7 度不超过三层和 8 度不超过二层时，应按增加二层后的层数对待。

2）构造柱的截面尺寸及配筋

由于构造柱不作为承重柱对待，因而无需计算而仅按构造要求设置。构造柱最小截面可采用 240mm×180mm，纵向钢筋宜采用 4φ12，箍筋间距不宜大于 250mm，且在柱上下端宜适当加密；6、7 度时超过六层、8 度时超过五层和 9 度时，构造柱纵向钢筋宜采用 4φ14，箍筋间距不应大于 200mm；房屋四角的构造柱可适当加大截面及配筋。

254

砖房构造柱设置要求 表 8-7

房屋层数				设 置 部 位	
6 度	7 度	8 度	9 度		
四、五	三、四	二、三		楼、电梯间四角，楼梯段上下端对应的墙体处；外墙四角和对应转角，错层部位横墙与外纵墙交接处；大房间内外墙交接处；较大洞口两侧	隔 12m 或单元横墙与外纵墙交接处；楼梯间对应的另一侧内横墙与外纵墙交接处
六	五	四	二		隔开间横墙（轴线）与外墙交接处；山墙与内纵墙交接处
七	≥六	≥五	≥三		内墙（轴线）与外墙交接处；内墙的局部较小墙垛处；内纵墙与横墙（轴线）交接处

特别提示

1. 构造柱一般用 HPB300 钢筋，混凝土等级不宜低于 C20。

2. 为了便于检查构造柱施工质量，构造柱宜有一面外露，施工时应先砌墙后浇柱。

3）构造柱的连接

① 构造柱与墙连接处应砌成马牙槎（图 8-16），并应沿墙高每隔 500mm 设 2φ6 拉结钢筋，和 φ4 分布短筋平面内点焊组成拉结网片，或 φ4 点焊拉结网片，每边伸入墙内不宜小于 1m（图 8-17、图 8-18）。6、7 度时底部 1/3 楼层，8 度时底部 1/2 楼层，9 度时全部楼层上述拉结钢筋网片应沿墙体水平通长设置。

② 构造柱与圈梁连接处，构造柱的纵筋应穿过圈梁，保证构造柱纵筋上下贯通。

③ 构造柱可不单独设置基础，但应伸入室外地面下 500mm，或与埋深小于 500mm 的基础圈梁相连，或直接伸入基础（图 8-19）。

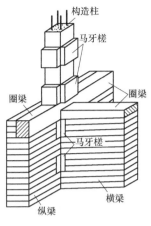

图 8-16 马牙槎

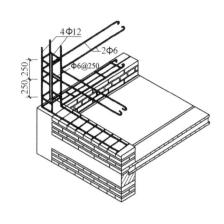

图 8-17 构造柱配筋

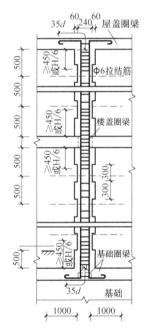

图 8-18 构造柱与墙体的拉结构造

特别提示

框架柱与构造柱的区别：框架柱是承重构件，而构造柱不承重；框架柱中的钢筋需计算配置，而构造柱中的钢筋不需计算，仅按上述构造规定配置即可；框架柱下有基础，而构造柱不需设基础；框架柱施工时是先浇混凝土柱，后砌填充墙，而构造柱施工时是先砌墙后浇柱。

施工相关知识

墙体马牙槎砌筑要求，马牙槎凹凸尺寸不宜小于 60mm，高度不应超过 300mm，马牙槎应先退后进，对称砌筑。

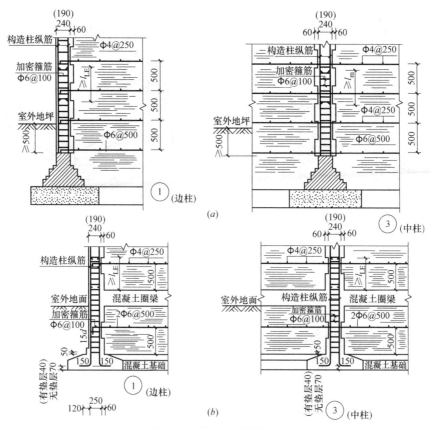

图 8-19　构造柱根部构造

（a）构造柱根部锚入室外地坪下 500mm；（b）构造柱根部锚入基础

图 8-20　圈梁

2. 圈梁（QL）

在混合结构房屋中，为了增强房屋的整体性和空间刚度，防止由于地基不均匀沉降或较大振动荷载等对房屋引起的不利影响，应在墙中设置钢筋混凝土圈梁（图 8-20）。

为防止地基的不均匀沉降，以设置在基础顶面和檐口部位的圈梁最为有效。当房屋中部沉降较两端为大时，位于基础顶面的圈梁作用较大；当房屋两端沉降较中部为大时，位于檐口部位的圈梁作用较大。

1）圈梁的一般构造要求

（1）圈梁宜连续地设在同一水平面上并应封闭。当圈梁被门窗洞口截断时，应在洞口上方增设截面相同的附加圈梁，附加圈梁与圈梁的搭接长度不应小于垂直间距 H 的 2 倍，且不得小于 1000mm（图 8-21）。

（2）纵横墙交接处的圈梁应有可靠的连接。刚弹性和弹性方案房屋，圈梁应与屋架、大梁等构件可靠连接。

ZY8.3

圈梁

（3）钢筋混凝土圈梁的宽度宜与墙厚相同，当墙厚 $h \geqslant 240mm$ 时，圈梁宽度不宜小于 $\frac{2}{3}h$，圈梁高度不应小于 120mm。纵向钢筋不应少于 4φ10，绑扎接头的搭接长度按受拉钢筋考虑，箍筋间距不宜大于 300mm。

（4）当圈梁兼作过梁时，过梁部分的钢筋应按计算单独配置。

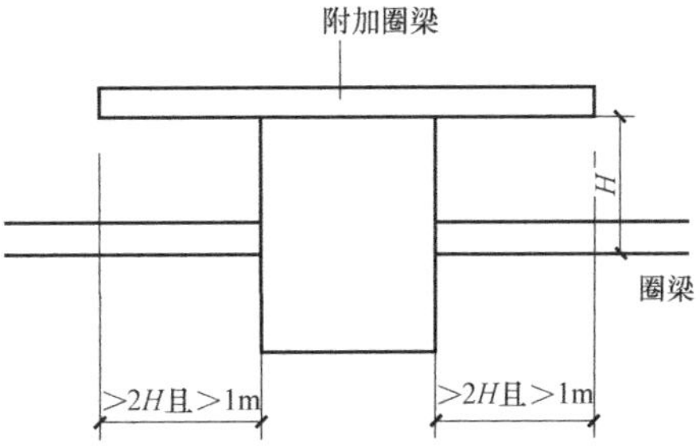

图 8-21　附加圈梁

（5）采用现浇钢筋混凝土楼（屋）盖的多层砌体结构房屋，当层数超过 5 层时，除在檐口标高处设置一道圈梁外，可隔层设置圈梁，并与楼（屋）面板一起现浇。未设置圈梁的楼面板嵌入墙内的长度不应小于 120mm，并沿墙长配置不少于 2φ10 的纵向钢筋。

257

特别提示

1. 圈梁的配筋是按上述要求配置的，除兼作过梁外，不需计算。

2. 圈梁的位置一般在楼板正下方或与楼板平齐。

2）圈梁的设置部位

① 装配式钢筋混凝土楼（屋）盖的砖房，横墙承重时应按表 8-8 的要求设置圈梁；纵墙承重时每层均应设置圈梁，且抗震横墙上的圈梁间距应比表内要求适当加密。

② 现浇或装配整体式钢筋混凝土楼、屋盖与墙体有可靠连接的房屋，应允许不另设圈梁，但楼板沿墙体周边应加强配筋并应与相应的构造柱钢筋可靠连接。

多层砖房现浇钢筋混凝土圈梁设置要求　　　　　　　　表 8-8

墙类	烈　　度		
	6、7 度	8 度	9 度
外墙和内纵墙	屋盖处及每层楼盖处	屋盖处及每层楼盖处	屋盖处及每层楼盖处
内横墙	同上；屋盖处间距不应大于 4.5m；楼盖处间距不应大于 7.2m；构造柱对应部位	同上；各层所有横墙，且间距不应大于 4.5m；构造柱对应部位	同上；各层所有横墙

圈梁宜与预制板设在同一标高处或紧靠板底（图 8-24）。圈梁表 8-8 要求的间距内无横墙时，应利用梁或板缝中配筋替代圈梁（图 8-25）。

3）圈梁的截面尺寸及配筋

圈梁（图 8-22）的截面高度不应小于 120mm，配筋应符合表 8-9 的要求。但在软弱黏性土层、液化土、新近填土或严重不均匀土层上的基础圈梁，截面高度不应小于 180mm，配筋不应少于 4φ12（图 8-23）。

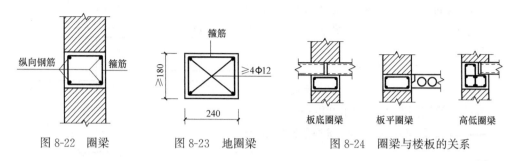

图 8-22 圈梁　　　　图 8-23 地圈梁　　　　图 8-24 圈梁与楼板的关系

圈梁配筋要求　　　　　　　　　　　　　表 8-9

配筋	烈　度		
	6、7度	8度	9度
最小纵筋	4φ10	4φ12	4φ14
最大箍筋间距	250	200	150

3. 楼（屋）盖与墙体的连接

1）现浇钢筋混凝土楼板或屋面板伸进纵、横墙内的长度，均不应小于 120mm。

2）装配式钢筋混凝土楼板或屋面板，当圈梁未设在板的同一标高时，板端伸进外墙的长度不应小于 120mm，伸进内墙的长度不应小于 100mm 或采用硬架支模连接，在梁上不应小于 80mm 或采用硬架支模连接。

3）当板的跨度大于 4.8m 并与外墙平行时，靠外墙的预制板侧边应与墙或圈梁拉结（图 8-26）。

4）房屋端部大房间的楼盖，6 度时房屋的屋盖，7～9 度时房屋的屋盖和 9 度时房屋的楼、屋盖，当圈梁设在板底时，钢筋混凝土预制板应相互拉结，并应与梁、墙或圈梁拉结（图 8-27）。

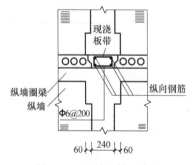

图 8-25 板缝配筋示意图

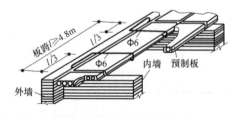

图 8-26 墙与预制板的拉结

5）楼、屋盖的钢筋混凝土梁或屋架应与墙、柱（包括构造柱）或圈梁可靠连接；不得采用独立砖柱。跨度不小于 6m 大梁的支承构件应采用组合砌体等加强措施，并满足承载力要求。

6）6、7 度时长度大于 7.2m 的大房间，及 8 度和 9 度时，外墙转角及内外墙交接处，应沿墙高每隔500mm设2φ6的通长拉结钢筋和φ4分布短筋，平面内点焊组成拉结网片，或φ4点焊拉结网片。预制阳台应与圈梁和楼板的现浇板带可靠连接。

7）门窗洞处不应采用无筋砖过梁，过梁支承长度：6～8度时不应小于240mm，9度时不应小于360mm。

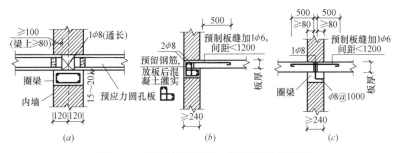

图8-27　预制板板缝间、板与圈梁的拉结

> **知识链接　硬架支模连接：**
>
> 预制空心板的安装采用硬架支模法，即先支圈梁及梁侧模，再安装板，最后浇筑圈梁及梁混凝土。采用硬架支模，大大缩短施工周期，加快施工进度，同时降低了混凝土在浇筑过程中的浪费现象，节约了工程成本。施工工艺：
>
> 构造柱、矩形柱、圈梁、梁钢筋制安→模板支设→顶板安装→混凝土浇筑灌板缝→养护→拆模
>
> 采用硬架支模时，模板除承受新浇筑混凝土侧压力、施工荷载和浇筑的振动荷载外，还要承受预制板的重量，因此，模板支设必须有足够的刚度、强度、稳定性，保证施工安全和施工质量，避免由于模板变形导致预制板移位和事故发生。

4. 楼梯间的抗震构造

1）顶层楼梯间横墙和外墙应沿墙高每隔500mm设2φ6通长钢筋和φ4分布短筋平面内点焊组成拉结网片，或φ4点焊拉结网片；7～9度时其他各层楼梯间墙体应在休息平台或楼层半高处设置60mm厚的钢筋混凝土带或配筋砖带，纵向钢筋不应少于2φ10。配筋砖带不少于3皮，每皮的配筋不少于2φ6，其砂浆强度等级不应低于M7.5，且不低于同层墙体的砂浆强度等级。

2）楼梯间及门厅内墙阳角处的大梁支承长度不应小于500mm，并应与圈梁连接。

3）装配式楼梯段应与平台板的梁可靠连接；8～9度时不应采用装配式楼梯，不应采用墙中悬挑式踏步或踏步竖肋插入墙体的楼梯，不应采用无筋砖砌栏板。

4）突出屋顶的楼、电梯间，构造柱应伸到顶部，并与顶部圈梁连接，所有墙体应沿墙高每隔500mm设2φ6通长拉结钢筋和φ4分布短筋平面内点焊组成拉结网片，或φ4点焊拉结网片。

5. 基础

同一结构单元的基础（或桩承台），宜采用同一类型的基础，底面宜埋置在同一标

高上，否则应增设基础圈梁并应按1：2的台阶逐步放坡。

6. 丙类的多层砖砌体房屋，横墙较少且总高度和层数接近或达到表8-3规定限值时，应采取下列加强措施：

1）房屋最大开间尺寸不宜大于6.6m。

2）同一结构单元内横墙错位数量不宜超过横墙总数的1/3，且连续错位不宜多于两道；错位的墙体交接处均应设置构造柱，且楼、屋面板应采用现浇钢筋混凝土板。

3）横墙和内纵墙上洞口的宽度不宜大于1.5m；外纵墙上洞口的宽度不宜大于2.1m或开间尺寸的一半，且内外墙上洞口位置不应影响内外纵墙与横墙的整体连结。

4）所有纵横墙均应在楼、屋盖标高处设置加强的钢筋混凝土圈梁；圈梁的截面高度不宜小于150mm，上下纵筋各不应小于3φ10，箍筋不小于φ6，间距不大于300mm。

5）所有纵横墙交接处及横墙中部，均应增设满足下列要求的构造柱：在纵、横墙内的柱距不宜大于4.2m，最小截面尺寸不宜小于240mm×240mm，配筋应符合表8-10的要求。

6）同一结构单元的楼、屋面板应设置在同一标高处。

7）房屋底层和顶层的窗台标高处，宜设置沿纵横墙通长的水平现浇钢筋混凝土带；其截面高度不小于60mm，宽度不小于墙厚，纵向钢筋不少于2φ10，横向分布筋的直径不小于φ6且其间距不大于200mm。

增设构造柱的纵筋和箍筋设置要求　　　　　　　　　　表8-10

位置	纵向钢筋			箍筋		
	最大配筋率(%)	最小配筋率(%)	最小直径(mm)	加密区范围	加密区间距	最小直径
角柱	1.8	0.8	14mm	全高	100mm	6mm
边柱			14mm	上端700 mm		
中柱	1.4	0.6	12mm	下端500 mm		

施工相关知识

1. 砖砌体的灰缝应横平竖直，厚薄均匀，水平灰缝厚度及竖向灰缝厚度宜为10mm，但不应小于8mm，也不应大于12mm。

2. 砖砌体的转角处和交接处应同时砌筑，严禁无可靠措施的内外墙分砌施工。对抗震设防烈度为8度及以上地区，对不能同时砌筑而又必须留置的临时间断处应砌成斜槎（如下图），普通砖砌体斜槎水平投影长度不应小于高度的2/3，多孔砖砌体的斜槎长高比不应小于高度的1/2。斜槎高度不应超过一步脚手架的高度。

3. 非抗震设防及抗震设防烈度为6度、7度地区的临时间断处，当不能留斜槎时，除转角处外，可留直槎，但直槎必须做成凸槎，且应加设拉结钢筋。

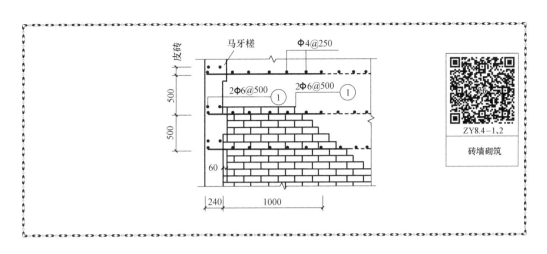

8.4.4　底部框架-抗震墙房屋抗震构造措施

底部框架-抗震墙房屋结构布置的抗震要求

1. 底部框架-抗震墙房屋的特点是：底层的承重构件是钢筋混凝土柔性框架，上部是砖墙承重的刚性多层砖房。底层的抗侧刚度比上部砖房小得多，底层柔上层刚，刚度急剧变化使房屋在地震作用下的侧移集中发生在底层，而上部各层的位移较小。地震时结构变形的大小是破坏程度的主要标志，地震位移反应相对集中于底层，从而引起底层的严重破坏，造成房屋倒塌，危及整个房屋的安全。因此底部框架-抗震墙房屋，应符合下列要求：

1）上部的砌体抗震墙与底部的框架梁或抗震墙应对齐或基本对齐。

2）房屋的底部，应沿纵横两个方向设置一定数量的抗震墙，并应均匀对称布置或基本均匀对称布置。6 度且总层数不超过 4 层的底部框架-抗震墙房屋，应允许采用嵌砌于框架之间的约束普通砖砌体或小砌块砌体抗震墙，但应计入砌体墙对框架的附加轴力和附加剪力；其余情况应采用钢筋混凝土抗震墙。

3）底层框架-抗震墙房屋的纵横两个方向，第二层与底层侧向刚度的比值，6、7度时不应大于 2.5，8 度时不应大于 2.0，且均不应小于 1.0。

4）底部两层框架-抗震墙房屋的纵横两个方向，底层与底部第二层侧向刚度应接近，第三层与底部第二层侧向刚度的比值，6、7 度时不应大于 2.5，8 度时不应大于 2.0，且均不应小于 1.0。

5）底部框架-抗震墙房屋的抗震墙应设置条形基础、筏形基础或桩基。

6）底部框架-抗震墙砌体房屋的底部，层高不应超过 4.5m；当底层采用约束砌体抗震墙时，底层的层高不应超过 4.2m。

知识链接

抗震墙是利用建筑物的墙体作为竖向承重和抵抗侧力的结构，也称为剪力墙。剪力墙实质上是固结于基础的钢筋混凝土墙片，具有很高的抗侧移能力。因其既承担竖向荷载，又承担水平荷载——剪力，故名剪力墙。一般情况下，剪力墙结构楼盖内不设梁，楼板直接支承在墙上，墙体既是承重构件，又起围护、分隔作用。为了减弱底部框架砖房底层柔上层刚现象的不利影响，底部框架-抗震墙房屋的底部必须设置一定数量的抗震墙。

特别提示

底部框架-抗震墙房屋，除应符合本模块规定外，尚应符合多层钢筋混凝土结构的有关规定；此时，底部框架-抗震墙房屋的框架和抗震墙的抗震等级，6、7、8度时可分别按三、二、一级采用。

2. 底部框架-抗震墙房屋的上部应设置钢筋混凝土构造柱，并应符合下列要求：

1）钢筋混凝土构造柱、芯柱的设置部位应根据房屋的总层数按表 8-7 规定设置，过渡层尚应在底部框架柱对应位置处设置构造柱。

2）构造柱截面不宜小于 240mm×240mm，构造柱的纵向钢筋不宜少于 4φ14，箍筋间距不宜大于 200mm。芯柱每孔插筋不应小于 1φ14，芯柱之间沿墙高每隔 400mm 设 φ4 焊接钢筋网片。

3）过渡层构造柱的纵向钢筋，6、7 度时不宜少于 4φ16，8 度时不宜少于 4φ18，过渡层芯柱的纵向钢筋，6、7 度时不宜少于每孔 1φ16，8 度时不宜少于每孔 1φ18，一般情况下，纵向钢筋应锚入下部的框架柱内；当纵向钢筋锚入框架梁内时框架梁的相应位置应加强。

4）构造柱应与每层圈梁连接，或与现浇板可靠拉结。

3. 上部抗震墙的中心线宜同底部框架梁、抗震墙的轴线相重合；构造柱宜与框架柱上下贯通。

4. 底部框架-抗震墙房屋的楼盖应符合下列要求：

1）过渡层的底板应采用现浇钢筋混凝土板，板厚不应小于 120mm；并应少开洞、开小洞，当洞口尺寸大于 800mm 时，洞口周边应设置边梁。

2）其他楼层，采用装配式钢筋混凝土楼板时均应设置现浇圈梁，当采用现浇钢筋混凝土板时允许不另设圈梁，但楼板沿墙体周边应加强配筋并应与相应的构造柱可靠连接。

5. 底部框架-抗震墙房屋的钢筋混凝土托梁，其截面和构造应符合下列要求：

1）梁的截面宽度不应小于 300mm，梁的截面高度不应小于跨度的 1/10。

2）箍筋的直径不应小于 8mm，间距不应大于 200mm；梁端在 1.5 倍梁高且不小于 1/5 梁净跨范围内，以及上部墙体的洞口处和洞口两侧各 500mm 且不小于梁高范围内，箍筋间距不应小于 100mm。

3）沿梁高应设置腰筋，数量不少于 2φ14，间距不应大于 200mm。

4）梁的主筋和腰筋应按受拉钢筋的要求锚固在柱内，且支座上部的纵向钢筋在柱内的锚固长度应符合钢筋混凝土框支梁的有关要求。

6. 底部的钢筋混凝土抗震墙，其截面和构造应符合下列构造要求：

1）抗震墙周边应设置梁（或暗梁）和边框柱（或框架柱）组成的边框；边框梁的截面宽度不小于墙板厚度的 1.5 倍，截面高度不宜小于板厚度的 2.5 倍；边框柱的截面高度不宜小于墙板厚度的 2 倍。

2）抗震墙板厚度不宜小于 160mm，且不小于墙板净高的 1/20；抗震墙宜开设洞口形成若干墙段，各墙段的高宽比不宜小于 2。

3）抗震墙的竖向和横向分布钢筋配筋率均不应小于 0.30%，并应采用双排布置；双排分布钢筋间的拉筋的间距不应大于 600mm，直径不应小于 6mm。

7. 底部框架-抗震墙房屋的底层采用约束砖砌体抗震墙时，其构造应符合下列要求：

1）墙厚不应小于 240mm，砌筑砂浆强度等级不应低于 M10，应先砌墙后浇框架。

2）沿框架柱每隔 300mm 配置 2φ8 水平钢筋和分布短筋平面内点焊组成的拉结网片，并沿砖墙全长设置；在墙体半高处尚应设置与框架相连的钢筋混凝土水平系梁。

3）墙长大于 4m 时，应在墙内增设钢筋混凝土构造柱。

8. 底部框架-抗震墙房屋的材料强度等级，应符合下列要求：

1）框架柱、抗震墙和托墙梁的钢筋混凝土强度等级不应低于 C30。

2）过渡层墙体的砌体块材强度等级不应低于 MU10，砖砌体砌筑砂浆强度等级，不应低于 M10，砌块砌体砌筑砂浆强度等级，不应低于 Mb10。

> **特别提示**
>
> 底部框架-抗震墙房屋的其他构造措施应符合本模块 8.4.2 和 8.4.3 的有关要求。

8.5　防止或减轻墙体开裂的主要措施

1. 在正常使用条件下，应在墙体中设置伸缩缝。伸缩缝应设在因温度和收缩变形可能引起应力集中、砌体产生裂缝可能性最大的地方。伸缩缝的间距可按表 8-11 采用。

2. 房屋顶层墙体宜根据情况采取下列措施：

1）屋面应设置保温、隔热层；

2）屋面保温（隔热）层或屋面刚性面层及砂浆找平层应设置分隔缝，分隔缝间距不宜大于 6m，并与女儿墙隔开，其缝宽不小于 30mm；

3）采用装配式有檩体系钢筋混凝土屋盖和瓦材屋盖；

4）顶层屋面板下设置现浇钢筋混凝土圈梁，并沿内外墙拉通，房屋两端圈梁下的墙体内宜设置水平钢筋；

砌体房屋伸缩缝的最大间距 (m)　　　　　　　　　　　　表 8-11

屋盖或楼盖类别		间　　距
整体式或装配整体式钢筋混凝土结构	有保温层或隔热层的屋盖、楼盖	50
	无保温层或隔热层的屋盖	40
装配式无檩体系钢筋混凝土结构	有保温层或隔热层的屋盖、楼盖	60
	无保温层或隔热层的屋盖	50
装配式有檩体系钢筋混凝土结构	有保温层或隔热层的屋盖	75
	无保温层或隔热层的屋盖	60
瓦材屋盖、木屋盖或楼盖、轻钢屋盖		100

注：对烧结普通砖、烧结多孔砖、配筋砌块砌体房屋取表中数值；对石砌体、蒸压灰砂砖、蒸压粉煤灰砖、混凝土砌块、混凝土普通砖和混凝土多孔砖房屋取表中数值乘以 0.8 的系数。当墙体有可靠外保温措施时，其间距可适当增大。

5）顶层墙体有门窗等洞口时，在过梁上的水平灰缝内设置 2～3 道焊接钢筋网片或 2φ6 钢筋，接钢筋网片或钢筋应伸入过梁两端墙内不小于 600mm；

6）顶层及女儿墙砂浆强度等级不低于 M7.5；

7）女儿墙应设置构造柱，构造柱间距不宜大于 4m，构造柱应伸至女儿墙顶并与现浇钢筋混凝土压顶整浇在一起。

3. 房屋底层墙体应根据情况采取下列措施：

1）增大基础圈梁的刚度；

2）在底层的窗台下墙体灰缝内设置 3 道焊接钢筋网片或 2φ6 钢筋，应伸入两边窗间墙内不小于 600mm；

3）块材高度大于 53mm 的墙体采用的预制窗台板不得嵌入墙内。

4. 对蒸压灰砂砖、蒸压粉煤灰砖、混凝土多孔砖、混凝土砌块或其他非烧结砖，宜在各层门、窗过梁上方的水平灰缝内及窗台下第一和第二道水平灰缝内设置焊接钢筋网片或 2φ6 钢筋，焊接钢筋网片或钢筋应伸入两边窗间墙内不小于 600mm。

当蒸压灰砂砖、蒸压粉煤灰砖、混凝土多孔砖、混凝土砌块或其他非烧结类块体砌体墙长大于 5m 时，宜在每层墙高度中部设置 2～3 道焊接钢筋网片或 3φ6 的通长水平钢筋，竖向间距为 500mm。

5. 房屋两端和底层第一、第二开间门窗洞处的裂缝，可采取下列措施：

1）在门窗洞口两侧不少于一个孔洞中设置不小于 1φ12 钢筋，钢筋应在楼层圈梁或基础锚固，并采用不低于 Cb20 灌孔混凝土灌实。

2）在门窗洞口两边的墙体的水平灰缝中，设置长度不小于 900mm、竖向间距为 400mm 的 2φ4 的焊接钢筋网片。

3）在顶层和底层设置通长钢筋混凝土窗台梁，窗台梁高宜为块高的模数，纵筋不少于 4φ10，箍筋 φ6@200，C20 混凝土。

6. 当房屋刚度较大时，可在窗台下或窗台角处墙体内设置竖向控制缝。在墙体高度或厚度突然变化处应设置竖向控制缝，或采取其他可靠的防裂措施。竖向控制缝的构造和嵌缝材料应能满足墙体平面外传力和防护的要求。

7. 蒸压灰砂砖、蒸压粉煤灰砖砌体宜采用粘结性好的砂浆砌筑，混凝土多孔砖、混凝土砌块砌体应采用砌块专用砂浆砌筑。

8.6　过梁和挑梁

8.6.1　过梁（GL）

1. 过梁的分类及适用范围

设置在门窗洞口上的梁叫过梁（图8-28）。它用以支承门窗上面部分墙砌体的自重，以及距洞口上边缘高度不太大的梁板传下来的荷载，并将这些荷载传递到两边窗间墙上，以免压坏门窗。过梁的种类主要有砖砌过梁（图8-29）和钢筋混凝土过梁（图8-30）两大类。

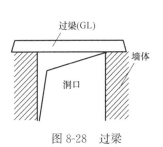

图 8-28　过梁

ZY8.5
过梁

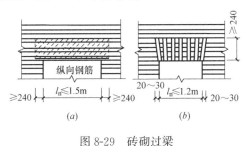

图 8-29　砖砌过梁

（a）钢筋砖过梁；（b）砖砌平拱过梁

图 8-30　钢筋混凝土过梁

（1）砖砌过梁

① 钢筋砖过梁

一般来讲，钢筋砖过梁的跨度不宜超过 1.5m，砂浆强度等级不宜低于 M5。钢筋砖过梁的施工方法是：在过梁下皮设置支撑和模板，然后在模板上铺一层厚度不小于 30mm 的水泥砂浆层，在砂浆层里埋入钢筋，钢筋直径不应小于 5mm，间距不宜大于 120mm。钢筋每边伸入砌体支座内的长度不宜小于 240mm。

② 砖砌平拱过梁

砖砌平拱过梁的跨度不宜超过 1.2m，砂浆的强度等级不宜低于 M5。

③ 砖砌弧拱过梁

砖砌弧拱过梁竖砖砌筑的高度不应小于 115mm（半砖）。弧拱最大跨度一般为 2.5~4m。砖砌弧拱由于施工较为复杂，目前较少采用。

> **施工相关知识**
>
> 　弧拱式及平拱式过梁的灰缝应砌成楔形缝，拱底灰缝宽度不宜小于5mm，拱顶灰缝宽度不应大于15mm，拱体的纵向及横向灰缝应填实砂浆。

（2）钢筋混凝土过梁（GL）

对于有较大振动或可能产生不均匀沉降的房屋，或当门窗宽度较大时，应采用钢筋混凝土过梁。钢筋混凝土过梁按受弯构件设计，其截面高度一般不小于180mm，截面宽度与墙体厚度相同，端部支承长度不应小于240mm，目前砌体结构已大量采用钢筋混凝土过梁，各地市均已编有相应标准图集供设计时选用。

> **施工相关知识**
>
> 　设计要求的洞口、沟槽、管道应于砌筑时正确留出或预埋，未经设计同意，不得打凿墙体。宽度超过300mm的洞口上部，应设置钢筋混凝土过梁。

2. 过梁的荷载

过梁的荷载，应按下列规定采用：

1）梁、板荷载

对砖和小型砌块砌体，当梁、板下的墙体高度 $h_w < l_n$ 时（l_n 为过梁的净跨），应计入梁、板传来的荷载。当梁、板下的墙体高度 $h_w \geq l_n$ 时，可不考虑梁、板荷载。

2）墙体荷载

（1）对砖砌体，当过梁上的墙体高度 $h_w < l_n/3$ 时，应按墙体的均布自重采用。当墙体高度 $h_w \geq l_n/3$ 时，应按高度为 $l_n/3$ 墙体的均布自重来采用；

（2）对混凝土砌块砌体，当过梁上的墙体高度 $h_w < l_n/2$ 时，应按墙体的均布自重采用。当墙体高度 $h_w \geq l_n/2$ 时，应按高度为 $l_n/2$ 墙体的均布自重来采用。

8.6.2　挑梁（TL）

楼面及屋面结构中用来支承阳台板、外伸走廊板、檐口板的构件即为挑梁，如图8-31所示。挑梁是一种悬挑构件，它除了要进行抗倾覆验算外，还应按钢筋混凝土受弯、受剪构件分别计算挑梁的纵筋和箍筋，此外，还要满足下列要求：

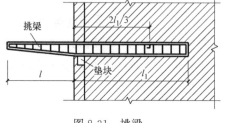

图 8-31　挑梁

① 挑梁埋入墙体内的长度 l_1 与挑出长度 l 之比宜大于1.2；当挑梁上无砌体时，l_1 与 l 之比宜大于2。

② 挑梁中的纵向受力钢筋配置在梁的上部，至少应有一半伸入梁尾端，且不少于 $2\phi12$，其余钢筋伸入墙体的长度不应小于 $\frac{2}{3}l_1$。

③挑梁下的墙砌体受到较大的局部压力，应进行挑梁下局部受压承载力验算。

> **特别提示**
>
> 1. 挑梁属于受弯构件，根部弯矩和剪力最大，纵向受拉钢筋配在上部。
> 2. 挑梁一般做成变截面梁。
> 3. 挑梁的抗倾覆验算公式见模块 6（雨篷），相关规定见《砌体结构设计规范》GB 50003—2011。

小　结

1. 混合结构房屋是用砌体作竖向承重构件和用钢筋混凝土作屋（楼）盖所组成的房屋承重结构体系。房屋的结构布置可分为四种方案：横墙承重体系，纵墙承重体系，纵、横墙共同承重体系，纵、横两个方向的空间刚度均比较好和内框架承重体系，横墙较少，房屋的空间刚度较差，因而抗震性能也较差。

2. 混合结构房屋是由屋盖、楼盖、墙、柱、基础等构件组成的一个空间受力体系，房屋空间工作性能的主要影响因素为楼盖（屋盖）的水平刚度和横墙间距的大小。

3. 在混合结构房屋内力计算中，根据房屋的空间工作性能，分为三种静力计算方案：

（1）刚性方案；（2）弹性方案；（3）刚弹性方案。在横墙满足了强度及稳定要求时，可根据屋盖及楼盖的类别、横墙间距，确定房屋的静力计算方案。

4. 墙、柱的高厚比验算是保证砌体房屋施工阶段和使用阶段稳定性与刚度的一项重要构造措施。

5. 多层砌体房屋的破坏主要发生在墙体、墙体转角处、楼梯间墙体、内外墙连接处、预制楼盖处及突出屋面的屋顶结构（如电梯机房、水箱间、女儿墙等）部位。

6. 多层砌体房屋和底部框架、内框架房屋的抗震一般规定有：房屋高度的限制、房屋最大高宽比的限制、抗震横墙间距的限制、房屋局部尺寸的限制。并注意房屋结构体系的要求。

7. 抗震构造措施是房屋抗震设计的重要组成部分，多层砖房的抗震构造措施主要有：

（1）适当部位设置钢筋混凝土构造柱；

（2）适当部位设置钢筋混凝土圈梁；

（3）墙体之间的可靠连接；

（4）构件要具有足够的搭接长度和可靠连接；

（5）加强楼梯间的整体性。

习　题

一、填空题

1. 地震造成墙体开裂的主要形式是_____。

2. 突出屋顶的楼梯间、女儿墙等附属结构，由于地震_____的影响，一般较下部主体结构破坏严重。

3. 房屋的总高度指_____的高度。

4. 某多层砌体房屋，采用装配整体式钢筋混凝土楼（屋）盖，抗震设防烈度为 7 度，该房屋的最大横墙间距应限制在_____ m。

5. 底部框架-抗震墙房屋的特点是：底层的承重构件是钢筋混凝土柔性框架，上部是砖墙承重的刚性多层砖房。底层的抗侧刚度比上部砖房小得多，因此底层_____上层_____。

6. 构造柱与墙连接处应砌成_____，并应沿墙高每隔500mm设2ϕ6拉结钢筋，每边伸入墙内不宜小于_____。构造柱可不单独设置基础，但应伸入室外地面下_____，或与埋深小于500mm的基础圈梁相连。

7. 设置钢筋混凝土圈梁是加强墙体的连接，提高楼（屋）盖刚度，抵抗地基_____，限制墙体裂缝开展，保证房屋_____，提高房屋抗震能力的有效构造措施。

8. 同一结构单元的基础（或桩承台），宜采用_____的基础，底面宜埋置在_____。

二、选择题（单选）

1. 混合结构房屋的空间刚度与（　　　）有关。

A. 屋盖（楼盖）类别、横墙间距　　　　B. 横墙间距、有无山墙

C. 有无山墙、施工质量　　　　D. 屋盖（楼盖）类别、施工质量

2. 砌体房屋的静力计算，根据（　　　）分为刚性方案、弹性方案和刚弹性方案。

A. 材料的强度设计值　　　　B. 荷载的大小

C. 房屋的空间工作性能　　　　D. 受力的性质

3. 在房屋的平面图中，楼梯间处在（　　　）位置对房屋抗震较有利。

A. 端部　　　　B. 中间　　　　C. 转角处　　　　D. 不影响

4. 在地震作用下，房屋的高宽比（　　　），越容易失稳倒塌。

A. 越大　　　　B. 越小　　　　C. 适中　　　　D. 不影响

5. 多层砌体房屋，设防烈度为7度，承重窗间墙最小宽度为（　　　）m。

A. 1.5　　　　B. 1　　　　C. 1.2　　　　D. 0.9

6. 现浇钢筋混凝土楼板或屋面板伸进纵、横墙内的长度，均不应小于（　　　）mm。

A. 100　　　　B. 80　　　　C. 120　　　　D. 150

三、简答题

1. 什么是高厚比？砌体房屋限制高厚比的目的是什么？

2. 圈梁有哪些作用？有哪些一般构造要求？

3. 砌体房屋中构造柱的作用是什么？

YT8

云题

装配式混凝土结构简介

模块 9

教学目标

通过本模块的学习，使学生掌握装配式结构的基本概念，并能够认识常见的预制混凝土构件。

教学要求

能 力 目 标	相 关 知 识
掌握装配式结构的概念及装配式混凝土结构的分类	1. 装配式结构的概念； 2. 装配式混凝土结构的分类
掌握常见的预制混凝土构件	常见的预制混凝土构件

相关政策

为全面推进装配式建筑发展，2016 年 9 月，国务院发布了《国务院办公厅关于大力发展装配式建筑的指导意见》（国办发〔2016〕71 号）；2017 年 3 月住房和城乡建设部发布了《"十三五"装配式建筑行动方案》、《装配式建筑示范城市管理办法》、《装配式建筑产业基地管理办法》。

《国务院办公厅关于大力发展装配式建筑的指导意见》指出：装配式建筑是用预制部品部件在工地装配而成的建筑。发展装配式建筑是建造方式的重大变革，是推进供给侧结构性改革和新型城镇化发展的重要举措，有利于节约资源能源、减少施工污染、提升劳动生产效率和质量安全水平，有利于促进建筑业与信息化工业化深度融合、培育新产业新动能、推动化解过剩产能。近年来，我国积极探索发展装配式建筑，但建造方式大多仍以现场浇筑为主，装配式建筑比例和规模化程度较低，与发展绿色建筑的有关要求以及先进建造方式相比还有很大差距。

《"十三五"装配式建筑行动方案》进一步明确了阶段性工作目标，即到 2020 年，全国装配式建筑占新建建筑的比例达到 15% 以上，其中重点推进地区达到 20% 以上，积极推进地区达到 15% 以上，鼓励推进地区达到 10% 以上，鼓励各地制定更高的发展目标。建立健全装配式建筑政策体系、规划体系、标准体系、技术体系、产品体系和监管体系，形成一批装配式建筑设计、施工、部品部件规模化生产企业和工程总承包企业，形成装配式建筑专业化队伍，全面提升装配式建筑质量、效益和品质，实现装配式建筑全面发展。根据《"十三五"装配式建筑行动方案》，到 2020 年，培育 50 个以上装配式建筑示范城市，200 个以上装配式建筑产业基地，500 个以上装配式建筑示范工程，建设 30 个以上装配式建筑科技创新基地，充分发挥示范引领和带动作用。

ZY9.1-1、2

住宅产业化

《装配式建筑示范城市管理办法》则明确了示范城市的申请、评审、认定、发布和监督管理的各项要求。示范城市是指在装配式建筑发展过程中，具有较好的产业基础，并在装配式建筑发展目标、支持政策、技术标准、项目实施、发展机制等方面能够发挥示范引领作用的城市。

ZY9.2

装配式结构

《装配式建筑产业基地管理办法》明确了产业基地是指具有明确的发展目标、较好的产业基础、技术先进成熟、研发创新能力强、产业关联度大、注重装配式建筑相关人才培养培训、能够发挥示范引领和带动作用的装配式建筑相关企业，主要包括装配式建筑设计、部品部件生产、施工、装备制造、科技研发等企业。

9.1　装配式混凝土结构概述

9.1.1　装配式混凝土结构的概念

装配式混凝土结构是由预制混凝土构件通过可靠的连接方式装配而成的混凝土结构，包括装配整体式混凝土结构、全装配混凝土结构等。在建筑工程中，简称装配式建筑；在结构工程中，简称装配式结构。装配整体式混凝土结构是指由预制混凝土构件通过可靠的方式进行连接并与现场后浇混凝土、水泥基灌浆料形成整体的装配式混凝土结构，简称装配整体式结构。

271

9.1.2　装配式整体混凝土结构的分类

1. 装配整体式混凝土框架结构

装配整体式混凝土框架结构，即全部或部分框架梁、柱采用预制构件构建成的装配整体式混凝土结构，简称装配整体式框架结构，如图 9-1 所示。

ZY9.3
装配式构件

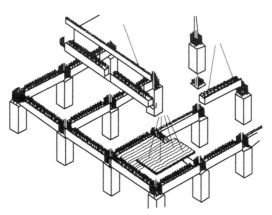

图 9-1　装配整体式混凝土框架结构

ZY9.4
装配式构件
产品介绍

2. 装配整体式混凝土剪力墙结构

装配整体式混凝土剪力墙结构，即全部或部分剪力墙采用预制墙板构建成的装配整体式混凝土结构，简称装配整体式剪力墙结构，如图 9-2 所示。

3. 装配整体式混凝土框架-现浇剪力墙结构

装配整体式混凝土框架-现浇剪力墙结构由装配整体式框架结构和现浇剪力墙（现浇核心筒）两部分组成。这种结构形式中的框架部分采用与预制装配整体式框架结构相同的预制装配技术，使预制装配框架技术在高层及超高层建筑中得以应用。鉴于对该种

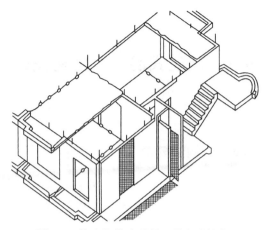

图 9-2　装配整体式混凝土剪力墙结构

结构形式的整体受力研究不够充分，目前，装配整体式混凝土框架-现浇剪力墙结构中的剪力墙只能采用现浇。

9.1.3　装配整体式混凝土结构的适用范围

根据《装配式混凝土结构技术规程》JGJ 1—2014 的规定，装配整体式结构房屋的最大适用高度见表 9-1，最大高宽比见表 9-2。

装配整体式结构房屋的最大适用高度（m）　　　　　表 9-1

结构类型	抗震设防烈度			
	6 度	7 度	8 度（0.2g）	8 度（0.3g）
装配整体式框架结构	60	50	40	30
装配整体式框架-现浇剪力墙结构	130	120	100	80
装配整体式剪力墙结构	130(120)	110(100)	90(80)	70(60)
装配整体式部分框支剪力墙结构	110(100)	90(80)	70(60)	40(30)

注：房屋高度指室外地面到主要屋面的高度，不包括局部突出屋顶的部分。

高层装配整体式结构适用的最大高宽比　　　　　表 9-2

结构类型	抗震设防烈度	
	6 度、7 度	8 度
装配整体式框架结构	4	3
装配整体式框架-现浇剪力墙结构	5	5
装配整体式剪力墙结构	6	5

9.2　预制混凝土构件概述

9.2.1　预制混凝土（受力）构件简介

装配整体式混凝土结构常用的预制构件有预制混凝土框架柱、预制混凝土叠合梁、预制混凝土剪力墙外墙板、预制混凝土剪力墙内墙板、预制混凝土钢筋桁架叠合楼板、预制带肋底板混凝土叠合楼板、预制混凝土楼梯板、预制混凝土阳台板、预制混凝土空调板、预制混凝土女儿墙、预制混凝土外墙挂板等。这些主要受力构件通常在工厂预制加工完成待强度符合规定要求后，再进行现场装配施工。

1. 预制混凝土框架柱

预制混凝土框架柱（图9-3）是建筑物的主要竖向结构受力构件，一般采用矩形截面。

2. 预制混凝土叠合梁

预制混凝土叠合梁是由预制混凝土底梁（或既有混凝土底梁）和后浇混凝土组成，分两阶段成型的整体受力水平结构受力构件（图9-4），其下部分在工厂预制，上部分在工地叠合浇筑混凝土。

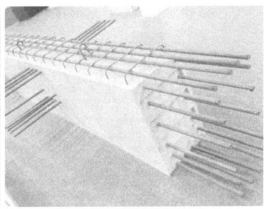

图9-3 预制混凝土框架柱　　　　　　图9-4 预制混凝土叠合梁

3. 预制混凝土剪力墙墙板

1）预制混凝土剪力墙外墙板

预制混凝土剪力墙外墙板（图9-5）是指在工厂预制而成的，内叶板为预制混凝土剪力墙、中间夹有保温层、外叶板为钢筋混凝土保护层的预制混凝土夹心保温剪力墙墙板，简称预制混凝土剪力墙外墙板。内叶板侧面在施工现场通过预留钢筋与现浇剪力墙边缘构件连接，底部通过钢筋灌浆套筒与下层预制剪力墙预留钢筋相连。

2）预制混凝土剪力墙内墙板

预制混凝土剪力墙内墙板（图9-6）是指在工厂预制成的混凝土剪力墙构件。预制混凝土剪力墙内墙板侧面在施工现场通过预留钢筋与现浇剪力墙边缘构件连接，底部通过钢筋灌浆套筒与下层预制剪力墙预留钢筋相连。

4. 预制混凝土叠合楼板

预制混凝土叠合楼板最常见的主要有两种，一种是预制混凝土钢筋桁架叠合板，另一种是预制带肋底板混凝土叠合楼板。

1）预制混凝土钢筋桁架叠合板（图9-7）属于半预制构件，下部为预制混凝土板，上部外露部分为桁架钢筋。预制混凝土叠合板的预制部分最小厚度为3～6cm，叠合楼板在工地安装到位后应进行二次浇筑，从而成为整体实心楼板。钢筋桁架的主要作用是将后浇筑的混凝土层与预制底板形成整体，并在制作和安装过程中提供刚度。

图 9-5　预制混凝土剪力墙外墙板

图 9-6　预制混凝土剪力墙内墙板

图 9-7　预制混凝土钢筋桁架叠合板

2）预制带肋底板混凝土叠合楼板（图 9-8）

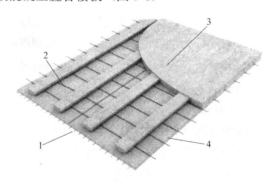

图 9-8　预制带肋底板混凝土叠合楼板

1—纵向预应力钢筋；2—横向穿孔钢筋；3—后浇层；4—PK 叠合板的预制底板

5．预制混凝土楼梯板

预制混凝土楼梯板（图 9-9）受力明确、外形美观，避免了现场支模，安装后可作为施工通道，节约了施工工期。

图 9-9　预制混凝土楼梯板

6. 预制混凝土阳台板、预制混凝土空调板、预制混凝土女儿墙

1）预制混凝土阳台板

预制混凝土阳台板（图 9-10）能够克服现浇阳台支模复杂，现场高空作业费时、费力以及高空作业时的施工安全问题。

图 9-10　预制混凝土阳台板

2）预制混凝土空调板

预制混凝土空调板通常采用预制实心混凝土板，板顶预留钢筋通常与预制叠合板现浇层相连。

3）预制混凝土女儿墙

预制混凝土女儿墙处于屋顶处外墙的延伸部位，通常有立面造型，采用预制混凝土女儿墙的优势是安装快速，节省工期。

9.2.2　常用非承重预制混凝土构件

围护构件是指围合、构成建筑空间，抵御环境不利影响的构件，外围护墙用来抵御风雨、温度变化、太阳辐射等，应具有保温、隔热、隔声、防水、防潮、耐火、耐久等性能。预制内隔墙起分隔室内空间的作用，应具有隔声、隔视线以及某些特殊要求的性能。

1. PC 外围护墙板

PC 外围护墙板是指预制商品混凝土外墙构件，包括预制混凝土叠合（夹心）墙板、预制混凝土夹心保温外墙板和预制混凝土外墙挂板等。外围护墙板除应具有隔声与防火的功能外，还应具有隔热、保温、抗渗、抗冻融、防碳化等作用和满足建筑艺术装饰的要求。外围护墙板可采用轻集料单一材料制成，也可采用复合材料（结构层、保温隔热层和饰面层）制成。

PC外围护墙板采用工厂化生产，现场进行安装的施工方法，具有施工周期短、质量可靠（对防止裂缝、渗漏等质量通病十分有效）、节能环保（耗材少，减少扬尘和噪声等）、工业化程度高及劳动力投入量少等优点，在国内外的住宅建筑上得到了广泛运用。

PC外围护墙板生产中使用了高精密度的钢模板，模板的一次性摊销成本较高，如果施工建筑物外形变化不大，且外墙板生产数量大，模具通过多次循环使用后成本可以下降。

根据制作结构不同，预制外墙结构可分为预制混凝土夹心保温外墙板和预制混凝土非保温外墙挂板。

1）预制混凝土夹心保温外墙板

预制混凝土夹心保温外墙板是集承重、围护、保温、防水、防火等功能于一体的重要装配式预制构件，由内叶墙板、保温材料、外叶墙板三部分组成（图9-11）。

图9-11 预制混凝土夹心保温外墙板构造图

预制混凝土夹心保温外墙板宜采用平模工艺生产，生产时，一般先浇筑外叶墙板混凝土层，再安装保温材料和拉结件，最后浇筑内叶墙板混凝土，这可以使保温材料与结构同寿命。当采用立模工艺生产时，应同步浇筑内、外叶墙板混凝土层，并应采取保证保温材料及拉结件位置准确的措施。

2）预制混凝土非保温外墙挂板

预制混凝土非保温外墙挂板是在预制车间加工并运输到施工现场吊装的钢筋混凝土外墙板，在板底设置预埋铁件，通过与楼板上的预埋螺栓连接达到底部固定，再通过连接件达到顶部与楼板的固定（图9-12）。其在工厂采用工业化生产，具有施工速度快、质量好、维修费用低的特点。其根据工程需要可以设计成集外装饰、保温、墙体围护于一体的复合保温外墙挂板，也可以作为复合墙体的外装饰挂板。

预制混凝土非保温外墙挂板可充分体现大型公共建筑外墙独特的表现力。预制混凝土非保温外墙挂板必须具有防火、耐久性等基本性能，同时，还要求造型美观、施工简便、环保节能等。

2. 预制内隔墙板

预制内隔墙板按成型方式可分为挤压成型墙板和立模（平模）浇筑成型墙板两种。

1）挤压成型墙板

挤压成型墙板，也称预制条形墙板，是在预制工厂将搅拌均匀的轻质材料料浆，使用挤压成型机通过模板（模腔）成型的墙板（图9-12）。按断面不同，其可分为空心板、实心板两类。在保证墙板承载和抗剪的前提下，将墙体断面做成空心，可以有效降低墙体的重量，并通过墙体空心处空气的特性提高隔断房间内的保温、隔声效果。门边板端部为实心板，实心宽度不得小于 100mm。对于没有门洞的墙体，应从墙体一端开始沿墙长方向顺序排板；对于有门洞的墙体，应从门洞口开始分别向两边排板。当墙体端部的墙板不足一块板宽时，应设计补板。

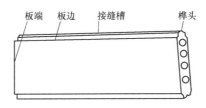

图 9-12　挤压成型空心墙板

2）立模（平模）浇筑成型墙板

立模（平模）浇筑成型墙板，也称预制混凝土整体内墙板，是在预制车间按照所需的样式使用钢模具拼接成型，浇筑或摊铺混凝土制成的墙体。

根据受力不同内墙板使用单种材料或者多种材料加工而成。将聚苯乙烯泡沫板材、聚氨酯、无机墙体保温隔热材料等轻质材料填充到墙体中，可以减少混凝土用量，绿色环保，减少室内热量与外界的交换，增强墙体的隔声效果，并通过墙体自重的减轻而降低运输和吊装的成本。

小　结

1. 装配式混凝土结构是由预制混凝土构件通过可靠的连接方式装配而成的混凝土结构，包括装配整体式混凝土结构、全装配混凝土结构等。在建筑工程中，简称装配式建筑；在结构工程中，简称装配式结构。

2. 装配整体式混凝土结构是指由预制混凝土构件通过可靠的方式进行连接并与现场后浇混凝土、水泥基灌浆料形成整体的装配式混凝土结构，简称装配整体式结构。

3. 装配整体式混凝土框架结构，即全部或部分框架梁、柱采用预制构件构建成的装配整体式混凝土结构，简称装配整体式框架结构。

4. 装配整体式混凝土剪力墙结构，即全部或部分剪力墙采用预制墙板构建成的装配整体式混凝土结构，简称装配整体式剪力墙结构。

5. 装配整体式混凝土框架-现浇剪力墙结构由装配整体式框架结构和现浇剪力墙（现浇核心筒）两部分组成。

6. 装配式混凝土结构常用的预制构件有预制混凝土框架柱、预制混凝土叠合梁、预制混凝土剪力墙外墙板、预制混凝土剪力墙内墙板、预制混凝土钢筋桁架叠合楼板、预制带肋底板混凝土叠合楼板、预制混凝土楼梯板、预制混凝土阳台板、预制混凝土空调板、预制混凝土女儿墙、预制混凝土外墙挂板等。

7. 常用非承重预制混凝土构件主要有：PC 外围护墙板包括预制混凝土叠合（夹心）墙板、预制混凝土夹心保温外墙板和预制混凝土非保温外墙挂板；预制内隔墙板按成型方式可分为挤压成型墙板和立模（平模）浇筑成型墙板两种。

习　题

一、填空题

1. 装配式结构是由预制混凝土构件通过可靠的方式装配而成的混凝土结构，包括_____、_____等。

2. 预制混凝土剪力墙外墙板，内叶板侧面在施工现场通过_____连接，底部通过_____与下层预制剪力墙预留钢筋相连。

3. 预制混凝土夹心保温外墙板是集承重、围护、保温、防水、防火等功能于一体的重要装配式预制构件，由_____、_____、_____三部分组成。

二、选择题

1. 在《装配式混凝土结构技术规程》JGJ 1—2014 中多层剪力墙结构设计适用于不高于（　　）层，建筑设防类别为（　　）。

A. 8 层，甲类　　　　　　　　　　B. 6 层，乙类

C. 7 层，甲类　　　　　　　　　　D. 6 层，丙类

2. 在下列选项中，剪力墙结构体系和技术要点匹配正确的是（　　）。

A. 装配整体式剪力墙结构工业化程度很高，一般应用于高层建筑

B. 叠合剪力墙结构一般国外应用较多，施工速度快，一般应用于南方地区

C. 多层装配式剪力墙结构工业化程度一般，施工速度快，应用于多层建筑

D. 将装配整体式剪力墙应用与多层剪力墙结构体系，真正做到工业化生产、施工

3. 建筑设计标准化的流程一般为（　　）。

A. 装配式结构方案，钢筋表，构件库，深化与拆分，自动加工，自动出拆分图

B. 钢筋表，装配式结构方案，深化与拆分，构件库，自动加工，自动出拆分图

C. 构件库，装配式结构方案，深化与拆分，钢筋表，自动加工，自动出拆分图

D. 构件库，钢筋表，深化与拆分，装配式结构方案，自动加工，自动出拆分图

4. 抗震设防烈度 8 度（0.2g）区，装配整体式剪力墙结构的最大适用高度是（　　）m。

A. 80　　　　　　　　　　　　　　B. 100

C. 70　　　　　　　　　　　　　　D. 90

三、判断题

1. 剪力墙结构的装配特点是通过后浇混凝土连接梁、板、柱以形成整体，柱下口通过套筒灌浆

连接。 (　　)

2. 预制混凝土框架结构有两种连接方式：等同现浇结构（柔性连接），大部分节点位置采用现浇的柔性连接；不等同现浇结构（刚性连接），楼梯等部位采用刚性连接。 (　　)

3. 抗震设防烈度 6 度区，装配式混凝土框架结构的最大使用高度是 60m。 (　　)

四、问答题

1. 什么是装配式混凝土结构?

2. 什么是装配式剪力墙结构?

3. 装配式混凝土结构常用预制构件有哪些?

YT9

云题

附录 B 钢筋下料长度的计算方法

工程中要计算钢筋的下料长度，并计算用钢量，其计算办法如下：

1. 直钢筋

带肋的直钢筋按实际长度计算。光面的直钢筋两端有标准弯钩，弯钩长度是 $6.25d$，则钢筋的总长度为实际长度 $+12.5d$，如图所示。

2. 弯起钢筋的计算

弯起钢筋的高度以钢筋的外皮至外皮的距离为控制尺寸，弯折段的斜长是 $\dfrac{高度-d}{\sin\theta}$；一般当弯折角 $\theta=45°$ 时，斜长 $=\sqrt{2}$（高度 $-d$）。

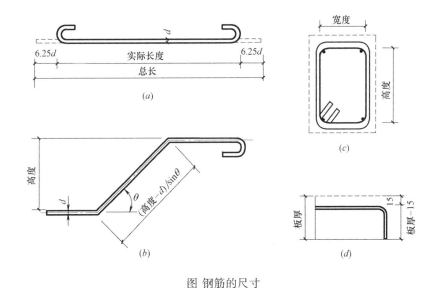

图 钢筋的尺寸

（a）直钢筋；（b）箍筋；（c）弯起钢筋；（d）板的上部钢筋

3. 箍筋的计算

箍筋的宽度和高度以箍筋的外皮至外皮的距离计算，即箍筋的宽度为构件的宽度 $b-2$ 倍保护层厚度，箍筋的高度为构件的高度 $h-2$ 倍保护层厚度。

4. 板上部钢筋的计算

板上部钢筋端部宜做成直钩，以便撑在模板上，直钩的高度为板厚 $-$ 保护层厚度。

附录 C　常用混凝土与砌体结构符号

1. 材料性能符号

E_c	混凝土的弹性模量
E_s	钢筋的弹性模量
C30	立方体抗压强度标准值为 30N/mm^2 的混凝土强度等级
f_{yk}，f_{pyk}	普通钢筋、预应力钢筋屈服强度标准值
f_y，f_y'	普通钢筋抗拉、抗压强度设计值
f_{py}，f_{py}'	预应力筋抗拉、抗压强度设计值
f_{ck}，f_c	混凝土轴心抗压强度标准值、设计值
f_{tk}，f_t	混凝土轴心抗拉强度标准值、设计值
f_u	混凝土极限抗拉强度
f_{cu}	混凝土立方体抗压强度
f_{yv}	箍筋的抗拉强度设计值
f_u/f_y	钢筋的强度储备的强屈比
δ	钢筋的伸长率
HRB500	强度级别为 500N/mm^2 的普通热轧带肋钢筋
HRBF400	强度级别为 400N/mm^2 的细晶粒热轧带肋钢筋
HPB300	强度级别为 300N/mm^2 的热轧光圆钢筋
RRB400	强度级别为 400N/mm^2 的余热处理带肋钢筋
M	砂浆的强度等级
Mb	混凝土砖、混凝土砌块砌筑砂浆的强度等级
Ms	蒸压灰砂普通砖和蒸压粉煤灰专用砌筑砂浆强度等级
MU	砖、石材、砌块的强度等级
Cb	混凝土砌块灌孔混凝土的强度等级
f	砌体强度设计值

2. 作用和作用效应

S	作用效应
R	构件的截面抗力
N	轴向力设计值
M	弯矩设计值
M_u	构件的正截面受弯承载力设计值
V	剪力设计值
γ_s	钢筋材料的分项系数
γ_c	混凝土的材料分项系数
f_{max}	荷载效应标准组合下,考虑荷载长期作用的影响后受弯构件的最大挠度
ω_{max}	构件最大裂缝宽度

3. 几何参数

h'_f	T 形截面的翼缘高度
b'_f	T 形截面的翼缘宽度
A	构件截面面积
b	矩形截面宽度,T 形、I 形截面的腹板宽度
c	混凝土保护层厚度
d	钢筋的公称直径(简称直径)或圆形截面的直径
s	沿构件轴线方向上横向钢筋的间距、螺旋筋的间距或箍筋的间距
x	混凝土受压区高度
h	截面高度
h_0	截面有效高度
h_w	截面的腹板高度
l_0	计算跨度或计算长度
l_n	净跨
l_c	约束边缘构件沿墙肢的长度
A_s, A'_s	受拉区、受压区纵向普通钢筋的截面面积
A_{sv1}	单肢箍筋的截面面积
l_{ab}	钢筋的基本锚固长度
l_l	纵向受拉钢筋的最小搭接长度
l_a	受拉钢筋的锚固长度
l_{abE}	钢筋的抗震基本锚固长度
l_{aE}	受拉钢筋的抗震锚固长度
l_{lE}	纵向受拉钢筋的最小抗震搭接长度
B	受弯构件的截面刚度
I	截面惯性矩
W	截面受拉边缘的弹性抵抗矩

4. 计算系数及其他

λ	计算截面的剪跨比，即 $M/(Vh_0)$
ρ	纵向受力钢筋的配筋率
ϕ	表示钢筋直径的符号，$\phi20$ 表示直径为 20mm 的钢筋
ξ_a	钢筋锚固长度修正系数
α	锚固钢筋的外形系数
ξ_l	纵向受拉钢筋搭接长度修正系数
α_s	计算截面的抵抗矩系数
λ_v	配箍特征值
ρ_{sv}	箍筋的配筋率
ξ	相对受压区高度
γ_0	结构重要性系数
β	墙、柱高厚比

附录 D　常用混凝土与砌体结构专业英语词汇

1. 土木工程	civil engineering	
2. 房屋建筑	building architectural（建筑，建筑学的）	
工业建筑	industrial building	
建筑工程	building engineering	
3. 作用	action	
永久作用	permanent action	
可变作用	variable action	
偶然作用	accidental action	
作用代表值	representative value of an action	
作用标准值	characteristic value of an action	
作用准永久值	quasi-permanent value of an action	
作用组合值	combination value of actions	
作用分项系数	partial safety factor for action	
作用设计值	design value of an action	
作用组合值系数	coefficient for combination value of actions	
作用效应	effects of actions	
4. 荷载	load	
恒荷载	dead load	
活荷载	live load	
线分布力	force per unit length	
面分布力	force per unit area	
体分布力	force per unit volume	
自重	self weight	
施工荷载	site load	
地震作用	earthquake action	
风荷载	wind load	
风振	wind vibration	
雪荷载	snow load	
吊车荷载	crane load	
楼面、屋面活荷载	floor live load；roof live load	
跨中荷载	midspan load	

285

集中荷载	concentrated load
均布荷载	uniformly distribution load
5. 承载的	bearing
承重墙	bearing wall
承载能力	bearing capacity
受压承载能力	compressive capacity
受拉承载能力	tensile capacity
受剪承载能力	shear capacity
受弯承载能力	flexural capacity
受扭承载能力	torsional capacity
抗力	resistance
6. 混凝土	concrete
素混凝土	plain concrete
钢筋混凝土	reinforced concrete
预应力混凝土	prestressed concrete
立方体强度	cubic strength
收缩	shrinkage
徐变	creep
水泥	cement
混凝土保护层	cover to reinforcement
裂缝	crack
微裂缝	fine crack
混凝土搅拌车	mix tracks
7. 砖	brick
实心砖	solid brick
空心砖	hollow brick
烧结普通转	fired common brick
烧结多孔转	fired perforated brick
混凝土小型空心砌块	concrete small hollow block
混凝土砌块灌孔混凝土	grout for concrete small hollow block
砂浆	mortar
混凝土砌块砌筑砂浆	mortar for concrete small hollow block
8. 钢筋	steel bar
预应力钢筋	prestressing tendon
光面钢筋	plain bar
变形钢筋	deformed bar
冷轧带肋钢筋	cold-rolled ribbed bar

冷轧扭钢筋	cold-rolled twisted bar
受力钢筋	main reinforcement
分布钢筋	distribution reinforcement
箍筋	stirrups
弯起钢筋	bent bar
架立钢筋	auxiliary steel bar
钢丝	steel wire
箍筋间距	stirrup spacing
配筋率	reinforcement ratio
配箍率	stirrup ratio
钢筋锚固长度	anchorage length of steel bar
连接	connection
搭接	overlap
钢筋搭接	bar splicing
焊接	welding
铆接	rivet
屈服	yield
屈服点	yield point
屈服荷载	yield load
屈服极限	limit of yielding
屈服强度	yield strength
屈服强度下限	lower limit of yield
9. 计算简图	calculating diagram
固定支承	fixed and support
不动铰支座	unmoveable hinge support
可动铰支座	moveable hinge support
中性轴	neutral axis
约束	constraint
反力	reaction
10. 力学	mechanics
内力	internal force
力矩	moment
拉力	tension
拉应力	tensile stress
剪力	shear
强度	strength
轴向力	normal force

	弯矩	bending moment
	扭矩	torque
11.	应力	stress
	正应力	normal stress
	剪应力	shear stress; tangential stress
	预应力	pre-stress
	压应力	compressive stress
12.	应变	strain
	极限应变	ultimate strain
13.	刚度	stiffness
14.	强度	strength
	抗压强度	compressive strength
	抗拉强度	tensile strength
	抗剪强度	shear strength
	抗弯强度	flexural strength
	屈服强度	yield strength
15.	稳定性	stability
	砌体墙、柱高厚比	ratio of hight to sectional thickness of wall or column
16.	变形	deformation
	弹性变形	elastic deformation
	塑性变形	plastic deformation
	位移	displacement
	挠度	deflection
17.	可靠性	reliability
	安全性	safety
	适用性	serviceability
	耐久性	durability
	设计基准期	design reference period
	可靠概率	probability of survival
	失效概率	probability of failure
	可靠指标	reliability index
18.	极限状态设计法	limit states method
	极限状态	limit states
	极限状态方程	limit state equation
	承载能力极限状态	ultimate limit states
	正常使用极限状态	serviceability limit states
	分项系数	partial safety factor

288

19. 计算机辅助设计	computer-aided design
20. 构件	member
围护结构，围隔	enclosure
外墙	exterior wall
阳台	balcony
窗台	apron
楼梯	stairs
梁	beam；girder
板	slab；plate
柱	column
墙	wall
雨篷	canopy
挑梁	cantilever beam
构造柱	constructional column
圈梁	ring beam
马牙槎	joint motor
板式楼梯	cranked slab stairs
桩	pile
21. 刚架（刚构）	rigid frame
框架	frame
排架	bent frame
壳	shell
桁架	truss
屋架	roof truss
节点	joint
22. 楼板	floor
预制板	pre-cast slab
双向配筋	two-way reinforcement
23. 梁	beam
简支梁	simply supported beam
悬臂梁	cantilever beam
两端固定梁	beam fixed at both ends
连续梁	continuous beam
叠合梁	superposed beam
主梁	main beam
次梁	secondary beam
24. 基础	foundation

地基	foundation soil; sub grade; sub base; ground
扩展（扩大）基础	spread foundation
刚性基础	rigid foundation
独立基础	single footing
条形基础	strip foundation
箱形基础	box foundation
筏形基础	raft foundation
桩基础	pile foundation
平板基础	slab foundation
扩展基础	spread foundation
25. 结构	structure
结构计算	structural calculation
上部结构	superstructure
静定结构	basic structure
超静定结构	ultra-basic structure
木结构	timber structure
砌体结构	masonry structure
配筋砌体结构	reinforced masonry structure
钢结构	steel structure
混凝土结构	concrete structure
特种工程结构	special engineering structure
混合结构	mixed structure
框架结构	frame structure
拱结构	arch structure
剪力墙结构	shear wall structure
框架—剪力墙结构	frame-shear wall structure
筒体结构	tube structure
26. 地震	earthquake
震源	earthquake focus
震中	earthquake epicenter
震中距	epicentral distance
地震震级	earthquake magnitude
地震烈度	earthquake intensity
地震区	earthquake zone
地震的	seismic
延性	ductility
27. 伸缩缝	expansion and contraction joint
28. 沉降缝	settlement joint
29. 防震缝	seismic joint

多媒体知识点索引

序号	章	节	码号	资源名称	类型	页码
30	模块3	3.1	ZY3.1	简支梁	视频	67
31			ZY3.2	悬挑梁	视频	67
32			ZY3.3	梁内的钢筋	图片	69
33			ZY3.4	适筋梁受弯试验	视频	76
34			ZY3.5	超筋梁受弯试验	视频	77
35			ZY3.6	少筋梁受弯试验	视频	77
36			ZY3.7	剪压破坏	视频	90
37			ZY3.8	斜压破坏	视频	91
38			ZY3.9	斜拉破坏	视频	91
39		3.2	ZY3.10	单向板配筋	图片	98
40			ZY3.11	双向板配筋	PDF	102
41		3.3	ZY3.12	钢筋混凝土楼盖	视频	104
42			ZY3.13	井字梁	视频	105
43			ZY3.14	无梁楼盖	图片	105
44			ZY3.15-1	空心楼盖	PDF	113
			ZY3.15-2	空心楼盖(现浇混凝土 SHK 专利)	视频	
45		3.4	ZY3.16	楼梯的类型	PDF	118
46			ZY3.17	平台梁	视频	120
47		—	YT3	云题	习题	125
48	模块4	4.1	ZY4.1-1	偏心受压柱的破坏(小偏心)	视频	136
			ZY4.1-2	偏心受压柱的破坏(大偏心)	视频	
49		4.2	ZY4.2	框架结构的组成	PDF	137
50		4.4	ZY4.3-1	框架梁	视频	144
			ZY4.3-2	框架梁(配筋)	PDF	
51			ZY4.4	框架梁、板的配筋	PDF	150
52			ZY4.5-1	框架柱	视频	151
			ZY4.5-2	框架柱(钢筋)	视频	
			ZY4.5-3	框架柱(钢筋)	PDF	
53			ZY4.6	框架柱的破坏	PDF	154
54			ZY4.7-1	框架柱的施工(支模构造)	视频	156
			ZY4.7-2	框架柱的施工(设置轴线、边线、控制线等)	视频	
			ZY4.7-3	框架柱的施工(纵筋定位)	图片	
55			ZY4.8	框架节点钢筋构造	视频	159
56			ZY4.9	施工现场框架节点钢筋	PDF	162
57		—	YT4	云题	习题	189

序号	章	节	码号	资源名称	类型	页码
58	模块5	—	ZY5.1	剪力墙结构施工图	PDF	191
59		5.1	ZY5.2	剪力墙墙身及边缘构件配筋	PDF	195
60			ZY5.3	剪力墙支模构造	视频	195
61			ZY5.4-1	约束边缘翼墙 YBZ(L形)	视频	197
			ZY5.4-2	约束边缘翼墙 YBZ(T形)	视频	
			ZY5.4-3	约束边缘翼墙 YBZ(端柱)	视频	
62			ZY5.5-1	构造边缘转角墙 GBZ(L形)	视频	198
			ZY5.5-2	构造边缘转角墙 GBZ(T形)	视频	
			ZY5.5-3	构造边缘转角墙 GBZ(端柱)	视频	
63			ZY5.6	剪力墙矩形洞口配筋	PDF	201
64		—	YT5	云题	习题	211
65	模块6	6.2	ZY6.1	雨篷	视频	220
66		—	YT6	云题	习题	224
67	模块7	—	ZY7.1	预应力混凝土材料介绍	PDF	226
68		7.2	ZY7.2	先张法	视频	230
69			ZY7.3	后张法	视频	230
70		7.3	ZY7.4	预应力混凝土材料	PDF	231
71			ZY7.5	先张法端部螺旋筋	PDF	236
72			YT7	云题	习题	239
73	模块8	—	ZY8.1	汶川地震的震害资料	PDF	241
74		8.4	ZY8.2	构造柱	视频	253
75			ZY8.3	圈梁	视频	256
76			ZY8.4-1	砖墙砌筑(留置斜槎)	视频	261
			ZY8.4-2	砖墙砌筑(留置直槎)	视频	
77		8.5	ZY8.5	过梁	视频	265
78			ZY8.6	挑梁	视频	266
79		—	YT8	云题	习题	268
80	模块9	—	ZY9.1-1	住宅产业化(简介)	视频	270
81			ZY9.1-2	住宅产业化(施工样片)	视频	
82		9.1	ZY9.2	装配式结构	PDF	270
83			ZY9.3	装配式构件	PDF	271
			ZY9.4	装配式构件产品介绍	PDF	271
84		—	YT9	云题	习题	279

参 考 文 献

[1] 唐岱新. 砌体结构 [M]. 北京：高等教育出版社，2010.

[2] 蔡东，郭玉敏. 建筑力学与结构 [M]. 北京：人民交通出版社，2007.

[3] 陈达飞. 平法识图与钢筋计算释疑解惑 [M]. 北京：中国建筑工业出版社，2007.

[4] 程文瀼，王铁成. 混凝土结构 [M]. 北京：中国建筑工业出版社，2005.

[5] 侯治国，周绥平. 建筑结构 [M]. 武汉：武汉理工大学出版社，2004.

[6] 胡乃君. 砌体结构 [M]. 2版. 北京：高等教育出版社，2008.

[7] 胡兴福. 建筑结构 [M]. 北京：中国，中国建筑工业出版社，2012.

[8] 胡兴福. 建筑力学与结构 [M]. 武汉：武汉理工大学出版社，2007.

[9] 刘立新，叶燕华. 混凝土结构原理 [M]. 武汉：武汉理工大学出版社，2010.

[10] 李星荣，王柱宏. PKPM结构系列软件应用与设计实例 [M]. 北京：机械工业出版社，2012.

[11] 罗福午，方鄂华，叶知满. 混凝土结构与砌体结构 [M]. 北京：中国建筑工业出版社，2003.

[12] 罗向荣. 钢筋混凝土结构 [M]. 北京：高等教育出版社，2004.

[13] 宋玉普. 新型预应力混凝土结构 [M]. 北京：机械工业出版社，2006.

[14] 王振武，张伟. 混凝土结构 [M]. 北京：科学出版社，2009.

[15] 王祖华. 混凝土与砌体结构 [M]. 2版. 广州：华南理工大学出版社，2007.

[16] 吴承霞. 建筑力学与结构 [M]. 2版. 北京：北京大学出版社，2014.

[17] 侯治国，陈伯望. 混凝土结构 [M]. 4版. 武汉：武汉理工出版社，2011.

[18] 熊丹安. 建筑结构 [M]. 广州：华南理工大学出版社，2006.

[19] 徐伟，苏宏阳，金福安. 土木工程施工手册 [M]. 北京：中国计划出版社，2003.

[20] 杨太生. 建筑结构基础与识图 [M]. 北京：中国建筑工业出版社，2008.

[21] 杨星，赵钦. PKPM建筑结构CAD软件教程 [M]. 北京：中国建筑工业出版社，2010.

[22] 叶列平. 混凝土结构 [M]. 北京：清华大学出版社，2005.

[23] 张小云. 建筑抗震 [M]. 2版. 北京：高等教育出版社，2008.

[24] 张学宏. 建筑结构 [M]. 北京：中国建筑工业出版社，2004.

[25] 周磊坚. 建筑工程抗震结构施工质量把关要点照片集 [M]. 北京：北京理工大学出版社，2008.

[26] 殷凡勤，张瑞红. 建筑材料与检测 [M]. 北京：机械工业出版社，2011.

[27] 中华人民共和国住房和城乡建设部，中华人民共和国国家质量监督检验检疫总局. GB 50010—2010 混凝土结构设计规范（2015年版）[S]. 北京：中国建筑工业出版社，2016.

[28] 中华人民共和国住房和城乡建设部，中华人民共和国国家质量监督检验检疫总局. GB 50223—2008 建筑工程抗震设防分类标准 [S]. 北京：中国建筑工业出版社，2008.

[29] 中国建筑标准设计研究院. 16G101 混凝土结构施工图平面整体表示方法制图规则和构造详图 [S]. 北京：中国计划出版社，2016.

[30] 中华人民共和国住房和城乡建设部，中华人民共和国国家质量监督检验检疫总局. GB 50009—2012 建筑结构荷载规范 [S]. 北京：中国建筑工业出版社，2012.

[31] 中华人民共和国建设部，国家质量监督检验检疫总局. GB 50068—2018 建筑结构可靠度设计统一标准 [S]. 北京：中国建筑工业出版社，2019.

[32] 中华人民共和国住房和城乡建设部，中华人民共和国国家质量监督检验检疫总局. GB

50011—2010 建筑抗震设计规范（2016 年版）［S］. 北京：中国建筑工业出版社，2016.

[33] 中华人民共和国住房和城乡建设部，中华人民共和国国家质量监督检验检疫总局. GB 50003—2011 砌体结构设计规范［S］. 北京：中国建筑工业出版社，2012.

[34] 中华人民共和国住房和城乡建设部. JGJ 3—2010 高层建筑混凝土结构技术规程［S］. 北京：中国建筑工业出版社，2011.

[35] 中华人民共和国住房和城乡建设部. GB/T 50105—2010 建筑结构制图标准［S］. 北京：中国建筑工业出版社，2010.